养殖废水
安全高效资源化利用技术

◎ 杜臻杰 崔二苹 李 平 赵 京 著

中国农业科学技术出版社

图书在版编目（CIP）数据

养殖废水安全高效资源化利用技术/杜臻杰等著.--北京：中国农业科学技术出版社，2022.7
ISBN 978-7-5116-5794-7

Ⅰ.①养… Ⅱ.①杜… Ⅲ.①饲养场废物－废水综合利用 Ⅳ.①X713.03

中国版本图书馆CIP数据核字（2022）第108871号

责任编辑　李　华
责任校对　马广洋
责任印制　姜义伟　王思文

出 版 者　中国农业科学技术出版社
　　　　　北京市中关村南大街12号　　邮编：100081
电　　话　（010）82109708（编辑室）　（010）82109702（发行部）
　　　　　（010）82109709（读者服务部）
网　　址　http://www.castp.cn
经 销 者　各地新华书店
印 刷 者　北京建宏印刷有限公司
开　　本　170 mm×240 mm　1/16
印　　张　14.25
字　　数　241千字
版　　次　2022年7月第1版　2022年7月第1次印刷
定　　价　85.00元

◀━━▶ 版权所有·侵权必究 ◀━━▶

内容提要

本书以华北集约化农区典型农田为研究对象，介绍了养殖废水资源化利用理论与技术研究的有关成果。全书分为8章，第1章绪论，介绍了养殖废水资源化利用现状、特点以及养殖废水资源化利用相关研究内容；第2章介绍了冬小麦-夏玉米轮作体系下猪场废水适宜灌溉制度；第3章介绍了猪场废水灌溉土壤氮素矿化特征及驱动因子；第4章介绍了猪场废水与氮肥培肥土壤氮素的矿化特征；第5章介绍了猪场废水灌溉与生物质炭培肥土壤的对比试验研究；第6章介绍了猪场废水灌溉对土壤微生物、抗生素及其抗性基因影响研究；第7章介绍了猪场废水灌溉土壤典型重金属及抗性基因响应特征研究；第8章介绍了养殖废水灌溉设施土壤生境健康评价。

本书可供从事农业生态、土壤环境、植物营养等领域的技术人员和高等院校相关专业师生阅读参考。

前言 FOREWORD

近些年，随着经济的快速发展，人们对畜禽产品的需求与日俱增，规模化畜禽养殖业迅猛发展，已成为我国农业农村经济的重要组成部分。然而，落后的养殖废弃物处理工艺以及种养体系脱节，造成了严重的资源浪费和农业农村环境污染。为了保证作物产量，自20世纪50年代以来，农民被迫采用非常规水资源（如养殖废水、城镇生活污水等）灌溉农田，据不完全统计，由此造成的污染耕地面积达到1.5亿亩，每年因土壤污染导致的直接经济损失超200亿元。养殖废水不合理灌溉与化肥尤其是氮肥的过度施用导致农业面源污染风险加剧。

按现有农业用水效率估算，农业用水缺口近800亿m^3，特别是全球气候变暖、极端气象灾害频发、城镇化进程、生态需水等，加剧了我国区域农业水资源危机。从全国范围来看，农业可利用非常规水资源超过630亿m^3，其中畜禽粪污资源量接近50亿m^3。2020年6月，农业农村部、国家统计局及环境保护部发布的《第二次全国污染源普查公报》中的数据显示，2017年全国水污染物排放化学需氧量为2 143.98万t，氨氮为96.34万t，全氮为304.14万t，全磷为31.54万t；来自畜禽养殖业的水污染物排放中，化学需氧量为1 000.53万t，氨氮为11.09万t，全氮为59.63万t，全磷为11.97万t，分别占到全国水污染物排放量的46.7%、11.5%、19.6%和38.0%，可见养殖废水中含有丰富的营养成分。因此，养殖废水资源化利用是解决农业水资源危机的重要举措之一。

2006年以来，在科技部、国家自然科学基金委、中国农业科学院等部门的资助下，中国农业科学院农田灌溉研究所主持完成了国家自然科学基金项目"猪场废水灌溉氮素激发的驱动因子与影响机制"（51209209）和"猪场废水灌溉对土壤有机氮矿化的根际激发效应与影响机制"（51779260）、国家重点研发计划"北方集约化农区氮素面源污染发生过程与调控机制"（2021YFD1700900）、国家科技支撑计划课题"养殖废水资源化及安全回灌关键技术研究"（2006BAD17B02）、河南省科技攻关计划项目"猪场废水土壤的抗性基因削减技术研究"（192102110051）和中国农业科学院科技创新工程项目（CAAS-ASTIP）等科研项目，本书是上述研究项目成果的结晶。

本书由杜臻杰、崔二苹、赵京统稿，杜臻杰、李平及齐学斌审定。主要著者分工如下：第1章由杜臻杰、齐学斌、李平、李开阳撰写；第2章由杜臻杰、李开阳、吴海卿、梁志杰撰写；第3章由杜臻杰、赵京、赵爽、樊向阳、朱东海撰写；第4章由杜臻杰、郭魏、胡艳玲、肖亚涛、赵志娟撰写；第5章由杜臻杰、马灿灿、赵爽、黄仲冬撰写；第6章由崔二苹、杜臻杰、李中阳、胡超、李玲撰写；第7章由赵京、王月清、高青、马小兵、李中生撰写；第8章由李平、张彦、李桐、宋威、琚宪坤撰写。另外，本书还参考了其他专家的研究成果，均已在参考文献中列出，在此一并致谢。

本书所呈现的成果仅仅是养殖废水安全高效利用试验研究初步结果，在本书写作过程中，力求数据准确性、分析透彻性、观点明确性，撰写中既统筹了全书的逻辑性和系统性，又考虑各章的相对独立性和完整性。尽管尽了最大努力，书中仍可能存在疏漏和不当之处，敬请读者不吝赐教，批评指正。

著　者
2021年12月

目 录 CONTENTS

1 绪 论 ………………………………………………… 1
　1.1 研究背景与意义 ……………………………………… 1
　1.2 养殖废水资源化的研究进展 ………………………… 2
　1.3 土壤有机氮矿化研究 ………………………………… 12
　1.4 研究内容与技术路线 ………………………………… 13

2 **冬小麦—夏玉米轮作体系下猪场废水适宜灌溉制度研究** ………………………………………… 16
　2.1 试验设计与材料方法 ………………………………… 16
　2.2 猪场废水对夏玉米生长指标的影响 ………………… 20
　2.3 猪场废水对夏玉米产量、水分利用效率及品质的影响 ………………………………………………… 22
　2.4 猪场废水对冬小麦生长指标的影响 ………………… 26
　2.5 猪场废水对冬小麦产量、籽粒品质及水分利用效率的影响 ……………………………………………… 29
　2.6 本章小结 ……………………………………………… 32

3 **猪场废水灌溉土壤氮素矿化特征及驱动因子** ……… 34
　3.1 试验设计与观测内容、数据处理 …………………… 35
　3.2 不同处理下土壤氮素时空变化特征 ………………… 38
　3.3 不同处理对土壤氮平衡及氮矿化量的影响 ………… 42
　3.4 不同处理对土壤基本理化性状的影响 ……………… 44

3.5 猪场废水适宜灌溉制度下各处理土壤氮矿化的驱动机理 ………… 46
3.6 本章小结 …………………………………………………………… 49

4 猪场废水与氮肥培肥土壤氮素矿化特征研究 ……………………… 51
4.1 试验设计与试验方法、数据处理 ………………………………… 52
4.2 不同处理对土壤氮组分的变化 …………………………………… 53
4.3 不同施氮处理对土壤氮素矿化量的影响 ………………………… 55
4.4 不同施氮处理对土壤氮素矿化速率的影响 ……………………… 56
4.5 本章小结 …………………………………………………………… 57

5 猪场废水灌溉与生物质炭培肥土壤的对比试验研究 ……………… 59
5.1 试验设计与材料方法、统计分析 ………………………………… 60
5.2 各处理对耕层土壤容重、总孔隙度的影响 ……………………… 61
5.3 各处理对耕层土壤pH值、主要养分指标的影响 ……………… 62
5.4 各处理土壤大团聚体的分布状况 ………………………………… 64
5.5 各处理对土壤饱和导水率的影响 ………………………………… 66
5.6 各处理对土壤持水性能的影响 …………………………………… 68
5.7 不同处理土壤微生物数量及酶活性的比较 ……………………… 70
5.8 不同处理作物产量与品质的比较 ………………………………… 70
5.9 本章小结 …………………………………………………………… 72

6 猪场废水灌溉对土壤微生物、抗生素及抗性基因影响研究 ……… 73
6.1 试验设计与材料方法 ……………………………………………… 74
6.2 对微生物群落结构的影响 ………………………………………… 84
6.3 对新兴病原菌的影响 ……………………………………………… 107
6.4 对抗生素的影响 …………………………………………………… 118
6.5 对抗生素抗性基因的影响 ………………………………………… 126
6.6 本章小结 …………………………………………………………… 142

7 猪场废水灌溉土壤典型重金属响应特征研究 … 144
7.1 试验设计与材料方法 … 145
7.2 不同生物质炭添加量对土壤有机质的影响 … 147
7.3 不同生物质炭添加量对土壤速效养分的影响 … 147
7.4 不同生物质炭添加量对土壤有效铅的影响 … 149
7.5 土壤养分状况与有效铅的相关性分析 … 150
7.6 本章小结 … 151

8 养殖废水灌溉设施土壤生境健康评价 … 152
8.1 试验设计与材料方法 … 152
8.2 设施生境空气温度、湿度变化特征 … 153
8.3 设施土壤温度变化特征 … 153
8.4 土壤酸碱度周年变化特征分析 … 159
8.5 土壤含盐量周年变化特征分析 … 161
8.6 土壤有机质周年变化特征分析 … 164
8.7 设施土壤典型重金属镉、铬周年变化特征分析 … 166
8.8 养殖废水灌溉设施土壤生境健康风险评估 … 170
8.9 本章小结 … 176

参考文献 … 178

绪 论

1.1 研究背景与意义

我国是世界上水资源严重短缺的国家之一（师荣光等，2008），而由于工农业生产的发展和人类的活动，污水排放量正在逐年递增，据《2007年城市、县城和村镇建设统计公报》统计，截至2007年，全国废水排放总量为750亿m^3，污水处理率仅为30%左右。钱正英等（2000）预计到2030年全国城市污水排放量将增加到850亿～1 060亿m^3。农业作为我国水资源消费的"大户"，每年灌溉耗水量惊人。加上近些年我国畜禽养殖业尤其是规模化养猪场的迅猛发展，导致严重的水资源浪费和环境污染。据统计，2009年全国畜禽粪污产生32.64亿t，为同期工业固体废弃物产生总量的1.6倍之多，绝大部分不经处理便被肆意堆放，严重恶化了生活和生态环境，危及居民健康（张田等，2008）。2014年1月1日，《畜禽规模养殖污染防治条例》正式实施，这意味着国家加大力度，扶持畜禽养殖污染防治以及畜禽养殖废弃物综合利用。将养殖废水进行处理后安全回灌农田不仅符合我国农业清洁生产的原则，更是缓解我国农业用水"资源"和"水质"双重短缺的重要途径。

猪场废水本身由于含有大量有机质和氮、磷等营养元素，用来灌溉可以为植物生长提供重要的养分，增加土壤有机质，提高土壤肥力和生产力水平，从而减少化肥的施用量。然而，有毒化学物质和病原体也会一并输入土壤—作物系统，危害环境和人类健康（Munir et al.，2007）。因此，利用猪场废水灌溉应该考虑以下几方面问题：一是造成氮、磷损失和面源污染。大多数养猪场不进行无害化处理，那些未经无害化处理的养殖废水直接灌溉使过高浓度氮、磷进入农田，淋移至地下水造成水体富营养化。二是带来病原菌危害。养殖废水中含有大量的有害微生物、致病菌、寄生虫及寄生虫卵等有害物质，研究表明，废水中平均每毫升含有33万个大肠杆菌和69万个大肠球菌；每1 000mL沉淀池污水中含有190多个蛔虫卵和100多个线虫卵（刁治民等，2004）。三是影响食品的安全。废水中氮含量过高会造成植株体中含氮量增加、植物晚熟、味道减退、糖及淀粉成分降低、果实不够丰满等。四是药物等添加剂的污染。抗生素和激素是药物污染的主要物质。目前，我国有17种抗生素、抗氧化剂和激素类药物及11种抗菌剂作为饲料添加剂（张树清等，2005）。这些抗生素通过粪尿排入废水中，经废水灌溉会引起环境生物及微生物生态的变化。五是甲烷和氧化亚氮等温室气体的排放问题。废水的随意排放会导致农田生态系统甲烷（CH_4）和氧化亚氮（N_2O）的排放增加（孙海军等，2015）。

综上所述，猪场废水中过高的氮素和有机物等养分、复杂的病原微生物及激素、抗生素等添加剂是其组成主要特点。因此，猪场废水灌溉的研究应着眼于安全高效利用废水、减施氮肥及提升地力等方面，从而减少农田面源污染和环境风险，提高耕地可持续生产力。华北平原作为我国重要的粮食产区，近年来，该区过量施用化肥、超采地下水以及高强度灌溉的问题十分严峻（Wada et al.，2012；Siebertet et al.，2013），不仅降低了肥料利用效率，浪费了水源，同时伴生农田硝酸盐深层淋失及土壤质量下降（如土壤板结、盐渍化）等风险。因此，有必要针对华北平原严重的水资源危机和肥料过量施用等相关问题，开展养殖废水农业资源化利用的系统研究。

1.2 养殖废水资源化的研究进展

早在20世纪60年代，日本、荷兰、比利时、法国和美国等发达国家就已注重养殖废水处理后的再利用，主要是将其用于农业与园林灌溉、补充地下水、市政及生活用水、工业冷却水及环境用水等。20世纪70年代以后，发达国家开始养殖废水灌溉污染监测工作，探索减少污染的技术和措施（Asher et al.，2006；Eli et al.，2004；Tor et al.，2004）。我国关注养殖污染起步较晚。国家环境保护总局1999年调查发现（邹首民等，

2006），全国范围内90%以上的畜禽养殖场建厂时没有考虑对环境的影响，60%以上缺乏防治污染的设施，致使猪场附近臭水横流，污染严重。21世纪初期，我国才开始在北京、浙江等地进行一些畜禽养殖废水处理与灌溉利用方面的有益探索和实践（曾向辉等，2007）。国内一些高校、科研院所结合科研项目和实际需要对养殖废水灌溉进行了试验研究，并取得许多科研成果（王风等，2009；张华等，2007）。总之，养殖废水资源化是一种国际趋势，它对缓解水资源紧缺和水环境保护具有双重作用。

养殖废水主要包括水产养殖废水和畜禽养殖废水。水产养殖废水主要包括来源于粪便和饲料的颗粒态固体废物、溶解态代谢废物、溶解态营养盐、抗微生物制剂和药物残留等，因而当其大量被排放后，可导致养殖废水及邻近水域富营养化或水质恶化（Piedrahita et al.，2003）。相对于成分更为复杂、污染物浓度更高的畜禽养殖废水，水产养殖废水具有两个明显的特点，即潜在污染物的含量低但水量大（Cripps et al.，1994）。目前，水产养殖废水的处理已经日臻成熟，主要包括物理处理技术、化学处理技术及生物处理技术等。物理处理技术主要用于固液分离；化学技术处理过程长且伴生较大的副作用；而生物处理技术是利用微生物的吸收、代谢作用去除水体中有机物和氨氮，与物化技术相比具有投资低、不易产生二次污染等优点，是处理溶解态污染物最经济有效的方法，而且大部分水产养殖废水中的有机物主要为碳水化合物、蛋白质和脂肪等，浓度较低，可生化性好，尤其适合采用生物处理技术。利用生物处理可以原位修复，在一定程度上实现水体的循环利用，养殖废水的生物净化处理技术研究成为相关学者的关注热点（Chin et al.，1997；Abeysinghe et al.，1996；Kim et al.，2000；尹长松等，2002）。

国内外针对水产养殖废水灌溉方面的研究已有很多。Castro等（2006）田间试验表明水产养殖废水比清水灌溉能够得到更多数量和高质量的番茄。Zhao等（2005）在山东省莱州市应用水产养殖咸水灌溉农田时发现洋姜蒸散量小于清水灌溉方式，而土壤电导率却相反，同时适当比率的污清混灌有助于块茎产量形成和氮、磷养分的吸收。赵耕毛等（2005，2006）研究发现低矿化度的海水养殖废水与微咸水混合灌溉促进菊芋块茎膨大及干物质的累积，从而获得高产，同时研究了海水养殖废水灌溉条件系统中水盐肥通量，发现土壤中的硝态氮、铵态氮和活性磷酸盐均有所增加，迁移能力依次为硝态氮>活性磷酸盐>铵态氮，说明硝态氮极易淋失。郝飞麟等（2007）发现养殖甲鱼废水中养分能供应作物生长需要，对有、无基肥添加情况下的樱桃番茄生长都有促进作用。

畜禽养殖废水尤其是猪场废水相比于水产养殖废水，有机态氮、磷含量更高，而且经过简单的固液分离和厌氧消化处理后，化学需氧量（COD）去除率达85%~90%，能够杀死传染性病菌，将有机态氮（N）、磷（P）转化成植物易利用的无机态氮、磷。因此，畜禽养殖废水安全回灌在农田利用方面的研究具有重要的意义。

目前，国内外科学家已开展的畜禽养殖废水资源化研究主要包括畜禽养殖废水处理技术、畜禽养殖废水灌溉土壤微生物及酶活性响应特征、畜禽养殖废水灌溉土壤养分的运移特征、畜禽养殖废水灌溉对作物产量品质影响以及诱发的重金属、抗生素、激素累积等负面环境效应等方面的内容。

1.2.1 畜禽养殖废水处理技术研究

畜禽养殖废水具有以下特点：COD、悬浮物（SS）、铵态氮（NH_4^+-N）含量高；可生化性好，沉淀性能好；水质水量变化大；含有致病菌并有恶臭（Sanchez et al.，2005），处理起来难度较大。英国和其他欧洲国家已开始改变饲养工艺，由水冲式清洗粪尿回归到传统的稻草或作物秸秆铺垫吸收粪尿，然后制肥还田。日本于20世纪70年代开始又大力推广粪便废水灌溉。美国粪便污水还田前一般未经专门厌氧消化装置厌氧发酵，而是贮存一定时间后直接灌溉农田。德国等欧洲国家则将畜禽粪便污水经过中温或高温厌氧消化后再进行还田利用，以达到杀灭寄生虫卵和病原菌的目的。我国一般采用厌氧消化后再灌溉利用（David et al.，2005；王凯军等，2004；张克强等，2004）。总体来看，畜禽养殖废水常采用的处理方法主要包括物化处理技术和生物处理技术两大类。

1.2.1.1 物化处理技术

物化处理技术包括磁絮凝沉淀、吸附法、电化学氧化、Fenton氧化等。
（1）磁絮凝沉淀。崔丽娜等（2010）研究发现，通过投加磁种和絮凝剂进行磁絮凝分离反应，处理完的猪场废水COD去除率可达61.02%。该技术缺点是会产生大量的化学污泥。

（2）吸附法。梁文婷等（2009）利用微波制成的氧化镁改性沸石对养猪废水进行预处理发现，NH_4^+-N、全磷的去除率均达到75%以上（在最佳作用时间4h下），该方法的缺点是能耗和技术要求较高，且吸附剂达到饱和时必须脱附。钱锋等（2008）采用吸附—过滤法对养猪废水进行预处理时发现，以稻草—沸石双层滤料为过滤介质（滤速为5m/h），去除了一定量的小分子有机物和臭味，对于COD、NH_4^+-N和磷的去除率更是分别达到47.9%、72.9%和50.1%，回收稻草和沸石，经过处理后还能作为土壤改良剂或肥料，该法应注意及时对吸附饱和的过滤介质进行处理，以免二次污染。

（3）电化学氧化。该法对氨氮的去除率较高。欧阳超等（2010）对实际养猪废水进行电化学氧化处理，在180min内，NH_4^+-N的去除率可达98.22%，但COD的去除率仅14.04%。

（4）Fenton氧化。Fenton氧化技术对于COD和色度的去除率较高，可作为畜禽废水深度处理技术，但该技术Fe^{2+}用量大、H_2O_2的利用率不高。Yetilmezsoy等（2008）采用Fenton氧化法处理经上流式厌氧污泥床（UASB）消化的畜禽废水，厌氧出水（1 750±200）mgCOD/L，色度1 500Hazen。当pH值控制为3~4，Fe^{2+}投加浓度100mg/L，H_2O_2投加浓度1 200mg/L时，COD和色度的去除率分别高于95%和96%。Lee等（2008）采用Fenton氧化法处理5 000~5 700mgCOD/L的畜禽废水，当H_2O_2投加浓度为废水初始COD浓度的1.05倍，Fe^{2+}投加浓度4 700mg/L，H_2O_2与Fe^{2+}摩尔比为2，pH值控制为3.5~4，反应30min后，COD和色度的去除率分别高于80%和95%。物化处理技术对畜禽养殖废水的COD、NH_4^+-N、色度等有一定的去除率，可作为畜禽养殖废水的预处理或深度处理工艺，但工程经验不足，目前大多还停留在试验阶段，需要进一步的研究和实践。

1.2.1.2 生物处理技术

生物处理技术是目前处理畜禽养殖废水的常用技术（Bame et al., 2014; Poach et al., 2007; Zhu et al., 2012），包括厌氧处理法、好氧处理法和厌氧—好氧联合处理法等。

（1）厌氧处理法。厌氧处理法适用于处理含高浓度有机物的畜禽养殖废水。常见的有厌氧折流板反应器（ABR）、上流式厌氧污泥床（UASB）、微生物燃料电池（MFC）等（Barber et al., 1999; Du et al., 2007）。厌氧处理出水通常不能达标，若反应器不密闭还会有臭味产生，因此厌氧出水需进一步处理，常采用好氧处理技术。

（2）好氧处理法。常见的畜禽养殖废水好氧处理技术包括序列间歇式活性污泥法（Sequencing batch reactor activated sludge process, SBR）、序批式生物膜反应器法（Sequencing biofilm batch reactor, SBBR）、生物滤池、移动床生物膜反应器法（Moving bed biofilm reactor, MBBR）、膜生物反应器（Membrane bio-reactor, MBR）法及厌氧好氧工艺法（A/O）等（Ben et al., 2009; Ren et al., 2010; Wei et al., 2010; Xiao et al., 2010; 邱光磊等, 2009）。好氧工艺对COD、NH_4^+-N等均有较高的去除率，在实践中要充分考虑各自的适用条件，如SBR、SBBR具有占地小的特点，适合用地紧张情况下高浓度有机废水的处理。膜法技术中膜的污染是个难点，需要经常清洗、更换，投资和运行费用较高，中小型养殖场不易承受。

（3）厌氧（缺氧）—好氧联合处理技术。单独的厌氧或好氧处理无法实现畜禽养殖废水的达标外排，结合它们各自的优势，大多数畜禽养殖场采用厌氧（缺氧）—好氧联合处理工艺。厌氧—好氧联合处理法既克服了好氧处理能耗大和占地面积大的不足，又克服了厌氧处理达不到要求的缺陷，具有投资少、运行费用低、净化效果好、能源环境综合效益高等优点，特别适合规模化畜禽养殖场污水的处理。在小试和中试研究中，部分学者采用A/O（Rajagopal et al., 2011）、升流式多层反应床（Upflow multi-layer bioreactor, UMBR）—好氧（An et al., 2007）、升流式厌氧滤床—膜生物反应器（AUBF-MBR）（Shin et al., 2005）、上流式厌氧污泥床—活性污泥反应器（UASB-AS）（Huang et al., 2005）等处理畜禽养殖废水，这些组合工艺COD负荷高，对COD、NH_4^+-N有较高的去除率，出水能达到排放要求。

1.2.2 畜禽养殖废水灌溉土壤微生物与酶活性响应特征研究

土壤微生物是土壤库的重要组成部分，是土壤养分循环释放、动植物残体降解转化的主要动力,能够及时准确地反映土壤性质的变化,是衡量土壤质量的重要指标之一(管涛等,2010),高肥力的土壤由丰富的微生物资源、良好的生物活性和稳定的微生物区系组成。污水灌溉对土壤微生物的影响直接涉及土壤的污染自净能力、土壤生态平衡及土壤肥力有效性。张洪生等(2008)研究再生废水灌溉对绿地土壤环境的影响,发现再生废水灌溉较清水灌溉土壤有机质含量和土壤细菌数量增加明显。苗战霞等(2008)采用盆栽试验研究再生废水灌溉对玉米根际土壤特性的影响,研究发现,再生废水灌溉抑制了根系对养分的吸收,导致玉米生物量下降,再生废水灌溉不同程度地促进了土壤微生物数量的增加。詹媛媛等(2009)对干旱区不同灌木根际、非根际土壤氮素的含量进行研究,发现根际土壤中土壤全氮、铵态氮、硝态氮显著高于非根际土壤。Ali等(2008)在3年观测基础上,明确乳牛场废水水质特征,养分含量低,灌溉量范围在205~2 050m^3/hm^2,如果废水同粪便共同贮存,则会含有相对较高的总固体含量、养分和细菌含量。并根据此特征开展灌溉试验,研究这种低成本处理方式对地下水水质和细菌数量的影响(Ali et al.,2007)。

Richardson等(2009)研究则表明土壤微生物与作物根系交互作用,促进了根际细菌生长、刺激了作物对根际土壤氮、磷吸收。但Marschner等(2004)研究表明,影响微生物群落组成主要因素为土壤类型、作物种类及根际土壤位置,不同氮素水平微生物群落组成无显著差异。

土壤酶主要来自土壤生物代谢过程及动植物残体分解,是土壤新陈代谢的重要因素,其活性反映了土壤中各种生物化学过程的强度和方向(Klose et al.,2004),在物质循环和营养转化过程中起关键作用(Gianfreda et al.,2011)。王风等(2009)研究发现,猪场废水按不同比例稀释后灌溉对土壤转化酶和过氧化氢酶活性均有抑制趋势,但其中仿生态塘水稀释灌溉处理的降幅较小,并提出适宜的猪场养殖废水厌氧出水灌水定额为500m^3/hm^2,适宜的稀释灌溉处理为仿生态塘水与地下水1∶5的稀释比例,土壤酶主要来源于土壤微生物和植物根系分泌物。管涛等(2010)研究表明追施沼液能有效提高土壤脲酶活性、降低过氧化氢酶活性。耿晨光等(2012)研究表明沼液灌溉能明显提高蔗糖酶、脲酶活性,对过氧化氢酶活性影响不大。冯丹妮等(2014)通过研究发现,连续施用沼液处理的土壤脲酶、过氧化氢酶和蔗糖酶活性显著高于清水对照和常规施肥处理，提出长期施用沼液可改善土壤养分循环状况，提高土壤生物活性。

1.2.3 畜禽养殖废水灌溉土壤养分迁移转化的研究

土壤养分尤其是氮、磷在水—土界面的迁移转化规律一直是国内外学者关注的热点。Li等（2002）利用室内试验，对滴灌点源施肥灌溉条件下NO_3^-和NH_4^+的分布规律进行了研究，发现硝态氮在距滴头一定范围内呈均匀分布，在湿润边界上NO_3^-产生累积。杜臻杰等（2009）研究了湖南祁阳地区典型红壤的水平运移规律，发现硝态氮水平运移的浓度受非饱和土壤水扩散率的影响，并随非饱和土壤水扩散率的升高而呈对数下降。李平等（2009）通过再生废水灌溉不同土层土壤氮素分布，表明废水再生灌溉增加NO_3^-在土壤中残留累积。Shahnazari等（2007）对再生废水灌溉条件下土壤氮素进行研究，发现再生水灌溉增加了土壤氮素的残留。Gheysari等（2009）通过不同水肥条件下氮素淋洗试验，探明了科学合理水氮组合可以有效增加根际土壤氮素有效性。总的来讲，氮素迁移研究的焦点主要集中在硝态氮（NO_3^--N）的分布和累积上，这与土壤胶体特性有关，NO_3^--N易在土壤中发生淋移，造成农业面源污染。任文等（2015）综述了近年来国内外对干湿交替作用下土壤的水分含量、吸附特性以及微生物对土壤磷素迁移转化影响的研究及报道，不同水分条件能够改变土壤空隙与传输通道，且不同程度地刺激有机残体的矿化分解以及氧化还原强度，进而影响土壤磷素的迁移与形态转化；干湿交替能够改变土壤颗粒粒径、土壤吸附点位以及金属化合物形态，进而影响了土壤磷的吸附性能；土壤微生物磷在干湿交替过程中成为土壤磷素的主要来源之一，微生物对干湿交替的不同响应影响着土壤磷素。

目前关于畜禽养殖废水灌溉条件下土壤养分迁移转化特征的研究也有不少，李松林等（2011）通过室内静置培养模拟试验，研究了高浓度沼液淹灌稻田土壤后上覆水及土壤中氮、磷和有机物的动态变化特征，提出在水田休闲期进行高浓度的沼液淹灌，不仅可以消解和净化沼液中的污染物质，还能有效改善土壤养分性质，不会引起土壤中氮、磷和有机物质的过量积累。杨军等（2009）在猪场废水处理工艺的不同阶段研究了土壤硝态氮含量动态变化和残留量，认为灌浆期灌废水会大大增加土壤中硝态氮含量。戴婷等（2010）对浙北地区畜禽养殖污水长期灌溉农田、无污水灌溉历史的对照农田土壤中养分和重金属积累状况进行分析，发现畜禽养殖污水灌溉可明显增加表层土壤（0~20cm）有机C、全N、全P、Cu、Zn、As、Cd、盐分、NH_4^+-N、NO_3^--N、有效P和有效K的含量，但对土壤pH值、全K、Pb、Ni、Cr、Hg的影响不明显。杜臻杰等（2014）的研究表明，猪场废水灌溉的氮素投入量与产量之间并非正相关关系，带入氮量超过一定限度会因氮淋失、作物贪青等因素引起产量降低。杜会英等（2016）通过连续3年的牛场肥水灌溉试验发现，肥水处理显著增加冬小麦产量，随肥水灌溉带入氮的增加，冬小麦产量呈先增加后降低的趋势。冬小麦肥水氮表观利用率和农学效率均随肥水灌溉带入氮量的增加而降低，肥水灌溉带入氮为320kg/hm²，80~100cm土层有大量NO_3^--N累积，且有向下淋溶的趋势。总体而言，关于养殖废水灌溉氮、磷响应特征及机理的研究仍不够深入。针对养殖废水灌溉土壤氮、磷矿化及其驱动因子的研究则更为少见。

1.2.4 畜禽养殖废水灌溉对作物产量品质影响的研究

不同水源，如城市污水、工业废水以及养殖废水经处理后的再生水氮、磷含量普遍比较高。相比而言，猪场废水的组分更为复杂，含有可溶性有机质、氨基酸以及中微量营养元素铁、锰、硼、铜和锌等多种养分（唐微等，2010），更有利于作物产量和品质的提升。

再生水回灌农田的研究开展较早，Al-Lahham等（2003）在约旦进行了清水与城市再生水混灌对番茄品质影响的大田试验研究，发现适当的混灌比例有助于番茄品质的提高。Pollice等（2004）等在意大利应用三级处理的城市再生水采用滴灌方式浇灌茴香和番茄，并以井水为对照，研究不同水质对蔬菜果实的影响。也有研究表明（Weinberg et al.，2011），再生水灌溉有增加幼苗和植株硝酸盐增高的风险。

近些年，养殖污水厌氧消化后的液体用于小麦、水稻等大田作物、蔬菜作物及果树灌溉方面的报道逐渐增多。王风等（2009）对猪场废水灌溉条件下冬小麦的光合特性和产量进行了研究，提出了避免应用过量的（灌水定额≥830m³/hm²）厌氧水直接灌溉冬小麦，较适宜灌溉的混水为厌清1∶5和塘清1∶5的混水比例。乔冬梅等（2010）则认为高灌处理（灌水定额为900m³/hm²）有利于产量的增加。杜臻杰等（2014）也发现猪场养殖废水高灌处理（灌水定额为900m³/hm²）与低水平氮肥（以纯氮计30kg/hm²）配施不仅能够保障冬小麦产量，水分利用效率也并不低。石亚楠等（2015）试验发现用猪场肥水与清水进行1∶2稀释灌溉（折算氮素投入量为292kg/hm²）能够提高设施油麦菜的产量、品质等指标。汪吉东等（2013）通过连续2年牛粪沼液和水葫芦沼液的果园田间施用试验，研究了等氮量条件下不同比例沼液与化肥配施对水蜜桃果实大小、单重、产量和果实品质及土壤矿质氮积累状况的影响。可见，关于废水再生灌溉对作物产量和品质（尤其是品质）的影响研究是当今再生水安全利用的研究重点之一。

1.2.5　畜禽养殖废水灌溉诱发的负面环境效应

畜禽养殖业作为我国农业的支柱产业，在维持畜产品稳定供给、提高人民生活水平方面发挥着重要作用。随着畜禽养殖业的集约化和规模化发展，重金属添加剂和抗生素药物开始普遍使用，给环境带来了很多负面效应。一方面养殖户为追求高生产性能，在饲养过程中超量添加抗生素和重金属元素；另一方面由于抗生素与重金属在动物体内利用率较低，添加量中真正参与机体代谢发挥效用的不超过40%，剩余部分以原形或其代谢产物形式随粪尿和冲洗栏舍废水一起排入水环境中，导致养殖场废水中除氮、磷和化学需氧量（COD）外，同时含有重金属、抗生素等多种污染物（Wilson et al.，2007）。

1.2.5.1　畜禽养殖废水灌溉对重金属累积及转化的影响

畜禽养殖废水中的重金属元素主要包括Pb、Cd、Cr、As、Hg、Cu、Zn等（Weinberg et al.，2004）。畜牧业中，为了促进牲畜生长，在配合饲料中添加Cu、Fe、Zn等重金属元素在世界各国较为普遍。我国每年使用的微量元素添加剂（15~18）×10⁴t，但畜禽对微量元素的实际利用尚不足6×10⁴t，必然导致畜禽排泄物中含有大量的Cu、Zn、Cr等重金属。这部分牲畜粪便一旦进入沼气工程，经厌氧发酵后就会导致沼液、沼渣的重金属超标风险，而在农业使用过程中可能导致土壤重金属超标。

赵麒淋等（2012）发现当沼液施用量控制在每亩*1 000～4 000kg时，沼液处理的玉米籽粒重金属含量均低于常规化肥处理，而所有沼液处理的玉米籽粒重金属含量均低于《食品中污染物限量》的限值。王琳等（2010）研究得出畜禽粪便中As、Hg、Cd、Cu的含量高于沼液、沼渣的含量，因此沼液、沼渣用于农田比粪便直接用于农田安全性高。虽然粪便、沼液及沼渣中As、Hg、Cd、Cu等重金属的含量没有超过在农田中施用时的最高允许浓度，但长期使用仍存在潜在的环境污染风险。张进等（2009）研究发现用沼液作基肥，再追施复合肥所获得的水稻产量高，还能促进水稻植株生长及分蘖，强化稻米中Fe、Zn等营养物质，显著降低重金属Pb的含量，明显提升稻米营养品质。Liu等（2012）发现进料经碱液预处理后，可降低沼液中重金属含量，同时也能够提高沼液中N、P、有机质及速效成分的含量。因此，秸秆经碱液预处理后厌氧发酵有利于沼液的农用。

1.2.5.2 畜禽养殖废水灌溉对抗生素累积及转化的影响

随着集约化养殖业的发展以及动物疾病复杂性增加，抗生素作为饲料添加剂的使用量也日渐增加。畜禽养殖废水灌溉后土壤附近水体具有较高的抗生素与激素的污染负荷，通过迁移和累积规律对水产养殖以及农产品安全产生影响，同时造成二次污染并最终通过食物链危害人类健康（陈永山等，2010）。目前，对这类物质的削减，我国大部分仍采用的是常规污水处理方法。林于廉等（2013）发现，通过微波强化Fenton氧化处理沼液中抗生素和激素的最优条件下，喹乙醇、土霉素、四环素和金霉素的去除效果分别为67%、93%、91%和88%。霍翠英等（2011）通过液质联用、核磁共振等技术首次定量分析了猪粪发酵沼液中植物激素和喹啉类成分，并为解释沼液在农业生产中具有抗病促生机理奠定了理论基础。2014年世界卫生组织发布的《全球抗生素耐药报告》明确指出，抗生素抗性是对21世纪公共卫生的严峻挑战，针对动物生产应监督和促进畜禽业的合理用药，并强调了食用动物携带的抗生素抗性及其在食物链上的传播方面数据的缺乏，应加强此方面的研究。

---

* 1亩≈667m^2，1hm^2=15亩，全书同。

1.3 土壤有机氮矿化研究

氮素是生物体内必不可少的生命元素，植物需要的氮有50%~80%来自土壤。但是，一方面土壤中95%以上的氮素是以有机形态存在，植物无法直接吸收利用（王艳杰等，2005）；另一方面，当今农业生产片面追求高产，普遍存在过量施肥现象。这种矛盾导致硝态氮在土壤剖面积累，并不断增加地表水和地下水中的氮负荷，进而引发水体富营养化和地下水污染。不仅如此，氮素在硝化和反硝化过程还涉及重要温室气体N_2O的释放。高春雨等（2011）研究表明，N_2O的排放基本上是生物诱因导致的，据政府间气候变化专门委员会（IPCC）第二次评估报告（2007）估算，目前，我国农田N_2O排放总量每年为$350×10^4 t$，占人为源排放量的61.4%，占全球N_2O总排放量的23.8%。这显然与目前以低能耗、低排放、低污染为特征的低碳经济以及减排农业温室气体的目标是背道而驰的。因此，研究土壤氮素矿化不仅是确定农田土壤的供氮能力及拟定合理施用氮肥量的主要依据，也是生态系统中氮素循环与平衡研究的重要组成部分，同时对全球氮素循环和全球变化的研究也有重要意义。土壤有机氮的矿化是一个非常复杂的过程，受多种因素影响。有机氮矿化过程，即土壤有机质碎屑中的氮在土壤动物和微生物的作用下，由难以被植物吸收利用的有机态转化为可被植物吸收利用的无机态（主要为铵态氮）的过程（Kalis et al., 2006）。王根林等（2009）等对土壤有机氮矿化方法进行了综述，指出有机氮矿化的方法主要有生物培养法和田间氮素平衡模拟法，并初步分析了有机氮矿化的影响因素。吕殿青等（2007）等通过研究外加碳、氮对不同土壤氮矿化、固定及有机质矿化影响，发现外加有机质与外加氮在促进土壤有机质矿化与激发效应过程中表现出正交互作用，激发效应对土壤肥力的更新和培养有积极作用。章燕（2012）等则通过硝化抑制剂双氰胺（DCD）、3,4-二甲基吡唑磷酸盐（DMPP）处理下土壤氮素矿化速率和硝化速率的研究，发现DCD、DMPP对有机氮矿化产生明显副作用，分别使氮总矿化速率和氮总硝化速率减少了25.5%、7.3%和60.3%、59.1%。Xue（2003）等研究了不同浓度高效缓释肥缩二脲施用条件下两种森林土壤氮矿化量，发现沙壤土中缩二脲是一种潜在缓释氮源。Tan等（2007）、段伟等（2011）分别对森林土壤中氮素的循环及矿化速率进行了研究，发现北方森林在控制条件下土壤压实和杂草处理降低了土壤微生物活性，杂草处理对土壤氮矿化、硝化速率具有显著促进作用，而南方森林马尾松和樟树林土壤中有效氮含量及矿化速率则呈现时间上的规律性变化。王媛（2010）等研究了长期不同培肥处理对土壤有机氮组分及氮素矿化特性的影响，认为化肥配施有机肥或秸秆是提高土壤供氮潜力的有效手段，氨基酸氮是土壤可矿化态氮的主要贡献者。总的来讲，有机氮的矿化对提高氮素利用效率至关重要，而有机氮的矿化过程受土壤微生物、施肥、C/N比、土壤质地、pH值、温湿度等多种因素的影响，矿化机理极为复杂（王帘里等，2010），外源氮素和有机物质的添加都会激发氮素的矿化。土壤碳氮矿化的激发效应早在20世纪20年代后期就被发现，40年代科学家用同位素试验证实了该现象并被广泛接受。然而，目前科学家对激发效应的定义仍存在较大的差异（吕殿青等，2007），本研究将土壤氮矿化激发效应定义为外源添加物质输入对土壤氮矿化量的影响。猪场废水作为一种高养分水源，其本身特殊而复杂的组分会对土壤氮库的矿化释放产生激发效应。有必要在这方面进行更深入、系统的研究。

1.4 研究内容与技术路线

1.4.1 研究内容

（1）冬小麦—夏玉米轮作体系下猪场废水适宜灌溉制度研究。通过猪场废水不同灌水定额、灌水时期及灌水频次的灌溉试验，结合作物主要生长指标、产量、品质以及水分利用效率等指标，制定冬小麦—夏玉米轮作体系下猪场废水的适宜灌溉制度，并结合氮肥配施，研究猪场废水与氮肥的优化组合模式。

（2）猪场废水灌溉土壤氮素矿化特征及驱动因子。以等氮投入为原则，通过猪场废水与清水对照的田间灌溉试验，对比分析不同处理之间土壤氮素时空变异状况，研究猪场废水适宜灌溉制度对土壤氮矿化的激发效应。结合土壤氮转化相关指标（C/N、微生物数量、土壤酶等）的响应动态，探寻猪场废水适宜灌溉制度下氮库激发的驱动因子。

（3）猪场废水和氮肥培肥土壤氮素矿化特征研究。以等氮投入为原则，通过猪场废水、蒸馏水与氮肥培肥土壤的室内培养试验，重点研究猪场废水对土壤氮矿化特征的影响，验证猪场废水对氮矿化的激发效应。

（4）猪场废水灌溉与生物质炭培肥土壤的对比试验研究。通过田间定位试验，在猪场废水适宜灌溉制度下，研究连续4年猪场废水灌溉与等氮投入的生物质炭处理、清水对照处理相比土壤基本理化性状、团聚体状况、水力学特征参数、微生物数量、土壤酶活性及作物产量品质等指标的响应动态及差异特征，重点研究连续猪场废水灌溉对地力的提升效应及途径。

（5）生物质炭对猪场废水灌溉下微生物群落结构及病原菌的影响。为揭示猪场废水灌溉与其他水源灌溉所造成的区别，以蒸馏水、再生水为对照，深入探讨猪场废水农田回用的微生物安全性。采用16S rRNA高通量测序技术分析生物质炭对蒸馏水、再生水、猪场废水灌溉下根际土、非根际土、玉米根部微生物群落结构的影响，并预测其微生物生态功能差异。

（6）猪场废水灌溉下抗生素及其抗性基因风险因子防控技术研究。通过测定猪场废水灌溉土壤四环素类和磺胺类抗性基因丰度，研究了猪场废水农田回用过程中典型抗生素与抗性基因的环境效应，探讨了生物质炭对抗性基因的消减效果及其阻控机制。

（7）通过根箱试验，研究了生物质炭添加对猪场废水灌溉根际和非根际土壤养分和有效态铅量的影响，探讨了二者之间的互作效应，分析了猪场废水灌溉土壤典型重金属累积、迁移以及环境风险。

（8）利用田间定位试验，研究了养殖废水灌溉对土壤含盐量、酸碱度、重金属等风险因子蓄积残留特征，构建了灌溉水质、灌溉年限与风险因子间的多元回归模型，初步探明了典型风险因子的输入路径及其对土壤生境的健康影响。

1.4.2 技术路线

采用田间小区试验和室内培养试验相结合的方法，以猪场废水灌溉农田土壤为主要载体，研究冬小麦—夏玉米轮作体系下猪场废水适宜灌溉制度，猪场废水灌溉土壤氮素的矿化特征及其驱动因子、土壤微生态环境的响应特征，养殖废水灌溉对作物产量与品质的影响，养殖废水适宜灌溉制度，养殖废水灌溉与生物质炭施用对土壤肥力激发效应，生物质炭对猪场废水灌溉下微生物群落结构及病原菌的影响，猪场废水灌溉下抗生素及其抗性基因风险因子防控技术研究，养殖废水灌溉对土壤重金属累积与迁转的影响，评估其对土壤生境健康影响及其风险输入路径，以期为华北集约化农区养殖废水资源化农业安全利用、生态环境保护和粮食安全提供科学依据和技术支撑。

1.4.3 研究区概况

试验在中国农业科学院河南新乡农业水土环境野外科学观测试验站，位于新乡市红旗区洪门镇。试验站地理位置为北纬35°15′38″~35°15′45″、东经113°55′5″~113°55′7″，海拔73.2m，多年平均气温14.1℃，无霜期210d，日照时数2 398.8h。多年平均降水量588.8mm，降水主要集中在7—9月，占全年降水量的60%以上，多年平均蒸发量2 000mm。供试土壤为沙质壤土，试验地土壤容重及土壤质地见表1-1。

表1-1 试验站0~100cm土壤的物理性状

土层深度(cm)	各粒级所占百分数（%）			pH值	全氮(g/kg)	全磷(g/kg)	有机质(g/kg)	土壤质地	土壤容重(g/cm³)
	0.02~2mm	0.002~0.02mm	<0.002mm						
0~20	27.88	54.77	17.35	8.00	0.95	1.16	19.90	粉沙黏壤	1.40
20~40	24.99	58.29	16.72	8.05	0.46	0.58	9.90	粉沙黏壤	1.42
40~60	26.57	57.06	16.37	8.10	0.39	0.52	8.60	粉沙黏壤	1.44
60~80	30.22	53.18	16.60	8.00	0.26	0.36	8.00	粉沙黏壤	1.42
80~100	22.04	62.44	15.52	7.90	0.24	0.30	7.30	粉壤	1.49

猪场废水取自新乡市盛达牧业有限公司，公司建有大型微生物厌氧发酵处理系统，试验所用猪场废水经厌氧发酵后pH值为6.35~6.51，NH_4^+-N含量600~850mg/L，全磷（TP）3.25~11.15mg/L，COD 639~1 189mg/L。灌溉前与清水按比例进行混合稀释，水质符合《农田灌溉水质标准》。

2 冬小麦—夏玉米轮作体系下猪场废水适宜灌溉制度研究

我国水资源比较匮乏，特别是北方地区（刘昌明等，2001），农业灌溉缺水日趋严重，不少农民只能通过利用污水甚至超采地下水来弥补（王海艺等，2006；沈荣开等，2001）。近些年，规模化养殖业迅速发展，耗水量庞大，如果废水不经过处理直接排放，对于生态环境将造成恶劣影响，同时浪费宝贵水源。养殖废水经厌氧发酵处理后（即沼液）仍含有大量氮、磷等营养物质（许振成等，2007），而且污染物含量低，用来灌溉不仅能满足作物对水分需求，也是一种很好的肥源（Rusan et al.，2005；Lopez et al.，2006）。不过养殖废水如果使用不合理，其中所携带的病原体、抗生素等也会输入土壤—作物系统，会增加土壤—作物系统的风险（Mapanda et al.，2005；Vazquez-Montiel et al.，1996），危害环境和人类健康。所以，有必要对养殖废水的科学合理灌溉进行定量化研究。目前关于猪场废水灌溉的文献已有不少（Vazquezmontiel et al.，2005；何艺等，2008；杨军等，2009），而关于猪场废水水肥耦合效应对冬小麦—夏玉米轮作体系作物产量、水分利用效率影响的研究却鲜有报道。鉴于此，本试验研究了氮肥与猪场废水不同的灌溉时期、灌溉量、灌溉次数的灌溉制度对冬小麦和夏玉米生长、产量、水分利用效率和籽粒品质等安全参数的影响，以期为缓解集约化养殖带来的严重面源污染（胡开明等，2012；吴建强等，2011；Singh et al.，2006；Cabello et al.，2009），实现猪场废水的再生利用，保障作物和食品安全，保护村镇生态环境以及制定猪场废水适宜的灌溉制度提供科学依据。

2.1 试验设计与材料方法

2.1.1 试验设计

田间试验在河南省新乡市大朱庄村西南地进行（图2-1），试验时

2 冬小麦—夏玉米轮作体系下猪场废水适宜灌溉制度研究

间为2008—2009年。海拔73.2m，多年平均气温14.1℃，无霜期210d，日照时数2 398.8h，多年平均降水量588.8mm，丰水年与枯水年可相差3~4倍，7—9月降水量占全年降水量的60%以上。多年平均蒸发量2 000mm。试验地北邻新乡市麦浪种猪养殖中心，养殖废水取自附近养猪场，场内建有厌氧消化和生物滤膜处理系统，废水经处理后符合《畜禽养殖业污染物排放标准》（GB 18596—2001），大肠杆菌未检出，蛔虫去除率达98%。处理后的猪场废水pH值为6.43~6.82，其他主要水质指标见表2-1。

图2-1 新乡市大朱庄试验区概况

表2-1 猪场废水主要水质指标

取样深度 (cm)	铵态氮 (mg/L)	硝态氮 (mg/L)	全氮 (mg/L)	全磷 (mg/L)	化学需氧量 (mg/L)	四环素类 (μg/L)	土霉素 (μg/L)	金霉素 (μg/L)
0~50	139.59~175.46	0~1.54	143.02~187.62	4.63~10.18	640~800	0.36~0.40	2.93~3.38	3.86~4.07

试验作物为冬小麦和夏玉米（冬小麦品种为豫麦18，2008年10月10日播种，2009年6月15日收获；夏玉米品种为豫玉18，2009年6月20日播种，2009年9月30日收获）。灌水制度试验设计（为精简试验处理，探寻最优组合。在2007—2008年完全随机试验的基础上，2008—2009年试验对灌水次数进行了优化筛选）如下。

（1）灌水定额设2个，即900m³/hm²、600m³/hm²，试验中分别用高、低灌或高、低水表示。

（2）灌水时期冬小麦为越冬期、返青期、拔节期及抽穗期，夏玉米为播前期及拔节期。

（3）各处理总灌水频次（清水+猪场废水）冬小麦为4次，夏玉米为

2次；猪场废水灌水频次设2个处理，即1次和2次。

（4）试验另设2个清水对照处理，冬小麦季在越冬、返青、拔节及抽穗4个时期设$900m^3/hm^2$和$600m^3/hm^2$两个灌水定额（施肥均为$60kg/hm^2$）；夏玉米季在播前、拔节两个时期设$900m^3/hm^2$和$600m^3/hm^2$两个灌水定额（施肥均为$60kg/hm^2$）。猪场废水的高灌和低灌处理均配施两个肥量水平，折合纯氮分别为$60kg/hm^2$、$30kg/hm^2$，研究中分别用高肥，低肥表示，随灌水追施。各处理底肥一次性施入磷酸二氢钾$150kg/hm^2$（即P_2O_5 $78kg/hm^2$，K_2O $51kg/hm^2$）。清水对照处理CKA、CKB，另外施入尿素$300kg/hm^2$作为底肥。

综上所述，本试验共8个处理，每个处理设3次重复，共计24个小区（小区面积为$2m×6m$）。试验处理编号如表2-2所示（各编号第一个字母A表示高灌$900m^3/hm^2$，B表示低灌$600m^3/hm^2$；第二个字母A表示高肥$60kgN/hm^2$，B表示低肥$30kgN/hm^2$；第三个字母为C表示灌1次养殖废水，D表示2次。CK为施高肥的清水对照处理，其中A表示高灌，B表示低灌）。

表2-2 冬小麦—夏玉米试验设计

编号	处理说明	冬小麦				夏玉米	
		越冬水	返青水	拔节水	抽穗	播前水	拔节水
AAC	高水高肥	清水	清水	猪场废水	清水	清水	猪场废水
ABC	高水低肥	清水	清水	猪场废水	清水	清水	猪场废水
AAD	高水高肥	清水	猪场废水	猪场废水	清水	猪场废水	猪场废水
ABD	高水低肥	清水	猪场废水	猪场废水	清水	猪场废水	猪场废水
BAD	低水高肥	清水	猪场废水	猪场废水	清水	猪场废水	猪场废水
BBD	低水低肥	清水	猪场废水	猪场废水	清水	猪场废水	猪场废水
CKA	高水对照	清水	清水	清水	清水	清水	清水
CKB	低水对照	清水	清水	清水	清水	清水	清水

2 冬小麦—夏玉米轮作体系下猪场废水适宜灌溉制度研究

2.1.2 观测内容与方法

研究区主要土壤类型为黄河沉积物发育的轻质潮土。上部为粉沙质壤土，下部为黏质壤土。本试验方法参照鲍士旦（1999）、谷淑波等（2006）。

2.1.2.1 土壤理化性状、微生物数量及酶活性观测

根据具体试验需要分层取土，并将土壤样品分别装入铝盒和自封袋中带回实验室，取部分鲜样测定铵态氮、硝态氮，并利用烘干法测定其水分含量。另取部分土样迅速冷冻保存用于测定土壤微生物和酶活性。剩余土样去除杂物，风干磨细，分别过20目和100目，贮存备用。具体样品采集方法见各章试验。试验方法如下。

土壤容重的测定：环刀法；土壤含水量的测定：负压计和烘干法；土壤质地的测定：吸管法（国际单位制标准）；土壤水分特征曲线的测定：压力膜法；大团聚体结构的测定：湿筛法；饱和导水率的测定：采用渗透率仪在恒水头下测定；土壤pH值的测定：pH计电位法（PHBJ-260型便携式pH计，上海雷磁，0.01级）；土壤有机质的测定：重铬酸钾外加热法；土壤全氮、全磷的测定：连续流动分析仪法（Auto Analyzer 3，德国BRAN LUEBBE，灵敏度0.001AUFS）。土壤细菌、真菌：采用稀释平板法测定，培养基分别为牛肉膏、蛋白胨；放线菌：采用高氏1号培养基和马丁氏培养基；氨化细菌：采用最大或然计数法测定，培养基为蛋白胨琼脂。土壤酶活性的测定：脲酶活性采用苯酚—次氯酸钠比色法；蛋白酶活性采用茚三酮比色法；硝酸还原酶活性采用KNO_3作底物，淹水培养后用KCl浸提比色法测定（Kandeler et al.，1994）。

2.1.2.2 作物生长及品质指标观测

定期记录作物生长发育状况，每生育阶段一次，若遇到病虫害、倒伏等情况，随时记录。按生长期观测株高、叶面积、分蘖数，成熟后测产考种。植株株高的测定使用精度为0.1mm的卷尺。叶面积指数（绿叶面积）测定：取5株小麦，取下所有完全展开绿叶用直尺测量每片叶片长和宽，算出单株叶面积，再除以植株所占的面积。分蘖数采用田间计数法，统计$1m^2$株数和分蘖数，取其平均值。冬小麦、夏玉米成熟收获后测产，

测产方法：每小区收取中间5行具有代表性果穗风干、考种并测产。采用凯氏定氮法测定粗蛋白，蒽酮比色法测定淀粉含量。

2.1.2.3 水样的采集与分析

每次灌水前随机对清水和处理后的猪场废水取1 000mL水样进行COD、全氮、NH_4^+-N、NO_3^--N、pH值、大肠杆菌及抗生素化验分析。具体测定方法如下。

pH值的测定：玻璃电极法（GB/T 6920—1986）；悬浮物的测定：重量法（GB/T 11901—1989）；化学需氧量的测定：重铬酸盐法（GB/T 11914—1989）；全氮的测定：碱性过硫酸钾消解紫外分光光度法（GB/T 11894—1989）；铵的测定：纳氏试剂比色法（GB/T 7479—1987）；硝酸盐氮的测定：紫外分光光度法（HJ/T 346—2007）；全磷的测定：钼酸铵分光光度法（GB/T 11893—1989）。大肠杆菌利用多管发酵法，培养基为单倍乳糖蛋白胨。四环素、土霉素、金霉素等抗生素采用超高效液相色谱/串联质谱（UPLC-MS/MS）进行分析。

2.2 猪场废水对夏玉米生长指标的影响

2.2.1 不同处理对夏玉米株高的影响

不同灌水处理对夏玉米株高的影响见图2-2，出苗期株高变化较为平缓；出苗—拔节期植株便开始明显长高，拔节期（播种后35d左右）以后植株迅速生长，这时株高大多都能达到150cm以上；抽穗至灌浆期（播种后60d左右）植株生长势头明显减缓，灌浆期以后植株基本上已停止生长，是籽粒形成和决定粒重的重要阶段。经统计分析，苗期植株生长缓慢，各处理差异不明显。在植株迅速生长最为迅速的拔节期，养殖废水高灌处理AAD（编号对应的具体处理见表2-2）的株高显著高于清水对照处理CKA、CKB，养殖废水低灌处理BAD显著高于清水对照处理CKA、CKB，养殖废水灌2次的处理株高显著高于灌1次水的处理，灌浆期以后植株较拔节抽穗期无明显变化。

2 冬小麦—夏玉米轮作体系下猪场废水适宜灌溉制度研究

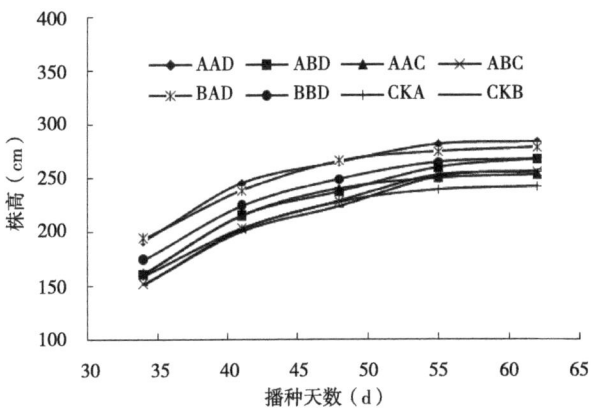

图2-2 不同处理对夏玉米株高的影响

不同施肥处理对夏玉米株高的影响见图2-2。各生育期间,高灌水平时不同施肥处理株高大小顺序为AAD>ABD>CKA,在植株生长最快的拔节期,AAD株高分别显著高出后两者21.7%和22.8%;低水灌溉不同施肥处理株高大小顺序为BAD>BBD>CKB,BAD分别显著高出后两者7.3%和27.2%。可见,在灌水一致的条件下,高肥对夏玉米植株生长有积极地促进作用。

2.2.2 不同处理对夏玉米叶面积指数的影响

不同灌水处理对夏玉米叶面积指数的影响见图2-3。拔节期以前叶面积指数较小且增长缓慢,拔节—抽雄期叶面积指数迅速增大,高肥处理不同灌水量小区叶面积指数大小顺序为AAD>BAD>CKA,经统计分析,AAD较后两者分别显著高出17.0%和41.4%;低肥处理不同灌水量叶面积指数大小顺序为ABD>BBD>CKB,ABD较后两者分别高出1.6%和39.9%;高肥处理不同灌水次数小区叶面积指数大小顺序为AAD>AAC>CKA,AAD较后两者叶面积指数分别显著高出50.5%和41.4%;低肥处理不同灌水次数小区叶面积指数大小顺序为ABD>ABC>CKB,ABD较后两者叶面积指数分别显著高出27.4%和39.9%。进入抽穗—灌浆期,叶面积增长缓慢;灌浆期以后,随着玉米籽粒的成熟,营养由植株向籽粒不断的转移,叶面积指数不升反降。

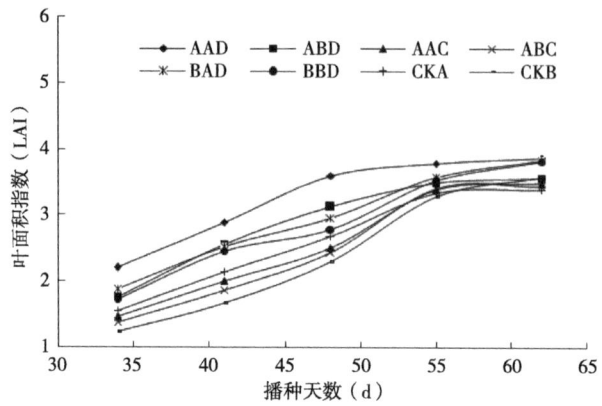

图2-3 不同处理对夏玉米叶面积指数的影响

由图2-3可知,灌水一致条件下,高灌水平时不同施肥处理的叶面积指数大小顺序为AAD>ABD>CKA,AAC>ABC>CKA。经统计分析,在植株和叶片生长最快的拔节期,AAD较ABD叶面积指数显著高出25.5%,AAC与ABC无显著性差异;低水灌溉不同施肥处理BAD>BBD,BAD较后者显著高出8.9%。可见,在灌水条件一致时,高肥对夏玉米叶面积指数的提高有明显的促进作用。

2.3 猪场废水对夏玉米产量、水分利用效率及品质的影响

2.3.1 猪场废水对夏玉米产量和水分利用效率的影响

不同灌水处理对夏玉米产量的影响见图2-4。养殖废水高水低肥处理ABD产量显著高于清水对照CKA、CKB,分别为11.10%和12.22%;养殖废水高水处理AAD产量高出清水高水对照CKA、CKB,分别为3.57%和4.61%。这说明与清水处理相比,养殖废水高灌更能促进夏玉米产量的提高,该结果与查贵峰等(2003)、马福生等(2008)的研究有所不同,这是由于灌溉水源的不同所致。低肥水平下,高灌处理ABD的产量较低灌处理BBD显著高了12.13%;高肥水平下,高灌处理AAD显著高出低灌处理BAD 4.30%,这说明在同种施肥水平下,养殖废水高灌较低灌处理能显著提高产量。

2 冬小麦—夏玉米轮作体系下猪场废水适宜灌溉制度研究

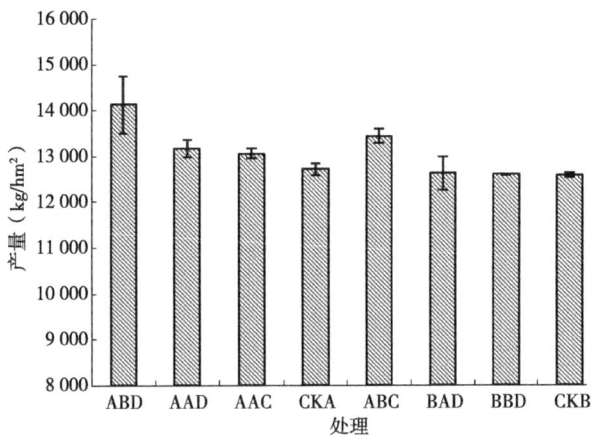

图2-4 不同处理对夏玉米产量的影响

相同灌水不同施肥处理对夏玉米产量的影响（图2-4）表现为，低灌条件下，高肥处理BAD产量略高于低肥处理BBD，差异不显著。高灌条件下，高肥处理AAD相比低肥处理ABD而言，产量反而没有优势，ABD处理产量高出AAD 7.27%，该结果与黄冠华（2004）、白丽静（2010）的研究是一致的。该研究表明养殖废水的高水灌溉配合较低水平的施肥不仅能保障玉米的产量，还能提高肥料的利用率，减少过量肥料引起的农田环境的面源污染。

水分利用效率反映了产量与田间耗水量之间的关系，不同处理对夏玉米水分利用效率的影响见图2-5，各处理AAD、ABD、AAC、ABC、BAD、BBD、CKA、CKB水分利用效率分别是2.08kg/m³、2.23kg/m³、2.06kg/m³、2.00kg/m³、2.33kg/m³、2.32kg/m³、2.01kg/m³、2.32kg/m³，其中，低水高肥处理BAD的水分利用效率最高，达到2.33kg/m³。结合各处理产量不难发现，高水高肥处理AAD虽为高灌水高施肥小区，但水分率用效率和产量都不算高。低水高肥处理BAD虽然水分利用效率较高，但产量却不如高水低肥处理ABD，ABD在水分利用效率保持较高水平的同时产量也达到最高。由此可见，养殖废水高水灌溉配合较低水平的施肥在保障夏玉米产量的同时，对于提高水分利用效率也具有积极的促进作用。

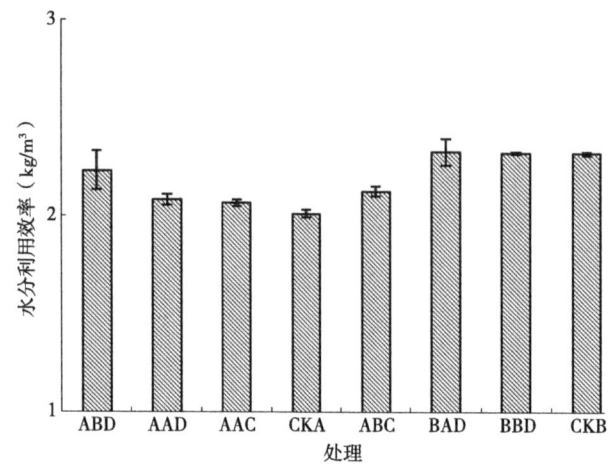

图2-5 不同处理对夏玉米水分利用效率的影响

2.3.2 不同水肥耦合下夏玉米产量回归模型与解析

根据水肥耦合效应对夏玉米产量构成因素的影响（赵娜娜等，2010），选用一个包含交互项的数学模型来描述。以产量为因变量（y），不同养殖废水灌水量（x_1）、不同施肥量（x_2，以纯氮计）为自变量，通过DPS回归模拟和系数检验，得到方程$y=4.53x_1-0.07x_1x_2+192.11x_2$（$n=8$；$r=0.738\ 0*$），具体结果见表2-3。由表2-3可知，方程各项系数已通过检验（$P<0.01$），达到极显著性水平，说明该模型可靠，模型的预测值与实际值均十分接近，具有较高的实用性，能够为田间水肥试验结果的建模提供依据。

表2-3 不同水肥配施下夏玉米产量的回归检验

	方程系数	标准误	$taSe$	t值	P值
c1	4.53	0.25	0.69	18.22	0.000 1
c2	-0.07	0.01	0.03	5.49	0.005 4
c3	192.11	31.63	87.81	6.07	0.003 7

试验中各因素水平已经过无量纲线性编码代换，偏回归系数已经标

2 冬小麦—夏玉米轮作体系下猪场废水适宜灌溉制度研究

准化,故直接比较其系数绝对值的大小,可以判断各因素对生物量的影响效应,正负号表示各因素对生物量的影响方向。方程中,养殖废水灌水量和施肥量的系数均为正值,说明灌水和施肥都有明显增产效果(正效应),而灌水量的系数较施肥量的系数相比小得多,说明不同施肥量的敏感度更高,更能影响产量的波动,是增产的主效应;第二项系数为负,说明灌水量和施肥量也并非越大越好,土壤水分与施肥量之间的协调非常重要,水能促肥,肥亦可保水,只有二者搭配得当,才能获得较高的产量。

本试验表明,施肥(以N计)30~60kg/hm²、灌水定额600~900m³/hm²是适合生产的肥水合理范围,综合考虑节水减肥和保证作物产量,本试验的ABD小区在播前、拔节期灌入养殖废水(灌水定额为900m³/hm²)是猪场废水最适宜的灌溉制度,配施30kg/hm²左右的氮肥为最优水氮组合模式。

2.3.3 猪场废水对夏玉米产量、品质和水分利用效率的影响

研究表明(张凤翔等,2005;沈玉芳等,2007;尹光华等,2004),水肥耦合显著影响作物籽粒的蛋白质质量和淀粉组分,进而影响籽粒品质。本试验不同处理夏玉米籽粒中淀粉、粗蛋白质的试验结果见表2-4。

表2-4 不同处理夏玉米籽粒中淀粉、粗蛋白质含量

品质/处理	AAD	ABD	AAC	ABC	BAD	BBD	CKA	CKB
淀粉	76.68a	75.82a	73.96ab	73.58b	73.56b	72.88bc	72.69bc	71.08c
粗蛋白质	10.32ab	10.28ab	10.41ab	10.56ab	10.88a	10.39ab	10.22ab	10.58ab

注:同行中各数值后小写字母不同表示处理间有显著性差异(LSD法,$P<0.05$)。

经统计表明,养殖废水的高灌处理淀粉含量显著高于清水对照处理,而粗蛋白质含量并无显著性差异。这是因为增加清水的灌水量对籽粒中的蛋白质有一定的稀释效应,而对淀粉的合成与积累起到了促进作用,致使清水的高灌处理蛋白质的积累相对降低;增加养殖废水灌水量时,高浓度的氮素可使这种稀释效应得以缓冲,致使两种不同处理的玉米籽粒中粗蛋白质的含量无显著性差异。

2.4 猪场废水对冬小麦生长指标的影响

2.4.1 猪场废水对冬小麦株高的影响

在施肥水平一致的情况下，对不同灌水处理之间进行比较（图2-6、图2-7）。统计分析表明，返青期、拔节期高灌处理AAD、ABD较低灌处理BAD分别增加16.16%、15.02%，较低灌处理BBD分别增加了14.88%、13.76%，较对照处理CKA分别增加了22.59%、16.71%，较对照处理CKB分别增加了21.24%、15.42%，这说明在返青—拔节期进行猪场废水高灌处理能显著促进小麦的生长。

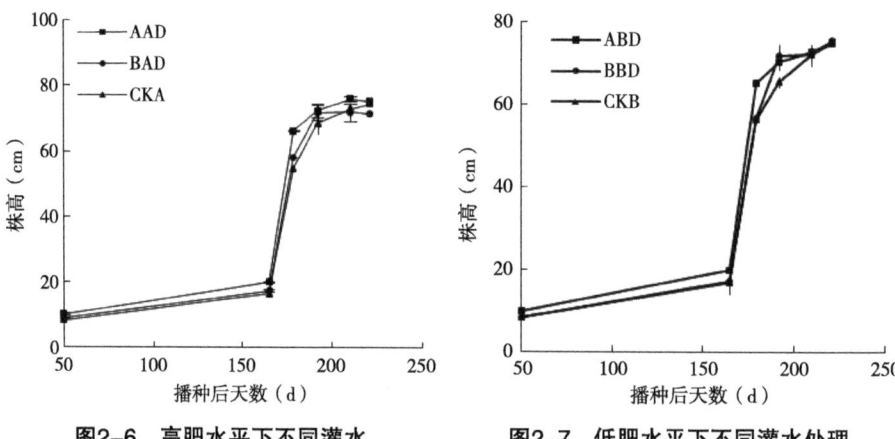

图2-6　高肥水平下不同灌水处理株高的比较　　图2-7　低肥水平下不同灌水处理株高的比较

对冬小麦各生育时期株高的测定结果表明（图2-6、图2-7），各个处理冬小麦株高在越冬期—返青期增加较为平缓，这是由于冬小麦在出苗和三叶期幼苗所需营养主要来自种子，水分控制又开始于返青后。因此，不同水肥处理对返青期之前的冬小麦几乎没有影响。而返青—拔节期迅速增加，生育末期增加并不明显，冬小麦生育末期各处理间株高差异很小。

由相同灌水量不同施肥处理对冬小麦株高影响可知（图2-8、图2-9），不同施肥处理冬小麦株高变化趋势一致。统计分析表明，由于水质的不同，猪场废水处理株高显著高于清水对照处理；而猪场废水的高肥处理较养殖废水的低肥处理，冬小麦株高略高，但差异不显著。这是由于养殖废水本身就含有大量养分，灌相同量的猪场废水，不同施肥处理并未显著影响株高的差异。

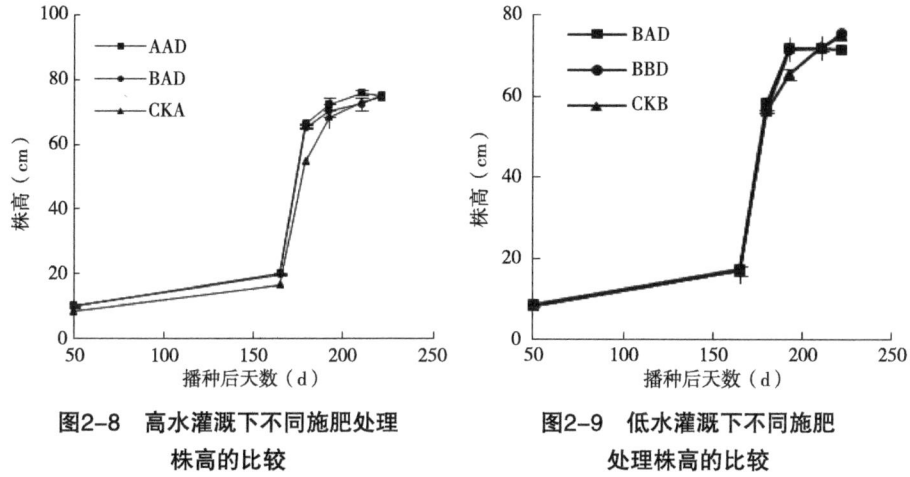

图2-8 高水灌溉下不同施肥处理株高的比较

图2-9 低水灌溉下不同施肥处理株高的比较

2.4.2 猪场废水对冬小麦叶面积指数的影响

叶片是冬小麦进行光合作用合成碳水化合物的场所，叶面积是同化量的一个指标，要获得高产就必须使叶面积保持在适宜的范围。在施肥水平一致的情况下，对不同灌水处理之间进行比较（图2-10、图2-11）。由图2-10、图2-11可知，各个处理全生育期冬小麦叶面积指数分蘖期—越冬期增长缓慢，越冬期—返青冬小麦基本停止生长，冬小麦返青后，开始由冬前的营养生长转为营养生长与生殖生长并行的阶段，叶面积指数增长迅速且符合经典Logistic曲线或其修正形式，直至冬小麦成熟。统计分析（SPSS 11.5；LSD法，$P<0.05$）表明，营养生长与生殖生长并行阶段猪场废水高灌处理冬小麦叶面积指数较低灌处理及对照处理均显著增加，AAD较BAD增加了44.04%、ABD较BBD增加了41.72%；AAD较清水对照处理CKA增加了35.59%，ABD较清水对照处理CKB增加了17.24%。生育末期为冬小麦生殖生长的关键时期，但低灌高肥处理BAD、CKB成熟期冬小麦叶面积指数仍维持在比较高的水平，分别为4.22、4.51，高于高灌处理，这表明低灌高肥处理使冬小麦在灌浆期贪青，不利于冬小麦在生育末期的生殖生长。

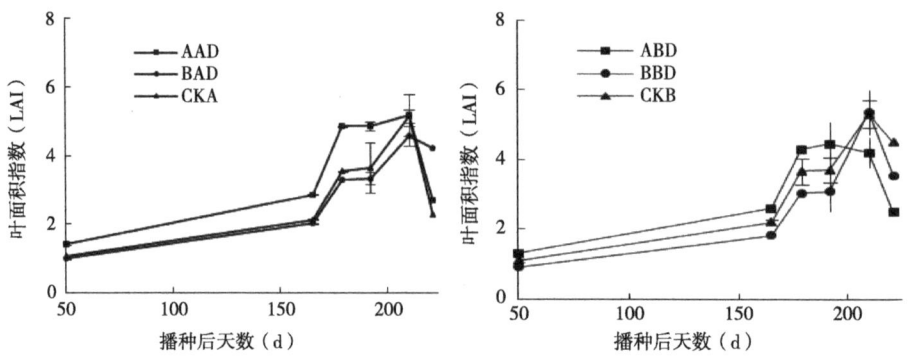

图2-10 高肥水平灌水处理叶面积指数的比较

图2-11 低肥水平灌水处理叶面积指数的比较

图2-12、图2-13为相同灌水水平不同施肥处理对冬小麦叶面积指数的影响。全生育期猪场废水的高肥处理冬小麦叶面积指数与低肥处理均无明显差异，这同样是由于猪场废水本身含有大量养分所致。

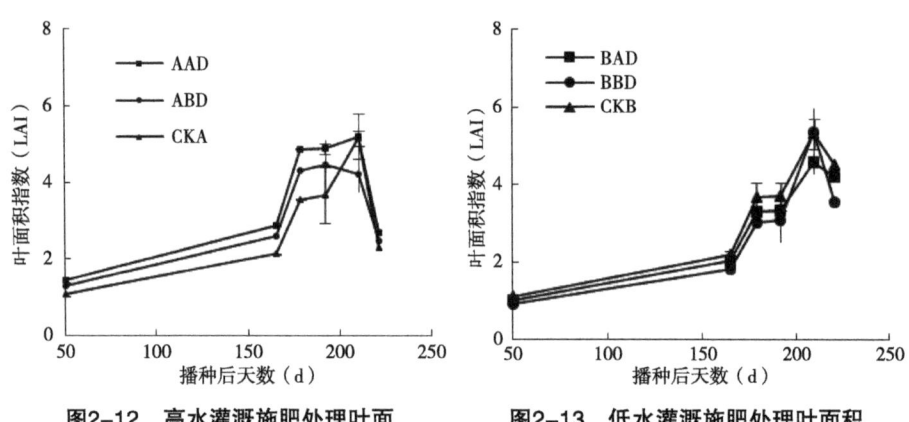

图2-12 高水灌溉施肥处理叶面积指数的比较

图2-13 低水灌溉施肥处理叶面积指数的比较

对冬小麦各生育时期叶面积指数的调查结果表明，各个处理冬小麦叶面积在越冬期—返青期增加也较为平缓，这同样是由于冬小麦在出苗和三叶期幼苗所需营养主要来自种子，水分控制始于返青后所致。因此，不同水肥处理对返青期之前的冬小麦叶面积影响不大。返青—拔节期叶面积迅速增加，生育末期反而下降，因为此时冬小麦由营养生长转向了生殖生长。

2 冬小麦—夏玉米轮作体系下猪场废水适宜灌溉制度研究

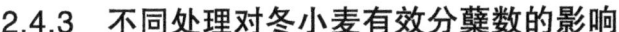

2.4.3 不同处理对冬小麦有效分蘖数的影响

分蘖对小麦群体发展尤为显著（徐大胜等，2010）。由试验结果可知（表2-5），各处理冬小麦的有效分蘖数在返青期为23~34，拔节期为33~49，其中猪场废水的高水高肥处理AAD最大，分别为34和49，其他猪场废水高水处理有效分蘖数也较多；而猪场废水低水处理和清水对照处理有效分蘖数较少，CKB仅为23和33，经统计分析，猪场废水高水处理的有效分蘖数差异高于对照处理。这说明猪场废水中的有机质和氮素等养分能显著提高冬小麦生长前期的有效分蘖数，促进小麦对营养物质的吸收和积累。小麦进入抽穗灌浆期以后，养分开始向籽粒中转移，AAD处理有效分蘖数明显下降，到成熟期甚至低于其他处理。

表2-5 不同处理冬小麦的有效分蘖数

处理	AAD	AAC	ABD	ABC	BAD	BBD	CKA	CKB
返青期	34a	34a	31ab	31ab	26c	25cd	25cd	23d
拔节期	49a	48ab	43b	41b	36c	35cd	36c	33cd

注：同行中各数值后小写字母不同表示处理间有显著性差异（LSD法，$P<0.05$）。

2.5 猪场废水对冬小麦产量、籽粒品质及水分利用效率的影响

2.5.1 不同水肥处理对冬小麦产量及水分利用效率的影响

不同灌水处理对冬小麦产量的影响见图2-14。由图2-14可以看出，收获后高灌处理冬小麦产量显著高于低灌处理和清水对照处理（SPSS 11.5；LSD法，$P<0.05$）：高灌处理AAD显著高出低灌处理BAD 14.88%，ABD显著高出低灌处理BBD 19.93%；猪场废水高灌处理AAD显著高出对照CKA 7.17%，ABD显著高出对照CKA 18.52%。猪场废水不同灌水次数的处理ABD产量显著高于ABC，为11.62%，AAD与AAC差异并不明显，仅为0.78%。

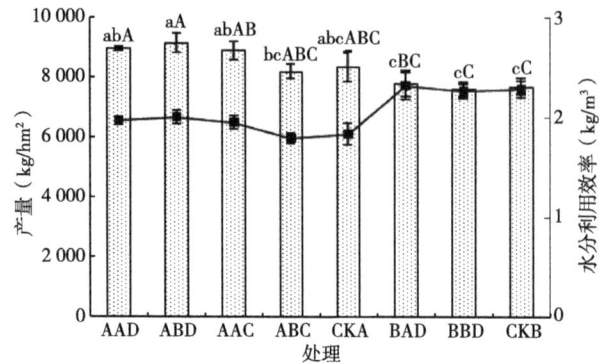

图2-14 不同处理对冬小麦产量及水分利用效率的影响

注：产量见柱状图，水分利用效率见折线图。产量上图标小写字母相同表示无显著性差异（$P>0.05$），大写字母相同表示无极显著性差异（$P>0.01$）。

不同施肥处理对冬小麦产量的影响见图2-14。收获后高肥处理AAC、BAD冬小麦产量与相同灌水量的低肥处理ABC、BBD差异并不显著，高水低肥处理ABD产量甚至高于高水高肥处理AAD，表明低水平的氮肥（纯氮计30kg/hm²）与猪场废水高灌处理配施显著提高了冬小麦产量，但高水平的氮肥（纯氮计60kg/hm²）与猪场废水高灌处理配施使氮素含量过高，并未使冬小麦产量进一步提高，不仅浪费了肥料，对农业面源污染也会产生潜在威胁。不同处理对冬小麦水分利用效率的影响见图2-14。水分利用效率反映了产量与田间耗水量之间的关系，小麦水分利用效率随不同处理下产量的变化而变化。统计分析表明（图2-14），低灌处理BAD、BBD和CKB的水分利用效率要显著高于其他5个高灌处理（SPSS 11.5；LSD法，$P<0.05$）。而在高灌处理中，高水低肥ABD的水分利用效率最高。

赵炳梓等（2003）研究认为低水平灌溉条件下，水分利用效率随着施氮量增加而上升；高水平灌溉条件下，水分利用效率随着氮肥用量的增加呈先上升后下降的趋势。但本研究表明，灌水条件一致时，高肥处理（以氮记60kg/hm²）与低肥处理（以氮记30kg/hm²）的水分利用效率差异并不大，这可能是由于猪场废水本身含有大量养分，削弱了不同施肥处理对水分利用效率的影响。冬小麦试验中ABD即在返青、拔节期灌入猪场废水（灌水定额为900m³/hm²）处理是猪场废水最适宜的灌溉制度，配施

2 冬小麦—夏玉米轮作体系下猪场废水适宜灌溉制度研究

为30kg/hm²左右的氮肥为最优水氮组合模式。

2.5.2 不同水肥耦合下冬小麦产量回归解析

根据水肥耦合效应对冬小麦产量构成因素的影响，选用一个包含交互项的数学模型来描述。以产量为因变量（y），不同养殖废水灌水量（x_1）、不同施肥量（x_2）为自变量，通过DPS回归和系数检验，得到方程$y=10.96x_1-0.13x_1x_2+103.68x_2$（$n=8$；$r=0.9422**$），具体结果见表2-6。可知，方程各项系数已通过检验（$P<0.05$），达到显著性水平，可为田间水肥试验结果的建模提供依据。

表2-6 不同水肥配施下冬小麦产量的回归检验

	方程系数	标准误	taSe	t值	P值
c1	10.96	0.64	2.76	17.11	0.003
c2	−0.13	0.026	0.11	5.09	0.037
c3	103.68	17.37	74.75	5.97	0.027

在方程中，废水灌水量和施肥量的系数均为正值，说明单纯提高灌水或施肥量都能使小麦增产。而灌水量的系数较施肥量的系数相比小得多，说明不同施肥量的敏感度更高，更能影响产量的波动；第二项为交互项，且系数为负，说明灌水量和施肥量也并非越大越好，土壤水分与施肥量之间的协调非常重要，只有二者搭配得当，才能获得较高的产量。而本试验证明，施肥（以氮计）30~80kg/hm²、灌水600~1 000m³/hm²是适合生产的肥水合理范围，在灌水定额为1 000m³/hm²、施肥量为30kg/hm²时使产量的理论值达到最大10 050.4kg/hm²，而灌水定额为900m³/hm²左右时已超过冬小麦的充分灌溉量，考虑到节水灌溉和减少化肥的使用，本试验的ABD小区即灌水定额为900m³/hm²、施肥量为30kg/hm²为最优处理。

2.5.3 不同水肥耦合下冬小麦籽粒淀粉和粗蛋白质的比较

研究表明（兰涛等，2002；王立秋等，1997；王小燕等，2006），水肥耦合显著影响小麦籽粒蛋白质质量和淀粉组分，进而影响籽粒品质。本试验不同处理冬小麦籽粒中淀粉、粗蛋白质的试验结果见表2-7。

表2-7 不同处理冬小麦籽粒中淀粉和粗蛋白质含量

品质/处理	CKA	CKB	AAC	ABC	AAD	ABD	BAD	BBD
淀粉	52.98c	50.56d	53.46b	53.08bc	54.68ab	55.69a	52.76c	50.88cd
粗蛋白质	16.89b	17.26ab	17.36ab	17.34ab	18.58a	17.42ab	17.32ab	17.28ab

注：同行中各数值后小写字母不同表示处理间有显著性差异（LSD法，$P<0.05$）。

本试验结果表明，灌水定额和施肥量相同时，猪场废水的几个处理小麦籽粒中淀粉含量显著高于相应的清水对照处理CKA和CKB；灌水水质相同时，猪场废水的高灌处理特别是AAD与ABD籽粒中淀粉含量分别达到54.68%和55.69%，显著大于相应低灌处理；清水对照的高灌处理CKA小麦籽粒中淀粉含量也显著高于相应低灌处理CKB。

灌水定额相同时，猪场废水处理中只有AAD小麦籽粒中粗蛋白质含量（达到18.58%）显著高于相应的清水对照处理CKA，而其他处理间无差异，这是因为AAD在8个处理中猪场废水的灌溉量、灌水次数和施肥量均为最高，高浓度的氮素和有机质处理所致；灌水水质相同时，猪场废水的高灌处理粗蛋白质含量与相应低灌处理无差异；清水对照的高灌处理CKA与低灌处理CKB也无差异，甚至前者有低于后者的趋势，这与小麦籽粒中淀粉含量的结果不大一致，可能是因为增加清水的灌水量对籽粒中的蛋白质有一定的稀释效应，而对淀粉的合成与积累起到了促进作用，致使清水的高灌处理蛋白质的积累相对较低。

统计分析可知，冬小麦籽粒淀粉含量与产量的回归方程为$y=-2E-06x_2+0.065x-396.6$（$r=0.8827**$，$n=8$）；粗蛋白质的含量与产量的回归方程为$y=3E-09x_2+0.0001x+15.182$（$r=0.8068**$，$n=8$）。可见，冬小麦籽粒淀粉及粗蛋白质的含量与产量之间存在着含量极显著的相关性，表明本试验条件下，猪场废水灌溉的不同处理对冬小麦产量和品质指标特别是淀粉含量的影响趋势是一致的。

2.6 本章小结

（1）通过猪场废水的田间灌溉试验发现，猪场废水高灌处理（900m³/hm²）

2 冬小麦—夏玉米轮作体系下猪场废水适宜灌溉制度研究

冬小麦和夏玉米的株高、叶面积指数和产量等生长指标高于低灌处理（600m³/hm²）；相同灌水条件下，各处理高肥水平（折合纯氮60kg/hm²）对夏玉米的生长有显著促进作用，对冬小麦生长的促进作用则不明显。拔节—抽穗期进行养殖废水灌溉能显著促进作物的生长。

（2）猪场废水的高灌处理作物籽粒淀粉含量显著高于低灌处理及清水对照处理。清水对照的高灌处理CKA小麦籽粒中淀粉含量也显著高于相应低灌处理CKB。籽粒粗蛋白质含量除了小麦季猪场废水高灌处理AAD显著高于清水对照高灌处理CKA之外，其他处理间均无差异。

（3）本试验条件下，推荐如下猪场废水灌溉制度：夏玉米季在播前、拔节期分别进行灌水定额为900m³/hm²的猪场废水（处理后NH_4^+-N 140~350mg/kg）灌溉；配施30kg/hm²氮肥（折合纯氮）为最优水氮组合模式。冬小麦季在拔节期和返青期进行灌水定额为900m³/hm²的猪场废水灌溉（越冬期和抽穗期进行900m³/hm²的清水灌溉，视降雨情况而定），并配施30kg/hm²氮肥的为最优水氮组合模式。该模式不仅节约了肥料，提高了水分利用效率，而且能够保障产量。

（4）本章节研究发现，与清水高灌高氮处理相比，底肥（磷、钾）投入一致，全氮投入相近甚至略低，猪场废水高灌低氮处理作物生长生产指标更有优势。推测适宜的废水灌溉可能会导致土壤氮库的有效性激发，该假设将通过后面章节的试验来验证。

3 猪场废水灌溉土壤氮素矿化特征及驱动因子

水是农业极为重要的限制因素（Vazquezmontiel et al.，2007），随着我国的工业耗水总量不断增大，使得水资源本来就匮乏的北方地区农业灌溉缺水日趋严重（刘昌明等，2001）。不少农民只能通过利用污水甚至超采地下水来弥补（王海艺等，2006；沈荣开等，2001），其中，污水灌溉备受关注（Lopez et al.，2006；彭致功等，2006；Mapanda et al.，2005），而作为污水灌溉水源重要组成的养殖废水具有高浓度悬浮物和氮磷营养物质（许振成等，2007），污染物含量低，经处理病菌等可被杀死等特点，成为解决水资源短缺和水污染的研究热点。

养殖废水能够为植物生长提供重要的养分，增加土壤有机质从而提高土壤肥力和生产力水平（Mapanda et al.，2005；Jothi et al.，2003；许振成等，2007）；同时，不合理的灌溉会引起大量的氮素淋失，在降水和灌溉的作用下还会进入水体，引起水体富营养化，污染环境。目前，国内外关于养殖废水及废水应用于农田的研究主要集中在对作物生长和品质的影响（Gupta et al.，2002；Jothi et al.，2003）、对土壤养分含量和重金属、有机污染物负荷的影响（Cai et al.，2002；Chary et al.，2008；Bittman et al.，2009；Fangueiro et al.，2008）、对土壤微生态环境的影响（Ndayegamiye et al.，1989；Ramos et al.，2014）等。根据以往研究发现（杜臻杰等，2013；杜臻杰等，2014），各处理底肥投入一致，猪场废水高灌低氮处理作物生长生产指标普遍高于清水对照高灌高氮处理（前者全氮投入略低于后者），于是假设废水灌溉可能会导致土壤氮库的有效性激发，而该方面的研究还未见相关报道。在此基础上，本试验以等氮投入为原则，选择华北平原典型潮土为研究对象，主要研究了猪场废水灌溉条件下土壤氮素时间、空间及形态的三维变化特征，探讨了猪场废水

3 猪场废水灌溉土壤氮素矿化特征及驱动因子

与等氮投入的清水对照处理相比土壤氮矿化差异特征及影响因子，试图为安全高效利用猪场废水、提高氮素利用效率、防止面源污染及丰富氮矿化理论提供科学依据。

3.1 试验设计与观测内容、数据处理

3.1.1 试验设计

田间试验在中国农业科学院河南新乡农业水土环境野外科学观测试验站地中渗透仪的测坑上（图3-1）进行，测坑配有精准自动灌溉系统。该地区处北纬35°15′38″~35°15′45″，东经113°55′5″~113°55′7″，海拔73.2m，气象条件见2.1.1。田间试验为夏玉米、冬小麦轮作体系，本季作物为冬小麦，试验作物为冬小麦（品种为豫麦18，2009年10月10日播种，2010年6月15日收获）。猪场废水取自新乡市盛达牧业有限公司，公司建有大型厌氧发酵处理系统，处理后废水pH值为6.35~6.51，NH_4^+-N含量600~850mg/L，TP 3.25~11.15mg/L，COD 639~1 189mg/L，四环素0.16~0.19μg/L，土霉素0.66~0.73μg/L，金霉素0.72~0.75μg/L。灌溉前与清水按比例进行混合稀释。

图3-1 地中渗透仪内外构造概况

试验设计两种灌溉水质（经过处理的猪场废水和清水），猪场废水设置两种浓度PWH（原液稀释1/5）、PWL（原液稀释1/10）；每次灌水时，清水对照处理对应追施与猪场废水等氮量的氮肥CKH、CKL；灌水制度参照表3-1，即灌水方式为畦灌，灌水定额900m³/hm²，废水灌溉时期选择返青水（3月8日）、拔节—抽穗水（4月15日）。底肥参照当地农民习惯，氮肥在播前施入75kg/hm²（以纯氮计），高氮组施氮量共计291kg/hm²，低氮组施氮量共计183kg/hm²；磷、钾肥为磷酸二氢钾作为底肥一次性施入150kg/hm²（即P_2O_5 78kg/hm²，K_2O 51kg/hm²）。其余田间管理按一般高产田进行。本试验共设4个处理，每个处理重复3次，共12个处理。试验设计如表3-1所示。

表3-1 冬小麦试验设计

处理编号	处理说明	越冬水	返青水	拔节水	抽穗灌浆水
PWH	原液稀释1/5	清水	养殖废水	养殖废水	清水
PWL	原液稀释1/10	清水	养殖废水	养殖废水	清水
CKH	与PWH等氮投入	清水	清水	清水	清水
CKL	与PWL等氮投入	清水	清水	清水	清水

注：PW即Piggery Wastewater缩写。

3.1.2 观测内容与数据处理

本试验具体采样细节如下：冬小麦于2009年10月10日播种，播种前，以整个试验地为对象，按五点混合法分别采集0~20cm、20~40cm、40~60cm、60~80cm 4层土样，对供试土壤的基本理化性状进行测定（表3-2），并通过收集地中渗透仪在测坑中不同埋深（1~5m）的土壤溶液收集装置采集土壤溶液监测深层淋失的氮累积量[式（3-2）]。冬小麦生育期间，分别在2010年3月8日（返青—拔节期、第一次灌水追肥日）、3月10日（拔节期）、3月15日（拔节期）、4月6日（拔节期）、4月15日（拔节—抽穗期、第二次灌水追肥日）、4月20日（拔节—抽穗期）、5月8日（抽穗—扬花期）、5月19日（灌浆期）及6月10

日（收获）按小区采集0~20cm、20~40cm、40~60cm、60~80cm 4层土样，测定土壤硝态氮、铵态氮含量。

表3-2　试验前土壤基本理化性质

土层(cm)	pH值	容重(g/cm^3)	总孔隙度(%)	质地(g/kg) 黏粒	粉沙粒	沙粒	全氮(g/kg)	全磷(g/kg)	有机质(g/kg)
0~20	8.95	1.42	46.42	157.77	478.97	363.26	0.50	0.70	15.43
20~40	9.15	1.28	51.70	177.5	372.95	449.55	0.27	0.43	8.12
40~60	9.32	1.54	41.89	276.1	470.8	253.1	0.20	0.37	10.81
60~80	9.31	1.47	46.42	276.1	470.8	363.26	0.24	0.36	9.24

每次灌水追肥日前后，即3月8日（返青—拔节期、第一次灌水追肥日）、3月10日（拔节期）、4月15日（拔节—抽穗期、第二次灌水追肥日）、4月20日（拔节—抽穗期）和6月10日（收获）时分别采集0~20cm、20~40cm、40~60cm、60~80cm 4层土样对微生物数量（细菌、霉菌、酵母菌、氨化细菌及硝化细菌）及酶活性（脲酶、蛋白酶及硝酸还原酶）等指标进行监测，同时在取样当天，利用地中渗透仪在测坑中不同埋深（1~5m）的土壤溶液收集装置土壤溶液监测深层淋失的硝态氮含量，进而计算累积淋失量，见式（3-2）。

6月10日收获后对各小区不同处理作物产量和品质、土壤主要养分指标（硝态氮、铵态氮、全氮、全磷、速效钾、有机质）、pH值进行测定，并专门取一部分新鲜土样装入聚乙烯封口袋中，用保鲜箱低温冷藏带回实验室。土样挑去肉眼可见细根后过2mm筛，放入冰箱4℃保存，立即进行硝化细菌测数；同时，取10m^2样方脱粒烘干计产，并从中抽取部分籽粒和秸秆作为分析样，考虑到小麦属密植作物每个小区随机取0.3m^2小样方（3个0.5m长、生长均匀的样段混合）代表该区小麦的生长状况，样品烘干后称重计算地上部干物重，粉碎过筛后用常规方法（凯氏法消煮—蒸馏定氮）测定植株含氮量，进而计算植物吸氮量。

本研究中的统计分析，包括相关分析、回归分析和方差分析等均采用分析软件Excel 2007和SPSS 17.0完成。

3.2 不同处理下土壤氮素时空变化特征

3.2.1 各处理不同土层铵态氮在冬小麦生育期内动态变化

不同处理相同土层铵态氮随时间变化规律基本一致（图3-2至图3-5）。各处理0~20cm、20~40cm土层铵态氮含量均在3月10日、4月16日出现两个波峰，这是由于3月8日、4月15日为灌水追肥日。整个生育期内，各处理0~20cm、20~40cm土层铵态氮含量以两波峰为顶点，呈"M"状的趋势分布，5月8日即灌浆期后，铵态氮下降平缓并维持在10mg/kg以下，这是由于旱地土壤环境土壤硝化作用强烈，使铵态氮转化为硝态氮所致。猪场废水处理组相比清水处理组，0~20cm、20~40cm土层铵态氮含量出现峰值后随时间下降幅度较为平缓，后者出现峰值后随时间下降幅度较为陡急。这是由于猪场废水处理有利于土壤有机氮矿化所致。0~20cm，猪场废水高氮处理PWH土壤铵态氮含量在2.36~119.73mg/kg，清水高氮处理CKH土壤铵态氮含量在1.03~125.36mg/kg，猪场沼液低氮处理PWL铵态氮含量在1.53~63.95mg/kg，清水低氮处理CKL铵态氮含量在0.07~68.32mg/kg。

相同处理土壤铵态氮含量均随土层深度的增加而减小。相比而言，猪场废水处理从0~20cm到20~40cm土层铵态氮下降幅度较小，清水对照处理铵态氮下降幅度较大。各处理从20~40cm至40~60cm土层土壤铵态氮含量开始急剧下降，尤其是4月16日猪场废水高氮处理20~40cm到40~60cm土层铵态氮含量降幅达91.01%。这是由于铵态氮携带正电荷，极易被带负电荷的土壤胶体吸附固持，向下淋移能力较弱。

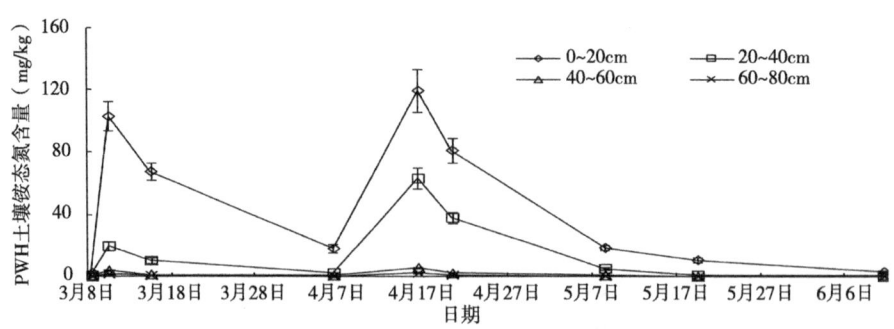

图3-2 猪场废水高氮处理土壤铵态氮随时间变化

3 猪场废水灌溉土壤氮素矿化特征及驱动因子

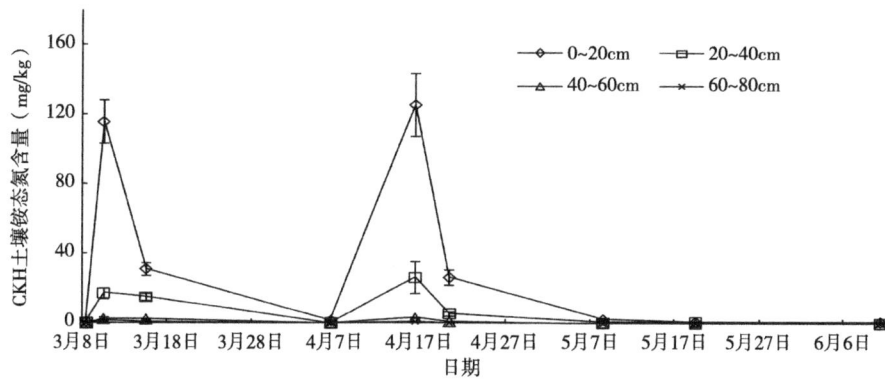

图3-3 清水高氮处理土壤铵态氮随时间变化

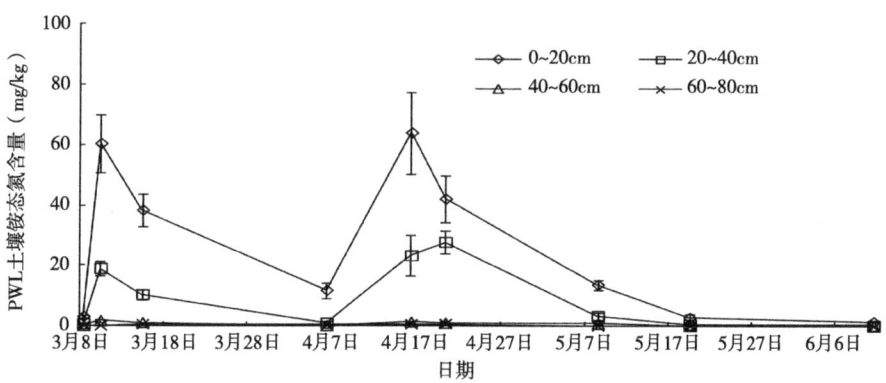

图3-4 猪场废水低氮处理土壤铵态氮随时间变化

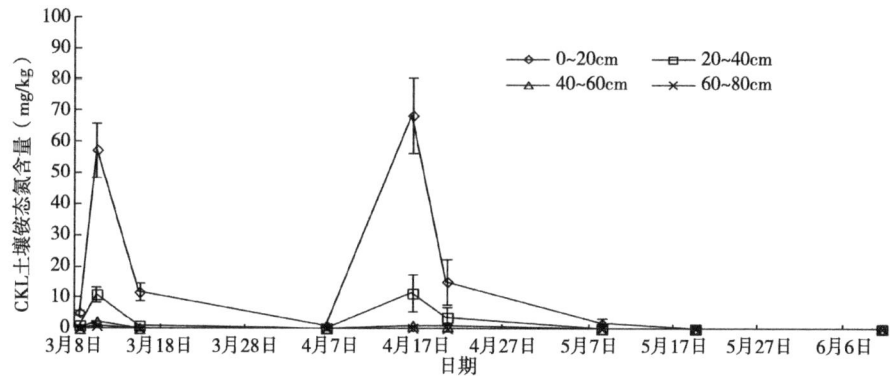

图3-5 清水低氮处理土壤铵态氮随时间变化

3.2.2 各处理不同土层硝态氮在冬小麦生育期内动态变化

不同处理相同土层硝态氮随时间变化规律比较相似（图3-6至图3-9）。各处理0~20cm、20~40cm土层硝态氮含量在3月10日、4月16日左右出现两个波峰，这同样是由于3月8日、4月15日为灌水追肥日所致。整个生育期内，各处理0~20cm土层硝态氮含量以两波峰为顶点，呈不规则的"M"状的趋势分布，5月8日即灌浆期后，硝态氮变化逐渐平缓，基本维持在10~30mg/kg的水平范围。不同处理20cm以下土层的硝态氮含量随时间变化规律不明显，波动性较强，如图3-6所示猪场废水高氮处理40~60cm土层出现多次波峰，这与猪场废水灌溉激发土壤有机氮矿化释放硝态氮及硝态氮本身强淋移特性有关。猪场废水处理组相比等氮投入的清水对照处理组，0~20cm土层硝态氮含量出现峰值后随时间下降幅度较为平缓，对照组出现峰值后随时间下降幅度较为陡急，而且6月10日冬小麦收获后废水处理组土壤硝态氮残留量要高于清水对照处理，增加了淋溶风险，这同样是由于猪场废水处理能够矿化更多的土壤有机氮所致。猪场废水高氮处理0~20cm土壤硝态氮含量在17.30~176.06mg/kg，清水对照高氮处理0~20cm土壤硝态氮含量在11.94~184.15mg/kg，猪场沼液低氮处理0~20cm土壤硝态氮含量在14.26~61.95mg/kg，清水低氮处理0~20cm硝态氮含量在9.65~71.26mg/kg。

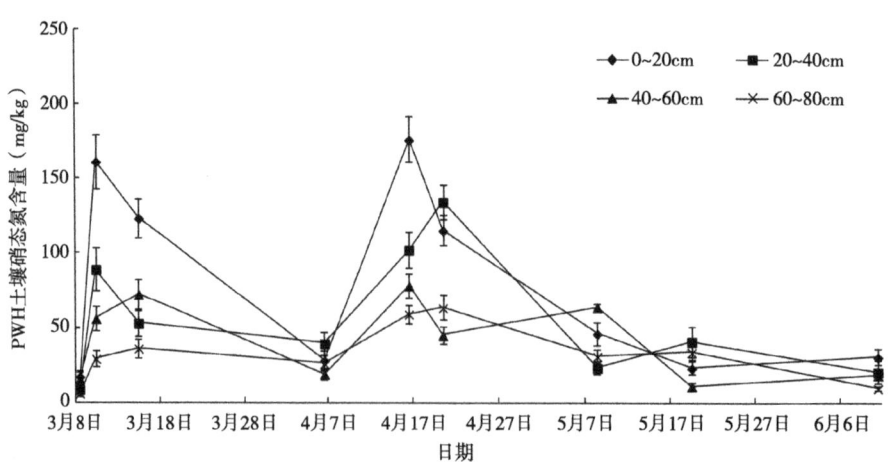

图3-6 猪场废水高氮处理土壤硝态氮随时间变化

3 猪场废水灌溉土壤氮素矿化特征及驱动因子

各处理土壤硝态氮含量随土层深度增加均有降低的趋势，但规律并不一致。各处理从0~20cm到20~40cm土层硝态氮下降幅度都相对较小，从20~40cm到40~60cm土层硝态氮含量下降幅度较大，尤其是在3月10日、4月16日刚灌水追肥之后，不过灌水追肥后的两三周，不同土层的硝态氮含量变化趋势开始出现反转，40~60cm到60~80cm土壤硝态氮含量甚至高于0~20cm到20~40cm土层，如图3-9所示，5月7日猪场废水高氮处理土壤硝态氮含量规律表现为40~60cm>0~20cm>60~80cm>20~40cm土层，这是由于硝态氮向下淋移能力较强所致。

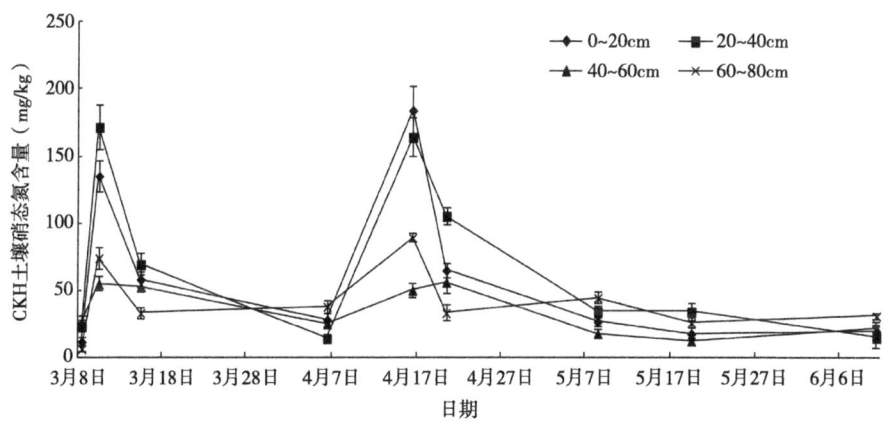

图3-7 清水高氮处理土壤硝态氮随时间变化

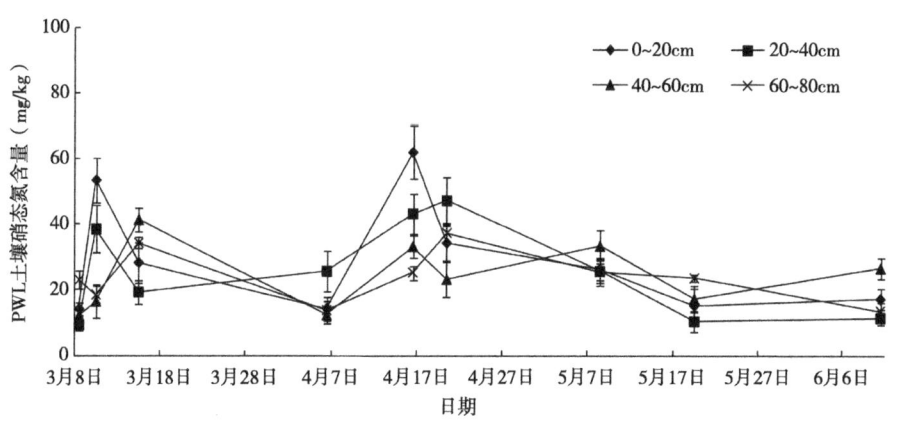

图3-8 猪场废水低氮处理土壤硝态氮随时间变化

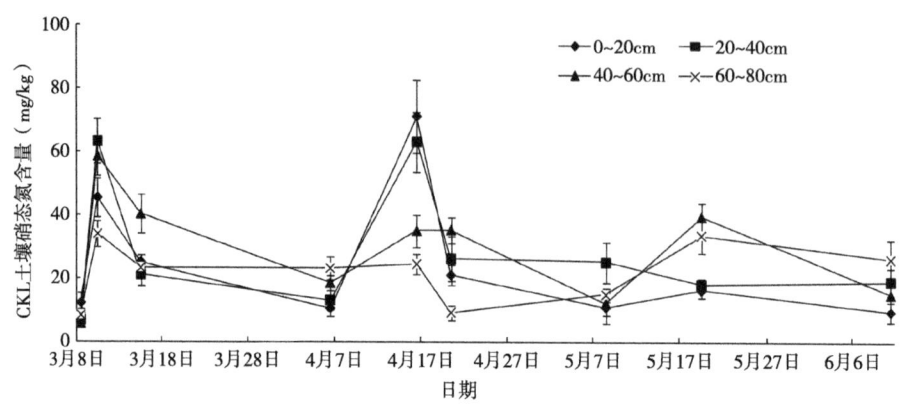

图3-9 清水低氮处理土壤硝态氮随时间变化

3.3 不同处理对土壤氮平衡及氮矿化量的影响

农田系统中氮输入量与氮输出量是相等的。氮输入量包括施入氮肥、土壤无机氮和氮矿化3项,而氮输出量包括作物吸收、残留无机氮和氮表观损失3项(刘学军等,2002)。北方旱地土壤硝化作用较强,氮表观损失主要来自硝态氮的深层淋失,氮排放损失量所占比例很低。吴得峰等(2012)、郝小雨等(2016)通过北方旱作土壤氧化亚氮和氨挥发的试验发现,黄土高原农田氧化亚氮年均量排放量在0.089~2.016kg/hm²,华北平原有机无机肥料配施处理潮土氨挥发周年累积量在2.5~3.8kg/hm²,可见,氮排放对表观损失量(氮输出量)的贡献比较小,而等氮处理间的氮排放差异对氮平衡的影响几乎可以忽略不计。所以,本试验条件下,各处理土壤氮矿化量(刘学军等,2002;巨晓棠等,2002)通过如式(3-1)估算。

氮矿化量=收获后作物吸氮量+矿质氮累积量(0~80cm)+氮深层淋失量(80~530cm)-氮肥(化肥、有机肥)-土壤起始无机氮量(0~530cm)   (3-1)

土壤剖面中各土层矿质氮(硝态氮或铵态氮)累积量(N_{min},kg/hm²)按式(3-2)计算。

$$N_{min} = d \times Pb \times C \times 0.1 \quad (3-2)$$

3 猪场废水灌溉土壤氮素矿化特征及驱动因子

式中，d为土层厚度（0~80cm累积量按20cm的平均矿质氮含量计算，80cm以下按50cm平均矿质氮含量计算）；Pb为土壤容重（g/cm^3）；C为某土层中矿质氮含量（N，mg/kg）；0.1为换算系数。

由表3-3可知，6月10日冬小麦收获后，各处理在氮输出方面表现出如下规律：作物吸氮量在212.46~269.57kg/hm²，吸氮量大小顺序为PWH>CKH>CKL>PWL，不同施氮水平条件下，高氮组处理（施氮量291kg/hm²）PWH、CKH显著大于低氮组处理（施氮量183kg/hm²）PWL、CKL，等氮投入的猪场废水PWH处理与清水CKH处理相比，作物吸氮量显著高出6.91%，而等氮投入的猪场废水PWL处理与清水CKL处理相比差异不显著。土壤残留氮累积量（0~80cm）在196.02~249.79kg/hm²，不同处理大小顺序表现为CKH>PWH>CKL>PWL，不同施氮水平条件下，高氮组处理PWH、CKH显著大于低氮组处理PWL、CKL，等氮投入的猪场废水PWH处理与清水CKH处理相比，土壤残留氮累积量显著低了3.79%，而等氮投入的猪场废水PWL处理与清水CKL处理相比差异不显著。土壤硝态氮深层累积量（80~530cm）在66.41~163.85kg/hm²，不同处理大小顺序表现为PWH>CKH>PWL>CKL，各处理均存在显著性差异。不同施氮水平条件下，猪场废水高氮处理PWH硝态氮深层累积量显著高出低氮处理PWL108.09%，清水高氮CKH处理硝态氮深层累积量显著高出低氮CKL处理120.64%，这说明随着施氮量的增加，氮素深层淋失量随之增加，而且化肥的大量施用更容易发生氮素的深层淋失。等氮投入的猪场废水PWH处理与清水CKH处理相比，土壤硝态氮深层累积量显著高出11.82%，等氮投入的猪场废水PWL处理与清水CKL处理相比，土壤硝态氮深层累积量显著高出18.57%。

在氮输入方面各处理表现为如下规律：施氮量PWH=CKH>CKL=PWL；播前初始氮无显著性差异；土壤氮矿化量在89.31~164.73kg/hm²，不同处理大小顺序表现为PWH>CKH>CKL>PWL。不同施氮水平条件下，高氮组处理PWH、CKH土壤氮矿化量显著高出低氮处理PWL、CKL，这说明氮素的矿化量随着外源矿质氮的增加而增加。等氮投入的猪场废水PWH处理与清水CKH处理相比，土壤氮矿化量显著高出21.29%，等氮投入的猪场废水PWL处理与清水CKL处理相比差异不显著。这说明猪场废水适宜的水氮组合模式（猪场废水原液稀释1/5左右，配以施氮量75kg/hm²

的底肥，在返青、拔节期分别进行定额为900m³/hm²灌水）有利于氮矿化的增加，也更有利于作物吸氮量的增加，这是作物产量、品质提高的重要原因。不过同时该模式也增加了土壤硝态氮深层累积量，增加了地下水面源污染的风险，这有待于进一步研究。

表3-3 冬小麦整个生育期的矿质氮平衡（kg/hm²）

处理	施氮量 （0~20cm）	播前初始氮 （0~530cm）	作物吸氮量	氮残留累积量 （0~80cm）	硝态氮深层淋失量 （80~530cm）	氮矿化量
PWH	291	218.35±10.52a	269.57±10.28a	240.66±11.58b	163.85±9.17a	164.73±14.37a
CKH	291	221.65±11.07a	252.14±9.43b	249.79±17.91a	146.53±11.36b	135.81±10.16b
PWL	183	214.91±12.18a	212.46±7.36c	196.02±13.14c	78.74±7.06c	89.31±9.04c
CKL	183	204.95±12.36a	223.28±15.16c	196.36±9.17c	66.41±6.37d	98.09±11.12c

注：同列中各数值后小写字母不同表示处理间有显著性差异（LSD法，$P<0.05$）。

3.4 不同处理对土壤基本理化性状的影响

由表3-4可知，相比试验前土壤CK，PWH、PWL、CKH处理土壤pH值均显著降低，降幅分别为3.02%、1.45%、1.78%，不同施氮水平条件下，猪场废水高氮处理土壤pH值显著低于低氮处理PWL，清水高氮处理和低氮处理无显著性差异。等氮处理的猪场废水和清水处理间土壤pH值也无显著性差异。

土壤容重与试验前CK相比，高氮组处理PWH、CKH土壤容重均显著下降，高氮组处理PWL、CKL土壤容重则有增加的趋势。不同施氮水平条件下，高氮组处理土壤容重均显著低于低氮组处理。等氮处理的猪场废水和清水处理间土壤容重无显著性差异。

土壤总孔隙度与试验前CK相比，各处理土壤总孔隙度均无显著差异。不同施氮水平条件下，高氮组处理土壤容重与低氮组处理土壤总孔隙

3 猪场废水灌溉土壤氮素矿化特征及驱动因子

度也无显著性差异。等氮处理的猪场废水PWH土壤总孔隙度显著高于清水处理CKH，PWL与CKL无显著性差异。

表3-4 试验前后各处理耕层土壤基本理化性状对照

处理	pH值	容重 （g/cm³）	总孔隙度 （%）	全氮 （g/kg）	全磷 （g/kg）	有机质 （g/kg）
CK	8.95 ± 0.08a	1.42 ± 0.02b	51.26 ± 1.96ab	0.50 ± 0.04b	0.70 ± 0.09d	15.43 ± 1.12d
PWH	8.68 ± 0.05c	1.39 ± 0.04c	54.43 ± 2.13a	0.68 ± 0.03a	1.21a ± 0.07a	22.38 ± 3.21a
PWL	8.82 ± 0.06b	1.45 ± 0.03a	50.32 ± 3.29ab	0.58 ± 0.07ab	1.02 ± 0.13b	20.22 ± 2.13b
CKH	8.79 ± 0.08bc	1.38 ± 0.03c	49.17 ± 3.12b	0.61 ± 0.05a	0.67 ± 0.06d	17.67 ± 2.25c
CKL	8.89 ± 0.05ab	1.43 ± 0.01ab	51.07 ± 1.58ab	0.59 ± 0.05ab	0.78 ± 0.08c	15.63 ± 1.09d

注：CK表示试验前的小区。同列中各数值后小写字母不同表示处理间有显著性差异（LSD法，$P<0.05$）。

土壤全氮含量与试验前相比，各处理土壤全氮含量均有增加的趋势，其中高氮组处理PWH、CKH土壤全氮含量显著性增加。不同施氮水平条件下，高氮组处理与低氮组处理相比，土壤全氮含量无显著性差异。等氮投入的猪场废水处理与清水处理相比，土壤全氮含量同样无显著性差异。

土壤全磷含量与试验前CK相比，除了CKH处理之外，各处理土壤全磷含量均显著性增加。高氮组处理PWH、CKH与CK差异达到显著性水平。不同施氮水平条件下，猪场废水高氮处理PWH土壤全磷含量显著高于低氮处理PWL，清水高氮处理CKH土壤全磷含量显著低于低氮处理CKL。等氮处理的猪场废水处理PWH显著高于清水处理CKH，等氮处理的猪场废水处理PWL显著高于清水处理CKL。

土壤有机质含量与试验前CK相比，除了CKL处理之外，各处理土壤有机质含量均显著性增加。不同施氮水平条件下，猪场废水高氮处理PWH土壤有机质含量显著高于低氮处理PWL，清水高氮处理CKH土壤有机质含量显著高于低氮处理CKL。等氮处理的猪场废水PWH土壤有机质含量显著高于清水处理CKH，PWL显著高于CKL处理。由于研究结果仅仅基于本季冬小麦试验，需要更多的数据来验证和支持，有必要对连续定位猪场废水灌溉农田土壤—作物系统的响应特征进行监测。

3.5 猪场废水适宜灌溉制度下各处理土壤氮矿化的驱动机理

土壤氮素是地球生物化学循环中最重要的营养元素之一,弄清氮矿化过程中的关键驱动因子,对于氮素环境风险和氮肥利用率意义重大。土壤氮矿化过程受土壤微生物、施肥、C/N比、土壤质地、pH值、温湿度等多种因素的影响,矿化机理极为复杂(王帘里等,2010)。本试验发现,猪场废水适宜灌溉制度下氮转化相关的土壤理化及生物学特性发生改变,进而影响土壤氮转化过程。由表3-5可知,不同氮水平时,高氮处理组PWH、CKH土壤细菌(尤其是氨化细菌)显著高于低氮处理组,猪场废水高氮处理PWH土壤霉菌、酵母菌也显著高于其他低氮处理;等氮投入时,猪场废水高氮处理PWH细菌(尤其是氨化细菌)、霉菌、酵母菌等微生物数量显著高于清水高氮处理CKH,脲酶、蛋白酶、硝酸还原酶、C/N等也显著高于CKH处理;猪场废水低氮处理PWL细菌(尤其是氨化细菌)、霉菌、酵母菌等微生物数量显著高于清水低氮处理CKL,脲酶、蛋白酶、硝酸还原酶、C/N等也显著高于CKL处理。以上几种指标与土壤硝态氮、铵态氮及氮矿化量均呈显著性相关关系(表3-6),这也验证了猪场废水适宜灌溉制度(尤其是原液稀释1/5的PWH处理)能够改变氮转化相关的土壤理化性状及生物学特性,进而激发土壤氮素矿化释放。

表3-5 冬小麦收获后各处理耕层土壤氮转化相关指标特征

处理	细菌 (10^6)	霉菌 (10^4)	酵母菌 (10^4)	氨化细菌 (10^5)	脲酶 (U/g)	蛋白酶 (U/g)	硝酸还原酶 (U/g)	C/N
PWH	3.18±0.04a	9.40±0.3a	9.53±0.41a	1.66±0.08a	1.88±0.01a	3.15±0.12a	1.68±0.08a	19±1.31b
PWL	2.07±0.01b	2.90±0.7b	8.57±0.05b	1.06±0.07b	1.75±0.01ab	2.89±0.11b	1.23±0.07b	20±1.52a
CKH	1.71±0.05c	1.65±0.05c	7.53±0.55c	1.15±0.05c	1.67±0.01b	2.34±0.04c	0.78±0.04c	17±1.18c
CKL	1.07±0.01d	1.52±0.09c	6.10±0.09c	0.62±0.06d	1.52±0.09c	2.07±0.09d	0.54±0.03d	15±1.23d

注:同列中各数值后小写字母不同表示处理间有显著性差异(LSD法,$P<0.05$)。

3 猪场废水灌溉土壤氮素矿化特征及驱动因子

表3-6 收获后土壤氮素及氮转化因子的相关分析

指标	铵态氮	硝态氮	矿化氮	细菌数量	霉菌	酵母菌	氨化细菌	脲酶	蛋白酶	硝酸还原酶	C/N	pH值
铵态氮	1											
硝态氮	0.945**	1										
矿化氮	0.840**	0.707**	1									
细菌数量	0.995**	0.944**	0.856**	1								
霉菌	0.931**	0.876**	0.854**	0.930**	1							
酵母菌	0.923**	0.861**	0.840**	0.934**	0.792**	1						
氨化细菌	0.933**	0.975**	0.755**	0.939**	0.845**	0.898**	1					
脲酶	0.890**	0.865**	0.710**	0.894**	0.715**	0.909**	0.885**	1				
蛋白酶	0.914**	0.781**	0.881**	0.929**	0.801**	0.932**	0.815**	0.899**	1			
硝酸还原酶	0.934**	0.854**	0.955**	0.950**	0.872**	0.947**	0.896**	0.864**	0.945**	1		
C/N	0.504	0.568	0.28	0.517	0.192	0.677	0.633*	0.763**	0.563	0.518	1	
pH值	-0.951**	-0.979**	-0.661**	-0.947**	-0.879**	-0.843**	-0.943**	-0.856**	-0.796**	-0.816**	-0.538	1

注：**表示极显著性相关，*表示显著性相关。

为了进一步明确氮转化相关指标对氮矿化影响的程度，对矿化氮与氮转化因子进行了通径分析。通径分析可以通过对原因性状与结果性状之间的相关性进行分解，来研究各原因性状对结果性状的直接重要性和间接重要性。

矿化氮与氮转化因子的通径分析如表3-7所示，直接通径系数的大小顺序依次为硝酸还原酶>pH值>细菌>C/N>氨化细菌>蛋白酶>脲酶>霉菌>酵母菌。其中，硝酸还原酶、pH值及细菌数量直接通径系数都超过了0.5，对氮的矿化影响表现出较大的直接正效应；C/N比则对氮矿化的影响表现出较大的直接负效应，这说明硝酸还原酶、pH值、细菌数量及C/N对氮矿化的影响主要依靠本身的直接作用。

硝酸还原酶通过其他因子的间接作用对氮矿化的影响也比较大，而且除了通过pH值的间接作用对氮矿化产生负效应以外，其他均表现为正效应。直接通径系数较小的霉菌、酵母菌、氨化细菌、脲酶及蛋白酶则通过与细菌、硝酸还原酶之间的相互作用对氮矿化产生了较大的正效应。C/N虽然对氮矿化的直接负效应较大，但通过pH值的间接作用产生的正效应也比较大，正负效应的抵消，使得C/N与氮矿化的相关性并不显著。

表3-7 矿化氮与氮转化因子的通径分析

指标	相关系数	直接通径系数	间接通径系数								
			$x_1 \to y$	$x_2 \to y$	$x_3 \to y$	$x_4 \to y$	$x_5 \to y$	$x_6 \to y$	$x_7 \to y$	$x_8 \to y$	$x_9 \to y$
细菌(x_1)	0.856**	0.56		0.521	0.524	0.526	0.501	0.521	0.532	0.29	-0.531
霉菌(x_2)	0.854**	-0.014	-0.013		-0.011	-0.012	-0.01	-0.011	-0.012	-0.003	0.012
酵母菌(x_3)	0.840**	-0.01	-0.01	-0.008		-0.009	-0.01	-0.01	-0.01	-0.007	0.009
氨化细菌(x_4)	0.755**	0.087	0.081	0.073	0.078		0.077	0.071	0.078	0.055	-0.082
脲酶(x_5)	0.710**	0.053	0.047	0.038	0.048	0.047		0.048	0.046	0.04	-0.045

（续表）

指标	相关系数	直接通径系数	间接通径系数								
			$x_1{\to}y$	$x_2{\to}y$	$x_3{\to}y$	$x_4{\to}y$	$x_5{\to}y$	$x_6{\to}y$	$x_7{\to}y$	$x_8{\to}y$	$x_9{\to}y$
蛋白酶 (x_6)	0.881**	-0.067	-0.062	-0.054	-0.062	-0.055	-0.06		-0.063	-0.038	0.053
硝酸还原酶 (x_7)	0.955**	1.025	0.973	0.894	0.971	0.918	0.886	0.968		0.531	-0.837
C/N (x_8)	0.28	-0.254	-0.131	-0.049	-0.172	-0.16	-0.193	-0.143	-0.131		0.136
pH值 (x_9)	-0.661*	0.623	-0.59	-0.548	-0.525	-0.587	-0.534	-0.496	-0.509	-0.335	

3.6 本章小结

（1）通过本试验发现，猪场废水灌溉，等氮投入的各处理土壤硝态氮和铵态氮在时间上的变化规律基本一致，表现为追肥期出现峰值，随后下降的趋势；土壤铵态氮随土层的增加而迅速下降，土壤硝态氮随土层的增加变化规律不明显，且易淋移至下层土壤并累积。猪场废水高氮处理PWH在追肥后土壤硝态氮、铵态氮出现峰值后下降的幅度较慢，而清水高氮处理CKH下降的幅度较快，后面的研究结果证实了这是PWH有利于促进氮素的矿化所致。

（2）猪场废水高氮处理PWH作物吸氮量及氮矿化量均显著高于等氮处理CKH，但同时硝态氮深层淋溶量也较大；猪场废水低氮处理PWL硝态氮深层淋溶量显著高于等氮处理CKL，其他氮输入和氮输出项无显著性差异。

（3）通过本试验发现，较试验前土壤CK，各处理土壤主要理化性状及氮转化相关因子有所改善，尤其是猪场废水高氮处理PWH；等氮投入的猪场废水高氮处理PWH土壤总孔隙度、全磷和有机质等指标显著高于清水高氮处理CKH，猪场废水低氮处理PWL全磷和有机质等指标显著高于清水低氮处理CKL。

（4）通过氮矿化量与氮转化因子的通径分析发现，硝酸还原酶、pH值、细菌数量及C/N对于氮矿化的直接影响作用较大，除C/N外，均表现出直接的正效应；霉菌、酵母菌、氨化细菌、脲酶及蛋白酶则通过与细菌、硝酸还原酶之间的相互作用对氮矿化产生了较大的正效应。这也正是猪场废水高氮处理PWH土壤氮矿化量较大的驱动因子。

4 猪场废水与氮肥培肥土壤氮素矿化特征研究

近年来农业生态环境污染问题日趋严重，大多数农业废弃物和养殖废水被随意丢弃或排放到环境中，成为污染源，对生态环境造成较大的负面影响，已成为农村面源污染的突出问题（孙永明等，2005；Hartz et al.，1998；Benckiser et al.，1994；Bittman et al.，2009）。将厌氧发酵后的猪场废水作为替代水源，在缓解农业用水紧缺问题的同时，还能够实现农业的可持续生产和保障粮食安全。猪场废水含氮较高，而且还有丰富的营养成分，用于灌溉可以减少肥料的施用，提升地力。土壤中的氮素95%以有机态形式存在，而植物直接吸收利用的是无机态氮和少量水溶性有机氮（王艳杰等，2005；Burton et al.，2007），只有在土壤动物和微生物的作用下有机态氮才能转化成能被植物吸收利用的矿物氮，这一过程称为土壤氮的矿化，也是土壤氮素内循环的核心和反映土壤供氮能力的一个重要因素。有研究表明，作物吸收的氮50%~80%来自土壤（巨晓棠等，2003）。再生水灌溉不仅促进表层微生物数量的增加，同时也改变了微生物群落结构（龚雪等，2014），提高了土壤生物活性，促进了土壤氮素矿化（潘能等，2012）。此外，长期利用猪场废水等再生水灌溉提高了土壤微生物活性，改善了土壤性能（Cirelli et al.，2012；李平等，2013；Chen et al.，2015；Du et al.，2016）。另外，随着灌溉年限的增加，土壤有机质、全氮、有效磷含量及土壤微生物活性增加明显（Chen et al.，2015；Wang et al.，2013）。第3章的田间微区试验发现，猪场废水适宜灌溉制度下猪场废水与氮肥的配比模式有利于土壤有机氮的矿化，不过第3章研究结果只是基于一年的试验，而且在氮平衡方面并不考虑氮排放的贡献。为了较为准确的定量描述猪场废水与氮肥配施对土壤氮素矿化释放的影响，有必要开展猪场废水与氮肥培肥土壤的室内氮矿化特征的培养试验。目前，国内外对土壤氮素矿化的研究主要集中在大田作物土壤氮素矿化量的计算（余泺等，2010；蔡红光等，2010），温度和土壤类型对土壤氮素矿化的影响（王帘里等，2011；金发会等，2008；李慧琳等，2008）及土壤氮素矿化的模型研究（Jacynthe et al.，2010；Manzoni et al.，2009）等方面，但有关猪场废水条件下土壤氮素矿化特征的研究鲜有报道。为此，本试验以猪场废水灌溉土壤为研究对象，利用室内培养方法，研究不同施氮水平对猪场废水灌溉土壤铵态氮、硝态氮、矿化量及矿化速率等的影响，分析土壤氮素释放规律，以期为长期猪场废水灌溉下土壤氮肥的合理用量提供理论依据。

4.1 试验设计与试验方法、数据处理

4.1.1 试验材料与试验方法

供试土壤取自中国农业科学院河南新乡农业水土环境野外科学观测试验站。土壤基本理化性质见表1-1。本试验采用室内常温培养的方法。试验处理的氮投入设以下5个处理：PWH（N 105mg/kg）（折合大田总施氮量291kg/hm^2）、PWL（N 66mg/kg）（折合大田总施氮量183kg/hm^2）、CKH（N 105mg/kg）（折合大田总施氮量291kg/hm^2）、CKL（N 66mg/kg）（折合大田总施氮量183kg/hm^2）及CK（不施氮处理），每个处理重复3次。具体方法如下：分别称取500g风干土样置于15个1 000mL的三角瓶内，分别采用稀释1/5倍和1/10倍的猪场废水以及蒸馏水配置不同浓度（NH_4）$_2SO_4$溶液（考虑到供试土壤偏碱性，采用生理酸性肥料硫酸铵为外源氮肥），倒入三角瓶内，同时调节土壤含水率至60%的田间持水量（体积含水率为33.76cm^3/cm^3），将三角瓶用锡箔封口，并在锡箔上预留3~4个孔以利于通气，并于25℃恒温培养，在0、7d、14d、21d、28d、35d、42d从每个培养瓶中分别取样测定全氮，进行铵态氮和硝态氮的测定及氮矿化量的计算，期间用称重法喷补失水。

室内分析试验参照文献（鲍士旦，2000）进行测定，其中，土壤含水量测定采用烘干法；pH值采用PHS-1型酸度计测定；有机质采用重铬酸钾容量法（外加热法）；硝态氮、铵态氮、全氮、全磷采用德国BRAN

LUEBBE AA3连续流动分析仪测定；土壤累积矿化氮量（mg/kg，以氮计）为当次取样所测得的矿质氮量与初始矿质氮量之差；土壤氮矿化速率[mg/（kg·d）]为单位时间内土壤氮的矿化量。

4.1.2 数据处理

本研究中的统计分析，包括相关分析、回归分析和方差分析等均采用分析软件Excel 2007和SPSS 17.0完成。

4.2 不同处理对土壤氮组分的变化

4.2.1 全氮的动态变化

图4-1为土壤全氮含量随培养时间的变化。各处理随着培养时间的延长全氮的含量均呈降低的趋势，施氮处理降幅较大，在40.27%～49.23%，CK变化幅度较小，为20%。表明施外源氮后，促进了土壤中有机物质的分解矿化，在此过程中氮素有一定的损失。等氮投入的PWH处理降幅显著高于CKH（SPSS 17.0，$P<0.05$），等氮投入的PWL处理与CKL处理相比，降幅差异不显著。猪场废水高氮处理PWH与低氮处理PWL全氮降幅差异不显著；蒸馏水高氮处理CKH降幅显著低于低氮处理CKL（SPSS 17.0，$P<0.05$）。

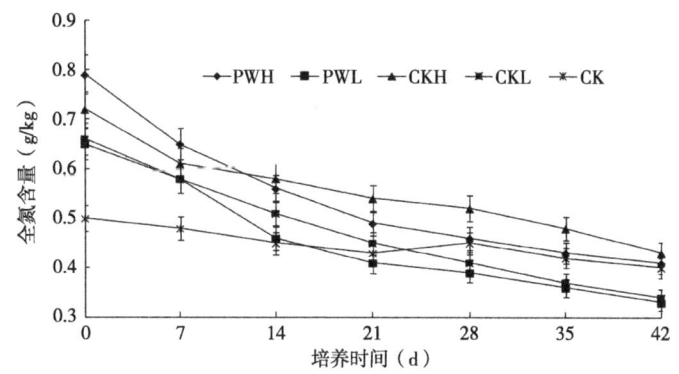

图4-1 不同处理土壤全氮含量的变化

4.2.2 铵态氮的动态变化

图4-2为土壤铵态氮含量随培养时间的变化，除CK外，各处理NH_4^+-N含量变化趋势与全氮基本一致，在培养0~21d迅速降低，然后降低速率趋缓，在30d以后NH_4^+-N处于较稳定的状态。各处理最大降幅在20.20%~83.35%，其中CK降幅较小，CKL和CKH降幅较大。PWH在培养末期铵态氮含量最高，达到40.12mg/kg。等氮投入的PWH处理铵态氮降幅显著低于CKH处理，等氮投入的PWL处理铵态氮降幅显著低于CKL处理（SPSS 17.0，$P<0.05$）。猪场废水高氮处理PWH与低氮处理PWL铵态氮降幅差异不显著，蒸馏水高氮处理CKH铵态氮降幅与低氮处理CKL差异不显著（SPSS 17.0，$P<0.05$）。

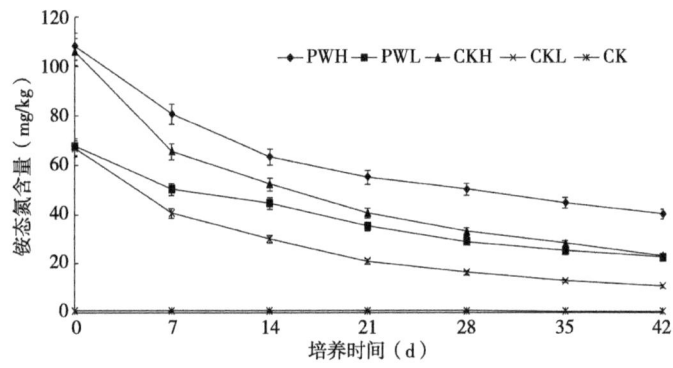

图4-2 不同处理土壤铵态氮含量的变化

研究表明，施用有机肥有利于土壤微生物数量和酶活性的增加，NH_4^+-N被土壤微生物所固定（柳敏等，2007；李世清等，2003），致使土壤中NH_4^+-N含量降低；另外，土壤微生物数量和酶活性的增加也会使土壤有机氮矿化释放更多的NH_4^+-N，这与C/N有关。不过在好氧培养条件下，NH_4^+-N最终会通过硝化作用转化成NO_3^--N。因此，各处理土壤在培养后期很少累积NH_4^+-N。

4.2.3 硝态氮的动态变化

图4-3为土壤硝态氮含量随培养时间的变化。土壤硝态氮含量随培养时间的变化规律与铵态氮相反，随培养时间的延长逐渐升高，各处理最

大增幅在89.28%~511.72%，其中CK增幅较小，CKH、PWL和PWH增幅较大。PWH在培养末期硝态氮含量最高，达到152.32mg/kg。在好氧条件下，土壤NH_4^+-N通过硝化作用迅速转化为NO_3^--N，因此，NH_4^+-N随着培养时间的增加而急速下降，与之相反，NO_3^--N则呈上升均势。等氮投入的PWH处理硝态氮含量升幅显著高于CKH处理，尤其是在0~7d时间段。等氮投入的PWL处理硝态氮含量升幅在0~7d阶段显著高于CKL处理，在14~21d阶段显著低于CKL处理（SPSS 17.0，$P<0.05$）。猪场废水高氮处理PWH与低氮处理PWL相比硝态氮含量升幅差异不显著，不过PWH处理各培养阶段硝态氮含量的绝对值显著高于PWL及其他处理。蒸馏水高氮处理CKH硝态氮含量升幅与低氮处理CKL差异不显著，各培养阶段CKH硝态氮含量的绝对值显著高于CKL（SPSS 17.0，$P<0.05$）。

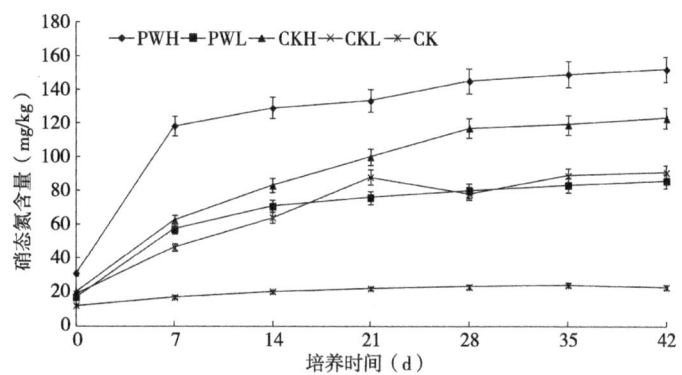

图4-3 不同处理土壤硝态氮含量的变化

4.3 不同施氮处理对土壤氮素矿化量的影响

图4-4表明，各处理土壤氮素矿化量的变化规律存在着明显差异。大致表现为培养前期迅速升高，培养后期趋于稳定的趋势，而且各处理基本上都经历了先升高后降低甚至再升高的波状轨迹。这可能是与在培养周期内氮转化相关指标如微生物数量和酶活性、pH值及C/N的变化有关。等氮投入的PWH处理0~7d的升幅显著高于CKH处理，在7~21d阶段显著低于CKH处理。等氮投入的PWL处理氮矿化量0~7d的升幅显著高于CKL处理，在14~21d阶段显著低于CKL处理，而21~28d又显著高于CKL处理

（SPSS 17.0，$P<0.05$）。猪场废水高氮处理PWH氮矿化量0~7d的升幅显著高于低氮处理PWL，在7~21d阶段显著低于PWL处理，而21~28d又显著高于PWL处理。蒸馏水高氮处理CKH氮矿化量升幅在14~21d阶段显著低于CKL，而21~28d又显著高于CKL处理（SPSS 17.0，$P<0.05$）。

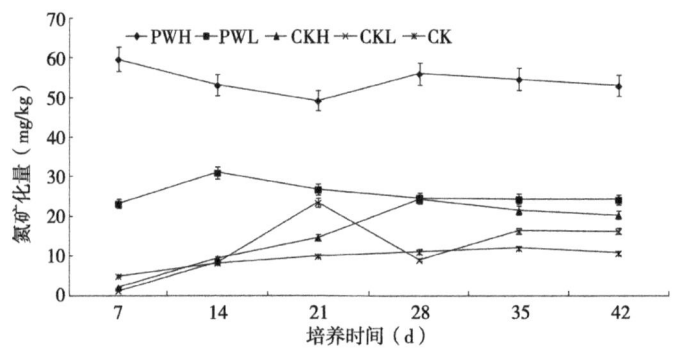

图4-4 不同处理土壤氮素矿化量的变化

整体来说，PWH处理各培养阶段氮矿化量的绝对值显著高于PWL及其他处理。PWH、PWL、CKH、CKL处理最大累积矿化氮量分别为59.69mg/kg、31.07mg/kg、24.26mg/kg及23.49mg/kg，且峰值出现的阶段不同。相对于对照（CK）处理，各处理土壤累积矿化氮量均显著增加，尤其是PWH处理，表明不同外源氮输入对土壤氮素的矿化能力影响显著。

4.4 不同施氮处理对土壤氮素矿化速率的影响

图4-5表明，随着培养时间的延长，各施氮处理土壤氮素矿化速率下降明显。在培养期间，不同施氮处理土壤的矿化速率大致可以划分为3个阶段：0~7d为第一阶段，各处理土壤的矿化速率为0.18~8.53mg/（kg·d）；7~21d为第二阶段，各处理土壤的矿化速率迅速下降为0.48~3.80mg/（kg·d）；21~42d为第三阶段，各处理土壤的矿化速率下降缓慢，基本趋于平稳，矿化速率为0.26~2.00mg/（kg·d）。PWH、PWL、CKH、CKL处理在培养期间的平均矿化速率分别为3.25mg/（kg·d）、1.49mg/（kg·d）、0.61mg/（kg·d）、0.52mg/（kg·d）。

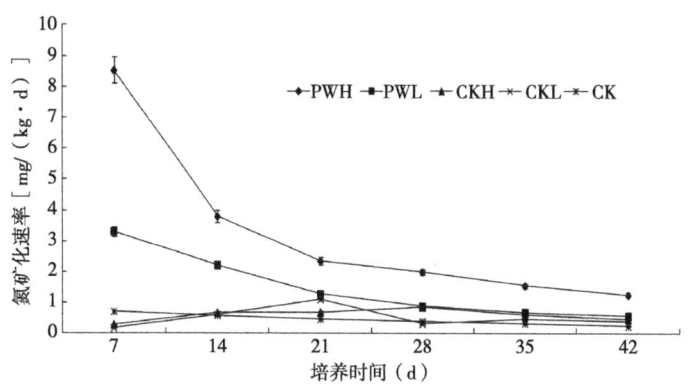

图4-5 不同培养时间不同施氮处理土壤氮素矿化速率的动态变化

4.5 本章小结

土壤氮素的矿化与氮素的供应密切相关（王艳杰等，2005），在微生物参与下，有机氮转化为矿质氮，为植物提供可吸收利用氮素。在室内控制好氧培养的条件下，外源添加物质培肥土壤后氮素动态变化主要表现为氮的固定（如NH_4^+-N被微生物合成同化）和矿化（如有机氮变为矿质氮，NH_4^+-N通过硝化作用转变为NO_3^--N）。有研究表明，施用有机肥有利于土壤微生物数量和酶活性的增加，NH_4^+-N被土壤微生物所固定（柳敏等，2007），致使土壤中NH_4^+-N含量降低；另外，土壤微生物数量和酶活性的增加也会使土壤有机氮矿化释放更多的NH_4^+-N，这与C/N有关。不过在好氧培养条件下，NH_4^+-N最终会通过硝化作用转化成NO_3^--N。因此，本试验中，各处理土壤在培养后期较少累积NH_4^+-N，而NO_3^--N含量在培养后期较高，且此时猪场废水高氮处理PWH的NH_4^+-N和NO_3^--N含量均高于蒸馏水对照处理及猪场废水低氮处理，NO_3^--N达到峰值。不过张玉树等（2015）研究发现，有机肥和化学肥料的大量施用，土壤有机碳和全氮含量随种植年限的延长而提高，但是土壤无机氮供应能力并未随之增强，而是呈现降低的趋势。这是由于有机氮组分酸解未知态氮、非酸解性氮、氨态氮、氨基酸氮和氨基糖氮的分配比例不同所导致的，非酸解性氮和酸解未知态氮主要由稳定性氮化合物组成，不易被矿化，为难矿化有机氮。而氨态氮、氨基酸氮、氨基糖氮等则比较容易被矿化，其含量决定易矿化氮的矿化速率，为易矿化有机氮。如果某种试验处理条件下增加了易矿化氮的有机氮组分，那么该处理的矿质氮含量便会随着培养时间的延长而增高；反之，如果处理增加了难矿化有机氮组分，土壤无机氮供应能力便会随着培养时间的延长呈现降低的趋势。

氮素矿化速率是生态系统中氮素的有效性和损失量的重要评价指标，在一定程度上反映了土壤在某段时间内氮矿化量的大小及矿化的难易程度（欧阳媛等，2009）。本试验表明，不同培养时间土壤氮素矿化速率的分析表明，随着培养时间的增加，土壤氮素矿化速率逐渐降低，但降幅依次减小并趋于平稳状态。赵长盛等（2013）在华中地区两种典型菜地土壤中氮素矿化特征研究中发现，两种土壤的矿化速率随培养时间的增加而降低，潮土在培养91d以后的矿化速率为N 0.32mg/（kg·d），黄棕壤为N 0.13mg/（kg·d）。也有研究表明（马兴华等，2011），典型植烟土壤氮素矿化速率在培养前期为正值，各阶段土壤氮素矿化速率在培养4周以后为负值。本研究PWH处理的平均矿化速率最大，为3.25mg/（kg·d）。矿化速率划分的3个阶段说明，在培养前期表现为土壤氮的矿化，在培养的中后期，各阶段表现为土壤氮的固定。不同施氮处理，猪场废水灌溉土壤氮素矿化速率均显著高于清水灌溉处理，这主要是因为猪场废水中含有丰富的有机物，有机物的输入为微生物生长提供了良好环境，促进了土壤氮素的矿化过程（Chen et al.，2015）。

（1）培养期间各处理土壤全氮和铵态氮呈逐渐下降的趋势，硝态氮呈逐渐上升的趋势。猪场废水高氮处理PWH各形态氮组分含量在不培养阶段均为最高。

（2）培养期间前期土壤氮素矿化较快，中后期变化较慢，土壤供氮平稳，同一时段不同处理间土壤累积矿化氮量存在显著差异（$P<0.05$），表明不同外源氮肥输入对土壤氮素的矿化能力影响显著，PWH处理的供氮能力最强。

（3）土壤氮素的矿化速率随着培养时间的增加而逐渐降低，且等氮投入的猪场废水培养处理土壤氮素矿化速率显著高于蒸馏水培养处理。

5 猪场废水灌溉与生物质炭培肥土壤的对比试验研究

由于农民对化肥的过度施用,中国土壤质量下降问题日趋严重。如何改善土壤结构、提升地力成为中国学者研究的热点(Tang et al., 2015)。改善土壤质量的关键在于改善土壤结构和有效培肥,不仅要提高作物产量和品质,使农田土壤保持较高肥力,还要有效控制农业面源污染,维护农田良好生态环境。目前,越来越多的学者将研究重心转移到农业废弃物资源化对农田水土环境的改善上(Jothi et al., 2003; Lindorfer et al., 2008, Chae et al., 2008)。其中,生物质炭的相关研究一直是近些年的研究热点,如针对生物质炭的自身特性(Marris, 2006)、环境行为和效应(Terra et al., 2010; He et al., 2011; Chen et al., 2011)、生物质炭对土壤功能和作物产量的影响(Sohi et al., 2010; Laird, 2010; José, 2013)、生物质炭对碳截留与温室气体减排的影响(Case, 2012; Wang et al., 2012; Zhang et al., 2012)及其对全球生物地球化学循环影响等方面的研究(Craig et al., 2011)。此外,针对厌氧处理后的养殖废水应用于农田的研究也备受关注,主要集中在对作物生长和品质的影响(Garg et al., 2005; Gupta, 2002; Jothi, 2003)、对土壤养分含量和重金属、有机污染物负荷的影响(Cai et al., 2002; Chary et al., 2008; Bittman et al., 2009; Fangueiro et al., 2008)、对土壤生物学特性及微生物群落的影响(Ndayegamiye et al., 1989; Ramos et al., 2014)等。第4章试验结果也表明,猪场废水适宜灌溉制度下土壤氮素及有机质含量、微生物数量及酶活性等土壤质量因子都得到了提高。然而,猪场废水和生物质炭对于地力提升的途径和驱动因子的研究并不多,二者对于土壤不同质量因子的提升效应方面的研究则更为少见,而且以上研究多为一年甚至一季的短期试验,试验结果有待通过连续定位试验进行验证。就中国而言,关于土壤持水性能影响方面的研究主要集中在西北干旱半干旱地区，关于土壤结构和培肥方面的研究主要集中在南方红壤地区，针对黄淮海平原适宜灌溉制度下猪场废水与等氮投入的生物质炭及对照处理连续施用几年后土壤肥力差异特征的对比研究鲜有报道。事实上，由于当地常年不合理的施肥和过量开采地下水，黄淮海平原土壤结构性及肥力状况已经变得很差，严重限制了该地区农业及生态建设的可持续发展。生物质炭的低比重、多孔结构及高比表面积等特性在改善土壤物理性状，如降低土壤容重，增加土壤孔隙度，提高土壤的田间持水量方面将会有积极的作用；而处理后的猪场废水（沼液、沼渣中）腐殖酸同样有高比表面积，并且还富含亲水胶体各功能基和化学键，同样也为提高土壤持水性能，改善土壤结构提供了可能性。鉴于此，本试验以中国黄淮海平原的潮土为研究对象，在猪场废水适宜灌溉制度下，通过等氮量投入的猪场废水、生物质炭以及对照3种处理连续施用几年的田间定点试验，研究了施用前后不同处理间土壤主要理化特性、水力特征参数及土壤微生物数量和酶活性指标等差异特征，探讨了导致这些指标产生差异的驱动因子。试图弄清该区土壤理化性状及生物学特性对猪场废水和生物质炭的响应机理，寻求提升地力的生物质资源改良措施，为典型农业废弃物资源化及安全高效利用提供理论依据和技术支撑。

5.1　试验设计与材料方法、统计分析

5.1.1　试验设计与材料方法

试验自2010年开始至2014年6月结束。试验作物为夏玉米、冬小麦轮作（2010年开始每年6月播种玉米，9月底收获；10月初播种小麦，翌年6月上旬收获），猪场废水取自新乡市盛达牧业有限公司，公司建有大型微生物厌氧发酵处理系统，试验所用废水pH值为6.76~6.89，含N量420~610mg/L，TP 2.91~5.39mg/L，COD 609~966mg/L。生物质炭原料为花生壳秸秆，购自河南商丘三利新能源有限公司，生产设备采用连续竖式生物质炭化炉生产，炭化温度350~500℃。生物质炭中pH值为9.12，有机碳含量为461.78g/kg，全氮含量为6.8g/kg，容重0.39g/cm^3。

在猪场废水适宜灌溉制度下，设等氮投入的猪场废水（BS）、生物质

炭（C）和对照（CK）3组处理，每组处理设3个重复，共9个小区（小区面积3m×3m）。各处理灌水时期、频次和定额一致（参照表2-2冬小麦—夏玉米适宜灌溉制度进行灌水）。猪场废水处理（BS）按废水/清水1∶5的浓度混灌，分别在返青、拔节期进行灌水，氮投入共计约150kg/hm²。磷、钾肥投入为磷酸二氢钾作为底肥一次性施入150kg/hm²（即P_2O_5 78kg/hm²，K_2O 51kg/hm²）。对照处理（CK）参照猪场废水灌溉制度进行清水灌溉，并进行等量施氮：氮肥投入为尿素325kg/hm²（以纯氮计150kg/hm²），其中50%以底肥施入，其余部分分2次在返青期、拔节期追施，底肥投入与BS一致。生物质炭处理（C）也参照BS进行相同灌溉制度和等量氮的清水灌溉和施肥，生物质炭仅于2010年6月一次性施入28t/hm²（约合耕层土质量的1%）生物质炭，后几年参照BS进行等量的灌水和施肥。试验前土壤基本性质见表5-1。

表5-1 试验前土壤基本理化性质

层次 (cm)	pH值	容重 (g/cm³)	总孔隙度 (%)	质地（g/kg）			全氮 (g/kg)	全磷 (g/kg)	有机质 (g/kg)
				黏粒	粉粒	沙粒			
0~20	8.16	1.39	47.55	164.13	465.93	369.94	0.89	0.76	19.62
20~40	8.34	1.33	49.81	186.31	367.24	446.45	0.88	0.83	9.63
40~60	8.50	1.49	43.77	283.14	458.19	258.67	0.55	0.75	4.13

5.1.2 统计分析

本研究中的统计分析，包括相关分析、回归分析和方差分析等均采用分析软件Excel 2007和SPSS 17.0完成。

5.2 各处理对耕层土壤容重、总孔隙度的影响

容重、总孔隙度是土壤孔性的重要指标，影响着土壤的库容能力。容重小的土壤一般结构较好，疏松多孔，土壤孔隙和毛管中容纳的水分便越多。连续4年的试验表明（表5-2至表5-5），与试验前土壤（表5-1）

相比，猪场废水灌溉和生物质炭施用后，0~20cm土层容重呈逐年下降的趋势，尤其是在2012年之后降幅较为明显。与对照处理（CK）相比，2013年冬小麦收获与对照处理（CK）相比，土壤容重出现不同程度的减小，猪场废水灌溉后土壤容重显著降低了2.90%，生物质炭处理则显著降低了6.52%，后者降幅为前者的1.25倍。两者总孔隙度与对照相比，则出现不同程度的增加，猪场废水灌溉的土壤总孔隙度显著提高了3.15%，生物质炭处理则显著提高了7.09%，后者增幅为前者的2.25倍，差异显著。2014年的试验也表明，与CK相比，生物质炭（C）和猪场废水处理（BS）土壤容重同样有所下降，C处理降低了3.68%，BS处理容重降低了5.15%。两者总孔隙度与对照相比，则出现不同程度的增加，BS处理土壤总孔隙度提高了5.43%，C处理则提高了3.88%，前者增幅虽然大于后者，但差异不显著。生物质炭具有庞大的孔隙体系，比表面可高达几百个m²/g（Case et al.，2002；Chun et al.，2004；李力等，2011），故生物质炭施用后能够使土壤疏松，调节土壤的空隙状况，改善土壤通透性，从而增强其与外界环境水、肥、热、气的交换。

5.3 各处理对耕层土壤pH值、主要养分指标的影响

连续4年的试验表明（表5-2至表5-5），与试验前土壤（表5-1）相比，猪场废水灌溉处理土壤pH值呈逐年下降的趋势，而生物质炭处理土壤pH值无明显规律。猪场废水灌溉处理土壤全氮、全磷及有机质也呈逐年上升的趋势，生物质炭处理全氮、有机质2011年有较大幅度的提高，而随后几年逐渐下降，不过仍高于试验前土壤，对照处理土壤有机质含量则呈逐年下降的趋势。相比土壤背景值，2013年与2014年猪场废水处理土壤全氮分别增加了44.94%和52.81%，全磷分别增加了10.53%和21.52%，有机质分别增加了11.73%，生物质炭处理分别增加了13.78%。2013年与2014年生物质炭处理土壤全氮分别增加了26.97%和39.33%，全磷分别增加了19.74%和15.79%，2013年生物质炭处理土壤有机质增幅为4.08%，2014年生物质炭处理反而下降了2.55%。与对照处理（CK）相比，2013年和2014年冬小麦收获后，猪场废水灌溉处理土壤pH值降幅分别为8.92%、9.79%，使原本偏碱性的土壤接近中性。生物质炭处理土壤pH值无显著性变化。

5 猪场废水灌溉与生物质炭培肥土壤的对比试验研究

猪场废水处理和生物质炭处理本身都含有氮、磷、有机质等养分，连续几年的肥料投入使土壤全氮、全磷及有机质等养分含量得到不同程度的提高，而且生物质炭处理由于其强吸附性能，延缓了肥料养分释放，也将土壤养分的固定封存下来。猪场废水处理和生物质炭处理相比对照显著提高了土壤有机质的含量，猪场废水残渣中的多糖和腐殖酸不仅本身是有机质的来源，而且还通过功能基、范德华力、氢键等机制以胶膜形式促使土粒有机质的形成（黄昌勇，1999）。生物质炭也具有与土壤颗粒形成土壤团聚体和有机—无机复合体的活性功能而使有机质增加（Glaser et al.，2002）。

表5-2 2011年冬小麦收获后不同处理对耕层土壤（0~20cm）理化性状的影响

处理	容重（g/cm³）	pH值	全氮（g/kg）	全磷（g/kg）	有机质（g/kg）
CK	1.41a	8.03b	0.78c	0.72b	19.83b
BS	1.40a	7.82c	0.93b	0.79a	22.09a
C	1.32b	8.36a	1.41a	0.82a	22.62a

注：同列中各数值后小写字母不同表示处理间有显著性差异（LSD法，$P<0.05$）。下同

表5-3 2012年冬小麦收获后不同处理对耕层土壤（0~20cm）理化性状的影响

处理	容重（g/cm³）	pH值	全氮（g/kg）	全磷（g/kg）	有机质（g/kg）
CK	1.38a	8.30a	0.85c	0.76b	19.11c
BS	1.37a	7.56b	1.32a	0.86a	22.32a
C	1.35b	8.24a	1.24b	0.88a	21.14b

表5-4 2013年冬小麦收获后不同处理对耕层土壤（0~20cm）理化性状的影响

处理	容重（g/cm³）	总孔隙度（%）	pH值	全氮（g/kg）	全磷（g/kg）	有机质（g/kg）
CK	1.38a	47.92c	8.23a	0.97c	0.81c	18.91c
BS	1.34b	49.43b	7.46b	1.29a	0.84b	21.93a
C	1.29c	51.32a	8.39a	1.13b	0.91a	20.44b

表5-5　2014年冬小麦收获后不同处理对耕层土壤（0~20cm）理化性状的影响

处理	容重（g/cm^3）	总孔隙度（%）	pH值	全氮（g/kg）	全磷（g/kg）	有机质（g/kg）
CK	1.36a	48.68b	8.30a	1.02c	0.76b	18.52b
BS	1.29b	51.32a	7.56b	1.36a	0.92a	22.34a
C	1.31b	50.57a	8.24a	1.24b	0.88a	19.12b

5.4　各处理土壤大团聚体的分布状况

5.4.1　各粒级大团聚体在相同处理不同土层上的分布规律

团聚体大小分布规律是影响土壤肥力的重要因素之一。2013年和2014年试验均表明（表5-6、表5-7），在剖面上，大于5mm的团聚体含量由上而下逐渐降低，以2014年试验为例，对照处理（CK）、猪场废水处理（BS）、生物碳处理（C）0~20cm土层大于5mm的团聚体含量依次比20~40cm土层高出33.26%、47.74%、54.55%，比40cm以下土层高出29.05%、44.24%、69.42%；2~5mm的团聚体含量呈先降低再升高的趋势，CK、BS、C处理0~20cm土层2~5mm团聚体含量依次比20~40cm土层高出50.74%、80.98%、62.43%，比40cm以下土层高出6.12%、23.69%、30.62%；1~2mm团聚体含量无明显规律；0.5~1mm团聚体含量由上而下呈先升高后降低的趋势，CK、BS、C处理20~40cm土层2~5mm团聚体含量依次比0~20cm土壤高出37.49%、18.87%、33.97%，40cm以下土层比0~20cm土层高出36.90%、11.92%、23.89%；0.25~0.5mm的团聚体含量在剖面上规律不一，猪场废水和生物质碳处理呈先降低后升高的趋势。各粒径团聚体总量（即>0.25mm团聚体含量总和）在剖面上表现为先降低后升高的趋势，这是由于耕层土壤不仅受农艺措施等处理的影响，疏松多孔，且根系分泌物多，微生物较为活跃，有利于团聚体的胶结形成，耕层以下土层没这种环境团聚体含量明显降低，而到了底层，黏粒含量大幅增加，也会使团聚体含量有所增加。

5 猪场废水灌溉与生物质炭培肥土壤的对比试验研究

表5-6 2013年冬小麦收获后各处理土壤不同粒级大团聚体含量(%)

处理	土层(cm)	粒径(mm)					
		>5	2~5	1~2	0.5~1	0.25~0.5	>0.25
CK	0~20	30.56c	16.31b	6.56cd	9.27e	7.05de	69.75d
	20~40	22.93e	10.82d	7.35bc	14.83b	7.08d	63.01f
	>40	23.68e	15.37b	5.92de	14.69bc	11.36b	71.02cd
BS	0~20	34.69b	20.36a	10.32a	12.34d	9.14c	86.85a
	20~40	23.48e	11.25cd	8.35b	15.21ab	7.82d	66.11e
	>40	24.05e	16.46b	5.08e	14.01c	13.05a	72.65c
C	0~20	37.34a	19.54a	5.12e	10.32d	8.32	80.64b
	20~40	24.16de	12.03c	7.26c	15.63a	6.01e	65.09ef
	>40	22.04ef	14.96b	5.34e	13.56cd	13.52a	69.42d

表5-7 2014年冬小麦收获后各处理土壤不同粒级大团聚体含量(%)

处理	土层(cm)	粒径(mm)					
		>5	2~5	1~2	0.5~1	0.25~0.5	>0.25
CK	0~20	27.63b	17.86b	8.13cd	7.96f	5.21d	66.79ef
	20~40	23.16cd	14.37c	6.32g	10.39e	10.63a	64.8f
	>40	22.36d	12.56e	5.18h	15.31b	4.31e	59.72g
BS	0~20	34.16a	23.41a	12.65a	12.08d	6.32c	88.62a
	20~40	26.12bc	12.52e	10.39b	18.93a	10.32a	78.28c
	>40	21.74d	13.85cd	7.98de	13.06c	10.47a	67.1de
C	0~20	35.18a	24.31a	7.34ef	11.56d	4.32e	82.71b
	20~40	22.11d	14.72c	8.96c	13.24c	8.37b	67.4d
	>40	24.28c	12.92de	6.53fg	15.23b	10.69a	69.65d

5.4.2 不同处理相同土层团聚体含量的比较

2013年和2014年试验均表明,相比对照处理(CK),猪场废水处理

（BS）和生物质炭处理（C）各粒径团聚体含量都有不同程度的增加。以2013年试验为例（表5-6），二者在0~20cm土层大于5mm的团聚体含量分别比CK高出11.91%、18.16%，2~5mm团聚体含量分别比CK高出19.89%、16.53%，BS处理1~2mm团聚体含量比CK高出36.43%，而C处理反而比CK低了21.95%，0.5~1mm团聚体含量比CK高出24.88%、11.33%，0.25~0.5mm的团聚体含量分别比CK高出22.87%、18.01%，各粒径团聚体总量分别比CK高出19.69%、15.61%。

2014年试验表明，相比CK，BS和C各粒径大团聚体含量都有不同程度的增加，二者在0~20cm土层大于5mm的团聚体含量分别比CK高出23.63%、27.33%，2~5mm团聚体含量分别比CK高出31.08%、36.11%，1~2mm废水处理（BS）团聚体含量比CK高出55.60%，而C处理反而比CK低了9.72%，0.5~1mm团聚体含量分别比CK高出51.76%、45.23%，0.25~0.5mm废水处理团聚体含量分别比CK高出21.31%、C处理比CK低了17.08%，各粒径大团聚体总量分别比CK高出32.68%、23.84%；二者在20cm以下土层对大团聚体的影响程度大幅下降，无明显规律性，这是由于废水和生物质炭处理只在土壤耕层施用。

由试验结果可知，经过连续几年猪场废水灌溉和施用生物质炭以后，土壤结构得到了改善，且猪场废水的作用更为明显。生物质炭的巨大比表面能够吸附和固定多种无机离子及极性或非极性有机化合物，可以在土壤中形成有机—无机复合物和团聚体，而猪场废水处理改善土壤结构的机制不仅有猪场废水中腐殖酸高比表面积的贡献，还有该亲水胶体各功能基和化学键的共同作用。

5.5 各处理对土壤饱和导水率的影响

土壤饱和导水率反映土壤孔隙的大小、分布状况以及土壤饱和水流的入渗快慢。原状土饱和导水率更能反映田间的实际情况，因其保持了原来土壤的基本性状，在研究土壤水分平衡及水分管理、土壤改良和水土保持时具有极其重要的意义。

2013年冬小麦试验发现（表5-8），试验区各层土壤饱和导水率变化范围在$(1.89 \sim 3.05) \times 10^{-3}$cm/s。在垂直剖面上，各处理土壤饱和导水率表现为自上而下减小的趋势,由于耕层结构较好,疏松多孔,黏粒含量较少,而下层土壤黏粒含量较高,孔隙度低,结构变差,故其导水性能没有表层土好。不同处理相比,0~20cm土层饱和导水率表现为猪场废水处理BS>CK>C,前者分别比对照、生物质炭处理高出19.14%、36.16%,20cm以下土层基本上无显著差异。

表5-8 2013年冬小麦收获后各处理对土壤饱和导水率的影响

处理	0~20cm	20~40cm	40~60cm
CK	2.56bA ± 0.092	2.08bB ± 0.085	2.01aB ± 0.21
BS	3.05aA ± 0.16	2.35aB ± 0.19	1.96aC ± 0.066
C	2.24cA ± 0.075	2.02bB ± 0.087	1.89aC ± 0.20

注:同列小写字母不同表示处理间有显著性差异($P<0.05$),同行大写字母不同表示相同处理的不同土层有显著性差异($P<0.05$)。下同。

2014年试验与2013年试验结果较为一致(表5-9),试验区各层土壤饱和导水率变化范围在$(1.86~2.93)×10^{-3}$cm/s。在垂直剖面上,各处理土壤饱和导水率表现为自上而下减小的趋势,由于耕层结构较好,疏松多孔,黏粒含量较少,而下层土壤黏粒含量较高,孔隙度低,结构变差,故其导水性能没有表层土好。不同处理相比,0~20cm土层饱和导水率表现为猪场废水处理(BS)大于对照处理(CK)和生物质炭处理(C),BS分别比CK、C处理高出24.68%、21.58%;20~40cm表现为BS和CK大于C处理,40cm以下土层各处理无显著差异。既然猪场废水和生物质炭处理都能使土壤总孔隙度增加,应该可以增大土壤的导水性,但试验结果表明前者提高了饱和导水率,后者却使饱和导水率下降,这是由于生物质炭的加入使土壤黏粒、胶体分散度增加,阻塞了原有的大孔隙通道,而且生物质炭能吸附和固定多种无机离子及极性或非极性有机化合物,可以在土壤中形成有机—无机复合物和团聚体,从而也有可能减少土壤中的大孔隙,而且这些分散和吸附效应要大于使孔隙度增加带来的效应,从而导致了饱和导水率的下降。这与王丹丹等(2013)关于生物质炭对宁南山区土壤持水性能影响研究结果是一致的。

表5-9 2014年冬小麦收获后各处理对土壤饱和导水率的影响

处理	0~20cm	20~40cm	40~60cm
CK	2.41bA ± 0.067	2.36aA ± 0.017	1.95aB ± 0.076
BS	2.93aA ± 0.089	2.46aB ± 0.21	1.86aC ± 0.10
C	2.35bA ± 0.12	2.13bB ± 0.087	1.91aC ± 0.17

5.6 各处理对土壤持水性能的影响

5.6.1 各处理土壤水分特征曲线的比较

2013年试验冬小麦收获后，对各处理不同土层的水分特征曲线进行了测定，由图5-1至图5-3可知，各处理在整个土壤剖面都表现为容积含水量随压力值增大而下降的趋势，在（0.05~3）×10^5Pa吸力范围内，容积含水量下降的特别快，降幅最大达65.22%，这是由于此吸力范围的土壤水为饱和含水量、田间持水量（本试验取0.3×10^5Pa压力对应土壤含水量作为田间持水量）和毛管断裂含水量（取3×10^5Pa压力对应土壤含水量作为毛管断裂含水量）范围，土壤持水主要靠大孔隙和毛管力，含水量极易随压力值升高而下降。在（3~6）×10^5Pa吸力范围内，容积含水量下降幅度明显减慢，降幅在18.52%~31.82%，此吸力范围土壤水为最大分子持水量（取6×10^5Pa压力对应土壤含水量作为最大分子持水量）、膜状水和吸湿水，土壤持水介质由毛管转为土粒的薄膜和黏粒表面，含水量不会随压力值升高而骤降。（6~15）×10^5Pa吸力范围内，容积含水量变化已趋于平缓。

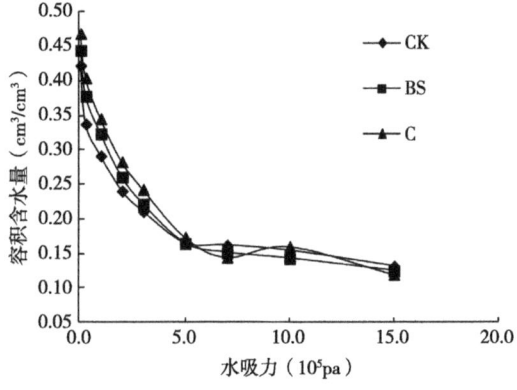

图5-1 各处理0~20cm土层水分特征曲线

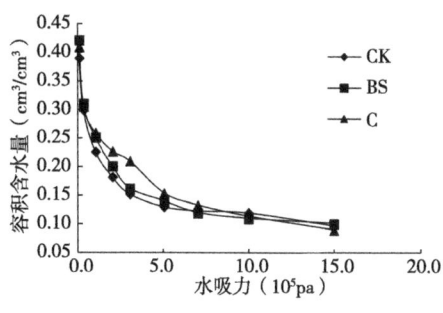

图5-2 各处理20~40cm土层水分特征曲线

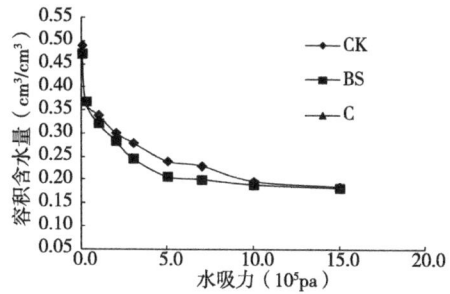

图5-3 各处理40~60cm土层水分特征曲线

5.6.2 各处理对土壤持水性能的影响

生物质炭处理（C）和猪场废水处理（BS）在0~20cm土层持水性能均大于常规施肥对照处理（CK），二者田间持水量分别提高了15.34%和13.83%，有效水含量分别提高了16.20%和25.87%（表5-10）。在低吸力段[（0.05~0.3）×10^5Pa范围内]，C饱和含水量高于BS，差异最大达4.10%，不过在高吸力段（大于6×10^5Pa）二者含水量无差异，而且BS的有效水含量大于C处理。40~60cm土层处理间持水性能无明显差异。

表5-10 各处理对土壤持水性能的影响

土层（cm）	处理	饱和含水量	田间持水量	萎蔫系数	有效水含量
0~20	CK	0.455 8 ± 0.66d	0.337 6 ± 0.016d	0.130 8 ± 1.02d	0.206 8d
	BS	0.475 7 ± 0.35c	0.384 3 ± 0.051ab	0.124 0 ± 1.03d	0.260 3a
	C	0.495 2 ± 0.82b	0.389 4 ± 0.015a	0.149 1 ± 1.11c	0.240 3b
20~40	CK	0.480 9 ± 1.06c	0.299 8 ± 0.021f	0.098 8 ± 1.06ef	0.201d
	BS	0.509 1 ± 0.13a	0.310 6 ± 0.014e	0.101 7 ± 0.41e	0.208 9cd
	C	0.480 4 ± 1.16c	0.305 8 ± 0.056ef	0.090 9 ± 1.07f	0.214 9c
40~60	CK	0.511 8 ± 1.28a	0.366 5 ± 0.019c	0.186 2 ± 0.70ab	0.180 3f
	BS	0.511 2 ± 2.20a	0.377 6 ± 0.045b	0.193 8 ± 1.04a	0.183 8ef
	C	0.507 6 ± 1.61ab	0.368 9 ± 0.011bc	0.183 4 ± 1.07b	0.185 5e

各处理土壤饱和含水量、田间持水量及萎蔫系数随土壤深度增加大致呈先减小后增大的趋势,而有效水含量随土层深度增加逐渐下降。土壤含水量峰值为CK处理40~60cm土层的饱和含水量,达0.511 8cm^3/cm^3,比其表层土壤饱和含水率高出12.29%,这是因为底层土壤黏粒含量高,吸附水分能力强,而且细小孔径发育好,但作物易吸收的水分却不高;田间持水量峰值出现在C处理0~20cm土层中,达0.389 4cm^3/cm^3;萎蔫系数出现在BS处理40~60cm土层,达0.193 8cm^3/cm^3;有效水含量峰值出现在BS 0~20cm土层中,达0.260 3cm^3/cm^3。

5.7 不同处理土壤微生物数量及酶活性的比较

经过连续4年定位试验发现(表5-11),相比对照处理,施用猪场废水处理和生物质炭处理均能够显著增加土壤的细菌、放线菌数量,猪场废水处理土壤的细菌、放线菌数量增幅分别达258.82%和120.99%,生物质炭处理增幅分别达95.10%和29.63%;猪场废水处理土壤真菌数量有所下降,降幅为21.93%,生物质炭处理真菌数量则显著增加,增幅达33.33%;对于根际土壤脲酶和蛋白酶,猪场废水处理比对照处理分别提高68.72%和28.24%,生物质炭处理脲酶、蛋白酶与对照无明显差异。

表5-11 2014年不同处理下0~20cm土层微生物数量及酶活性状况

处理	微生物数量			酶活性(U/g)	
	细菌(10^6)	真菌(10^3)	放线菌(10^5)	脲酶	蛋白酶
CK	2.04c ± 0.05	1.14b ± 0.06	0.81c ± 0.02	1.86b ± 0.07	783.25b ± 73.37
BS	7.32a ± 0.35	0.89c ± 0.11	1.79a ± 0.05	2.81a ± 0.20	1 002.36a ± 92.41
C	3.98b ± 0.12	1.52a ± 0.024	1.05b ± 0.07	1.78b ± 0.10	836.32b ± 55.95

5.8 不同处理作物产量与品质的比较

经过连续4年定位试验,发现施用猪场废水处理和生物质炭处理均能够

5 猪场废水灌溉与生物质炭培肥土壤的对比试验研究

显著提高作物的产量和籽粒的品质（表5-12）。与生物质炭处理和对照处理相比，施用猪场废水处理冬小麦和夏玉米产量和淀粉含量最高，之后两年产量和籽粒品质也维持在一个较高的水平；生物质炭处理冬小麦和夏玉米产量波动范围较小。对照处理冬小麦和夏玉米产量呈逐年下降的趋势，而且冬小麦籽粒的淀粉也呈逐年降低趋势，冬小麦和夏玉米的粗蛋白质含量呈先降低后升高的趋势，且冬小麦和夏玉米的淀粉、粗蛋白质含量均低于2012年，这可能与CK处理单施化肥导致地力下降有关。

表5-12 2012—2014年不同生物质处理间作物产量和籽粒品质的比较

年份	处理	冬小麦			夏玉米		
		产量（kg/hm²）	淀粉（%）	粗蛋白质（%）	产量（kg/hm²）	淀粉（%）	粗蛋白质（%）
2012	CK	7 989.36d	53.16c	17.16c	13 162.15d	72.16d	10.24c
	BS	9 023.61a	54.83b	18.25ab	14 103.25a	75.01a	12.78a
	C	7 896.32de	50.79d	16.83cd	13 025.37de	68.38f	11.43b
2013	CK	7 595.24f	50.77d	15.76d	12 036.72g	69.85e	9.68c
	BS	8 647.22c	56.64a	17.25bc	13 820.36b	73.69bc	11.23b
	C	7 953.17d	53.19c	16.03c	12 965.43e	70.13e	10.26c
2014	CK	7 205.28g	49.25e	16.15b	11 863.69h	71.08e	11.56b
	BS	8 896.69b	54.46bc	18.62a	13 698.35b	74.32ab	13.18a
	C	7 815.05e	50.34de	15.68d	12 596.86f	72.73cd	11.07b

相比对照处理（CK），2013年猪场废水处理（BS）冬小麦产量提高了13.85%，籽粒淀粉和粗蛋白质分别提高了11.56%和9.45%；生物质炭处理冬小麦产量提高了4.71%，籽粒淀粉提高了4.77%，而粗蛋白质无显著性差异。相比对照处理（CK），猪场废水处理（BS）夏玉米产量提高了14.82%，籽粒淀粉和粗蛋白分别提高了5.50%和16.01%；生物质炭处理冬小麦产量提高了7.72%，而籽粒淀粉和粗蛋白质含量无显著性提高。

相比对照处理（CK），2014年猪场废水处理（BS）冬小麦产量提高了23.47%，籽粒淀粉和粗蛋白质分别提高了10.58%和15.29%；生物质炭处理冬小麦产量提高了8.46%，籽粒淀粉和粗蛋白含量仅在2012年显著性提高，其他年份均无显著性提高。猪场废水处理（BS）夏玉米产量提高了15.46%，籽粒淀粉和粗蛋白质分别提高了4.56%和14.01%；生物质炭处理夏玉米产量提高了6.18%，而籽粒淀粉和粗蛋白质含量也仅在2012年显著性提高，其他年份均无显著性提高。

5.9 本章小结

连续4年的田间试验发现，在猪场废水适宜灌溉制度下，相比等氮投入的对照处理（CK），猪场废水处理（BS）和生物碳处理（C）土壤容重显著降低、总孔隙度和大团聚体含量显著提高；猪场废水处理（BS）降低了土壤pH值，C土壤pH值与对照处理（CK）无显著性差异；BS与C均能使土壤全氮、全磷和有机质含量增加；C处理0～20cm土层饱和导水率无显著性差异，20～40cm土层土壤饱和导水率显著性降低，BS处理0～20cm土层饱和导水率显著提高；生物质炭处理（C）显著增加了土壤细菌、放线菌和真菌的数量，猪场废水处理（BS）显著增加了土壤细菌、放线菌的数量，降低了真菌数量；生物质炭处理（C）和猪场废水处理（BS）在0～20cm土层持水性能均大于CK处理；BS处理显著增加了几季作物的产量和籽粒品质，且增加幅度较大，C在2013年之后作物产量才略有增加，籽粒品质与CK差异不大。

6 猪场废水灌溉对土壤微生物、抗生素及抗性基因影响研究

我国针对非常规水源再生水及养殖废水利用高度重视,已在2016年提出将非常规水源纳入水资源统一配置,同时《中华人民共和国国民经济和社会发展第十三个五年规划纲要》提出应"加快非常规水资源利用,实施雨洪资源利用、再生水利用等工程"。将符合农田灌溉标准的非常规水源用于灌溉时,除关注微生物群落结构及其代谢的变化外,还应关注由新种或新型病原微生物,因其引起的传染病在世界各国已是一个非常重要的公共卫生问题(Xagoraraki et al.,2004)。此外,这些非常规水源仍含有一定量抗生素、抗生素抗性基因等新兴环境污染物,其中抗生素作为20世纪最重要的医学发现之一,在疾病救治、畜禽养殖、水产养殖等方面发挥了重要作用,虽然抗生素的半衰期较持久性有机污染物短,但其使用量大、频率高、处理效率低,导致其持续性地输入至生态环境中,成为一种"假持久性环境污染物"(Liu et al.,2017b)。抗生素抗性基因(Antibiotic resistance genes,ARGs)(以下简称抗性基因)是能对抗生素产生抗性的基因,是微生物,耐药性形成和扩散的物质基础。细菌对抗生素的抗性主要表现为内在抗性(Intrinsic resistance)和获得性抗性(Acquired resistance)。内在抗性是指细菌天然对某些抗生素不敏感,而获得性抗性则涉及细菌遗传背景的改变。因此,细菌可通过随机突变,或表达潜在抗性基因获得抗性,也可通过抗性基因水平转移获得抗性(徐冰洁等,2010),故抗生素抗性基因已被认为是一类新兴环境污染物。而非常规水源中的抗生素及其抗性基因可随农田灌溉进入土壤及作物体内,并通过食物链对人类健康产生潜在威胁(Weber et al.,2006;Kiziloglu et al.,2008;Kunhikrishnan et al.,2012;Chen et al.,2013a;Christou et al.,2017;Huang et al.,2017a;Liu et al.,2019a)。

生物质炭是在控制氧气的条件下，以农业废弃物为原料制成的一种多孔新型环保材料。由于其在改善土壤环境质量和缓解全球变暖方面具有一定的作用，近年来生物质炭在世界范围内已引起广泛关注。生物质炭属于黑炭的一种类型，因其具有高度热稳定性和较强吸附特性，对养分具有很强的持留功能，可以降低土壤养分的流失，常被用作土壤改良剂。此外，生物质炭较高的碳氮比、巨大的比表面积、较高的芳香化程度以及丰富的含氧官能团对抗生素具有很强的吸附能力。而且生物质炭发达的孔隙结构、巨大的比表面积，以及较高的C/N可为微生物提供良好的繁殖场所，并通过改善土壤理化指标（如全氮、全磷、pH值等）间接影响微生物的繁殖，进而影响抗生素抗性基因的环境行为特征。

6.1 试验设计与材料方法

6.1.1 供试材料

试验所用土壤取自新乡市郊区地下水灌溉的无作物种植的农田表层土壤（0～20cm），土壤类型为潮土，其基本性质如下：pH值8.73、全氮1.42g/kg、全磷1.18g/kg、全钾18.30g/kg、有机质7.17g/kg、铜32.00mg/kg、锌88.80mg/kg、铅20.70mg/kg、镉0.43mg/kg，均未超过土壤环境质量二级标准（GB 15618—2008）。土样风干磨碎后过2mm筛备用。

试验所用小麦秸秆生物质炭购自河南省商丘市三利新能源有限公司，其比表面积$8.52m^2/g$，孔径$0.025cm^3/g$，全氮、全磷、全钾分别为5.24g/kg、0.89g/kg、44.24g/kg，铜、锌、铅分别为26.51mg/kg、42.50mg/kg、9.25mg/kg，其他重金属未检出。

试验所用蒸馏水pH值=6～7.5，电阻率不低于10MΩ/cm。试验所用再生水取自新乡市骆驼湾污水处理厂二级出水，其污水来源主要为城市生活污水和部分工业废水，主体工艺为A/O处理，日处理能力为9.77万m^3。试验期间出水水质排放符合国家《城镇污水处理厂污染物排放标准》（GB 18919—2002）一级A排放标准，同时也符合《城市污水再生利用农田灌溉用水水质》（GB 20922—2007）中旱地谷物灌溉标准。试验所用养殖废水取自新乡市新乡县某养猪场厌氧发酵后的沼液。两种水质的理化性质见表6-1。此外，按照《农田灌溉水质标准》（GB 5084—2005）中旱作

6 猪场废水灌溉对土壤微生物、抗生素及抗性基因影响研究

作物的灌溉水质标准,养殖废水需稀释5倍后用于盆栽灌溉。试验所用玉米种子为浚单20。

表6-1 再生水、养殖废水理化性质

水质	pH值	电导率(mS/cm)	化学需氧量(mg/L)	全氮(mg/L)	全磷(mg/L)	铜(mg/L)	锌(mg/L)	铅(mg/L)	镉(mg/L)
再生水	8.10	1.66	<15.00	9.43	1.78	2.76	0.05	0.010	0.004
养殖废水	7.78	4.25	477.00	618.00	27.00	0.64	6.04	0.003	0.001

6.1.2 试验设计与方法

试验于2016年8—10月在中国农业科学院农田灌溉研究所(北纬35°15′38″~35°15′45″,东经113°55′5″~113°55′7″,海拔73.2m)日光温室进行。采用14cm×17cm×12cm(长×宽×高)PVC根箱进行试验(Masud et al., 2014),用300目尼龙网沿根箱长边将其区分为非根际区(5cm)、过渡区(1cm)、根际区(2cm)、过渡区(1cm)、非根际区(5cm)。箱底不设排水孔。

试验采用3种水源进行灌溉,每个灌溉处理设置不添加生物质炭及添加生物质炭处理,共6个处理,分别为S:蒸馏水灌溉;SB:蒸馏水灌溉+添加生物质炭;SR:再生水灌溉;SRB:再生水灌溉+添加生物质炭;SP:养殖废水灌溉;SPB:养殖废水灌溉+添加生物质炭。每个处理重复3次。土壤中基施N 200mg/kg、P 100mg/kg、K 200mg/kg,生物质炭添加比例为1%,均匀混合后将3kg土装至根箱。所有处理先灌蒸馏水400mL,翌日在根箱的根际区播种6粒玉米种子。待其发芽一周后,间苗至3株,开始用不同水源均匀浇灌土壤。培养周期60d,每2d灌水100mL,总计灌水量约为3L。

6.1.3 样品采集与测试指标

分析微生物群落结构变化时,在培养60d采集根际土、非根际土和玉米根部,测定理化指标(pH值、全氮、全磷、全钾、碱解氮、有效磷、

速效钾、有机质、钙、镁）和16S rRNA基因高通量测序；分析病原菌、抗生素、抗生素抗性基因变化时，在30d采集根际土、非根际土，60d采集根际土、非根际土和玉米根部，测定病原菌、抗生素、抗生素抗性基因检出丰度。

6.1.3.1 理化指标测定

参照Yang等（2013）进行分析测定，具体如下：采用电位法测pH值（水土比为2.5∶1）；凯氏定氮法测全氮；NaOH熔融—钼锑抗比色法测全磷；NaOH熔融—火焰光度法测全钾；碱解扩散法测碱解氮；$NaHCO_3$提取—钼锑抗比色法测有效磷；NH_4AC提取—火焰光度法测速效钾；重铬酸钾容量法测有机质；微波消解—原子吸收分光光度法测钙、镁。

6.1.3.2 DNA提取与测定

提取样品基因组DNA时，土壤样品预处理为冷冻干燥后研磨，玉米根部样品预处理为蒸馏水冲洗、表面消毒后液氮研磨（Gottel et al., 2011），然后参照Fast DNA SPIN Kit for Soil试剂盒说明书提取基因组DNA。取5μL基因组DNA用1.0%的琼脂糖凝胶电泳检测提取效果，NanoDrop 2000仪器测定DNA浓度及纯度（A260/A280：1.8~2.0），然后于-80°C保存备用。

6.1.3.3 实时荧光定量PCR

以上述提取的DNA为模板检测环境中新兴典型条件病原菌的丰度，包括布氏弓形杆菌（*Arcobacter butzleri*）、嗜水气单胞菌（*Aeromonas hydrophila*）、蜡样芽孢杆菌（*Bacillus cereus*）、大肠杆菌（*Escherichia coli*）、肺炎克雷伯菌（*Klebsiella pneumoniae*）、丁香假单胞菌（*Pseudomonas syringae*）、金黄色葡萄球菌（*Staphylococcus aureus*）、大肠菌群（Total coliforms）。各病原菌的上下游引物序列及片段长度参照崔丙健等（2019），详见表6-2。

表6-2 引物序列

病原菌	引物序列	片段大小（bp）
布氏弓形杆菌	F: ATACTTTCTTGGTCTTGTGGTGTA R: CCACAAAGACACTCATAATCTTTTAC	132

6 猪场废水灌溉对土壤微生物、抗生素及抗性基因影响研究

（续表）

病原菌	引物序列	片段大小（bp）
嗜水气单胞菌	F：GAGAAGGTGACCACCAAGAACA R：AACTGACATCGGCCTTGAACTC	232
蜡样芽孢杆菌	F：CTGTAGCGAATCGTACGTATC R：TACTGCTCCAGCCACATTAC	185
大肠杆菌	F：CTGCTGCTGTCGGCTTTA R：CCTTGCGGACGGGTAT	205
肺炎克雷伯菌	F：TGCCCAGACCGATAACTTTA R：CTGTTTCTTCGCTTCACGG	142
丁香假单胞菌	F：AACTGAAAAACACCTTGGGC R：CCTGGGTTGTTGAAGTGGTA	304
金黄色葡萄球菌	F：GCGATTGATGGTGATACGGTT R：CAAGCCTTGACGAACTAAAGC	276
大肠菌群	F：ATGAAAGCTACAGAAGGCC R：GGTTTATGCAGCAACGAGACGTCA	264

注：F代表上游引物，R代表下游引物。

经普通PCR割胶回收、连接T载体、导入感受态细胞、蓝白斑筛菌、菌液测序、质粒提取步骤后，获得各病原菌的质粒标准品。在Bio-rad CFX96荧光定量PCR仪器（Bio-Rad，USA）上进行实时荧光定量PCR反应。其反应体系共20μL，包括10μL TB Green Master Mix溶液、0.4μL浓度为10μM/L的正向/反向引物、2μL DNA模板、7.2μL ddH$_2$O。反应体系在100μL 96孔反应板的反应孔中进行。其反应程序为95℃下热变性2min，然后进入40个循环的扩增阶段，包括94℃变性15s，60℃退火30s，72℃延伸45s，延伸的同时扫描荧光信号。溶解曲线程序为55~95℃，每0.5℃读数，其间停留30s。每个样品做3次重复。根据实时荧光定量PCR法获得未知样品的Ct值，便可根据标准曲线图计算出该样品的绝对拷贝数。灌溉水源中病原菌检出量见表6-3。

表6-3 再生水/养殖废水中病原菌检出值（拷贝/L）

病原菌种类	再生水	养殖废水
布氏弓形杆菌	4.54×10^7	7.79×10^8
嗜水气单胞菌	9.73×10^6	6.99×10^7
蜡样芽孢杆菌	2.21×10^6	9.94×10^5
大肠杆菌	1.64×10^7	1.30×10^9
肺炎克雷伯菌	2.92×10^7	5.94×10^8
丁香假单胞菌	3.87×10^6	2.23×10^8
金黄色葡萄球菌	7.87×10^5	4.14×10^4
大肠菌群	7.57×10^7	9.68×10^8

6.1.3.4 高通量定量PCR

以上述提取的DNA为模板，利用美国WaferGen公司的高通量荧光定量PCR（HT-qPCR）的反应平台检测抗生素抗性基因丰度。引物设计了48个基因，包括35个四环素类抗性基因、2个磺胺类抗性基因、10个可移动基因元件及16S rRNA基因（引物信息见表6-4）。荧光定量试剂采用LightCycler 480 SYBR Green I Master（Roche公司，美国）。HT-qPCR的定量体系总体积为100nL，其中各试剂的最终浓度分别为：50nL LightCycler 480 SYBR Green I Master Mix，1nL bovine serum albumin（1μg/μL），20nL DNA（2ng/μL），500nM引物，19nL Nuclease-free PCR-Grade water。定量PCR反应程序：95℃预变性10min；95℃变性30s，60℃退火延伸30s，40个循环；程序可自动升温到预设温度，并进行熔解曲线分析（Ouyang et al.，2015）。

使用SmartChip qPCR软件分析数据结果，其中熔解曲线具有多个峰值或扩增效率不在1.8~2.2的数据均需舍弃。根据仪器的检测限和灵敏度，循环阈值（Ct）最大为31，当Ct超过31时被替换为31。2次及以上重复均被检出时认为该基因有检出。基因绝对丰度计算见式（6-1）。

$$\text{Gene copy number} = 10^{[(31-Ct)/(10/3)]} \quad (6-1)$$

将各基因的绝对丰度除以16S rRNA丰度可得到各基因的相对丰度。

6 猪场废水灌溉对土壤微生物、抗生素及抗性基因影响研究

表6-4 引物信息

引物名称	上游引物	下游引物
16S rRNA	GGGTTGCGCTCGTTGC	ATGGYTGTCGTCAGCTCGTG
sul1	CAGCGCTATGCGCTCAAG	ATCCCGCTGCGCTGAGT
sul2	TCATCTGCCAAACTCGTCGTTA	GTCAAAGAACGCCGCAATGT
tet(32)	CCATTACTTCGGACAACGGTAGA	CAATCTCTGTGAGGGCATTTAACA
tet(36)-01	AGAATACTTCAGCAGAGGTCAGTTCCT	TGGTAGGTCGATAACCCGAAAAT
tet(36)-02	TGCAGGAAAGACCTCCATTACAG	CTTTGTCCACACTTCCACGTACTATG
tetA-01	GCTGTTTGTTCTGCCGAAA	GGTTAAGTTCCTTGAACGCAAACT
tetA-02	CTCACCAGCCTGACCTCGAT	CACGTTGTTATAGAAGCCGCATAG
tetB-01	AGTGCGCTTTGGATGCTGTA	AGCCCCAGTAGCTCCTGTGA
tetB-02	GCCCAGTGCTGTTGTTGTCAT	TGAAAGCAAACGGCCTAAATACA
tetC-01	CATATCGCAATACATGCGAAAAA	AAAGCGCGGTAAATAGCAA
tetC-02	ACTGGTAAGGTAAACGCCATTGTC	ATGCATAAACCAGCCATTGAGTAAG
tetD-01	TGCCGCGTTTGATTACACA	CACCAGTGATCCCGGAGATAA
tetD-02	TGTCATCGCGCTGGTGATT	CATCCGCTTCCGGGAGAT
tetE	TTGGCGCTGTATGCAATGAT	CGACGACCTATGCGATCTGA
tetG-01	TCAACCATTGCCGATTCGA	TGGCCCGGCAATCATG

（续表）

引物名称	上游引物	下游引物
tetG-02	CATCAGCGCCGGTCTTATG	CCCCATGTAGCCGAACCA
tetH	TTTGGGTCATCTTACCAGCATTAA	TTGCGCATTATCATCGACAGA
tetJ	GGGTGCCGCATTAGATTACCT	TCGTCCAATGTAGAGCATCCATA
tetK	CAGCAGTCATTGGAAATTATCTGATTATA	CCTTGTACTAACCTACCAAAAATCAAAATA
tetL-01	AGCCCGATTTATTCAAGGAATG	CAAATGCTTTCCCCTGTTCT
tetL-02	ATGGTTGTAGTTGCGCGCTATAT	ATCGCTGGACCGACTCCTT
tetM-01	CATCATAGACACGCCAGGACATAT	CGCCATCTTTTGCAGAAATCA
tetM-02	TAATATTGGAGTTTTAGCTCATGTTGATG	CCTCTCTGACGTTCTAAAAGCGTATTAT
tetO-01	ATGTGGATACTACAACGCATGAGATT	TGCCTCCACATGATATTTTCCT
tetPA	AGTTGCAGATGTGTATAGTCGTAAACTATCTATT	TGCTACAAGTACGAAAACAAAACTAGAA
tetPB-01	ACACCTGGACACGCTGATTTT	ACCGTCTAGAACGCGGAATG
tetPB-02	TGATACACCTGGACACGCTGAT	CGTCCAAAACGCGGAATG
tetPB-03	TGGGCGACAGTAGGCTTAGAA	TGACCCTACTGAAACATTAGAAATATACCT
tetPB-05	CTGAAGTGGAGCGATCATTCC	CCCTCAACGGCAGAAATAACTAA
tetQ	CGCCTCAGAAGTAAGTTCATACACTAAG	TCGTTCATGCGGATATTATCAGAAT
tetR-02	CGCGATAGACGCCTTCGA	TCCTGACAACGAGCTCCTT

6 猪场废水灌溉对土壤微生物、抗生素及抗性基因影响研究

（续表）

引物名称	上游引物	下游引物
tetR-03	CGCGATGTGGAGCAAAAGTACAT	AGTGAAAAACCTTGTTGGCATAAAA
tetS	TTAAGGACAAACTTTCTGACGACATC	TGTCTCCCATTGTTCTGGTTCA
tetT	CCATATAGAGGTTCCACCAAATCC	TGACCCTATTGGTAGTGGTTCTATTG
tetU-01	GTGGCAAAGCAACGGATTG	TGCGGGCTTGCAAAACTATC
tetV	GCGGGAACGACGATGTATATC	CCGCTATCTCACGACCATGAT
tetX	AAATTTGTTACCGACACGGAAGTT	CATAGCTGAAAAAATCCAGGACAGTT
tnpA-01	CATCATCGGACGACAGAATT	GTCGGAGATGTGGGTGTAGAAAGT
tnpA-02	GGGCGGGTCGATTGAAA	GTGGGCGGGATCTGCTT
tnpA-03	AATTGATGCGGACGGCTTAA	TCACCAAACTGTTTATGGAGTCGTT
tnpA-04	CCGATCACGGAAAGCTCAAG	GGCTCGCATGACTTCGAATC
tnpA-05	GCCGCACTGTCGATTTTTATC	GCGGGATCTGCCACTTCTT
tnpA-07	GAAACCGATGCTACAATATCCAATT	CAGCACCGTTTGCAGTGTAAG
Tp614	GGAAATCAACGGCATCCAGTT	CATCCATGCGCTTTTGTCTCT
IS613	AGGTTCGGACTTCAATGCAACA	TTCAGCACATACCGCCTTGAT
intI-1	CGAACGAGTGGCGGAGGGTG	TACCCGAGAGCTTGGCACCCA
cIntI-1	GGCATCCAAGCAGCAAG	AAGCAGACTTGACCTGA

6.1.3.5　16S rRNA基因高通量测序

以上述提取的DNA为模板,土壤样品16S rRNA的扩增区域为V3-V4,上下游引物分别为:338F(5′-ACTCCTACGGGAGGCAGCAG-3′)和806R(5′-GGACTACHVGGGTWTCTAAT-3′);植物样品中线粒体和质体16S rRNA基因可被通用引物扩增,造成测序结果中宿主序列的污染最高达99%以上,因此经过优化调整,选择16S rRNA的扩增区域为V5-V7高变区域,上下游引物分别为:799F(5′-AACMGGATTAGATACCCKG-3′)和1193R(5′-ACGTCATCCCCACCTTCC-3′)。扩增反应体系共25μL,包括17.2μL的ddH$_2$O;2.5μL 10×PCR Buffer(Mg^{2+}Plus);2.5mM的dNTPs;浓度为10μM浓度的上下游引物;1.5U的Taq DNA Polymerase;1μL模板DNA。扩增反应程序:95℃下预变性5min,24个循环扩增阶段(95℃变性30s,56℃退火30s,72℃延伸90s),最后72℃延伸8min(Cui et al.,2016)。采用2%琼脂糖凝胶电泳检测PCR扩增产物,AxyPrep DNA Gel Extraction Kit(Axygen Biosciences,Union City,USA)纯化扩增产物,QuantiFluor™-ST(Promega,Madison,USA)测定其浓度值。将割胶纯化回收得到的DNA交由上海美吉生物医药科技有限公司进行建库测序,其平台为Illumina MiSeq PE300(Illumina,San Diego,USA)。得到的原始数据解编后,经Trimmomatic软件去除低质量序列、接头、低质量碱基,FLASH软件合并序列后,得到可用于后续分析的优质序列。采用UPARSE软件(version7.1 http://drive5.com/uparse/)对有效序列按97%的相似度进行OTU聚类,在Silva数据库(Silva128/16S_bacteria)下采用RDP分类器算法分析各样品中门水平至属水平的组成情况(置信度阈值为60%)(Huang et al.,2016a)。

α多样性指数(OTU、ACE、Chao和Shannon指数)代表微生物多样性,OTU组成代表β多样性,采用PICRUSt(Phylogenetic investigation of communities by reconstruction of unobserved states)软件得到KEGG(Kyoto encyclopedia of genes and genomes)代谢通路,可预测细菌群落的功能,并将结果中与真核生物有关的代谢通路全部删除。在人类疾

病方面，它可以预测6种与致病相关的细菌，包括癌症相关致病菌、心血管疾病相关致病菌、免疫系统疾病相关致病菌、感染性疾病相关致病菌、代谢系统疾病相关致病菌、神经系统疾病相关致病菌（Zheng et al., 2017a）。此外，根际促生菌（Plant growth-promoting rhizobacteria，PGPR）依据文献报道将其挑选出来（Wang et al., 2017；Yang et al., 2017）。

6.1.3.6 抗生素检测

通过预处理—固相萃取—液质联用仪检测，检测四环素（TC）、土霉素（OTC）、金霉素（CTC）、磺胺甲基嘧啶（SM1）、磺胺甲噁唑（SMX）和磺胺嘧啶（SD）的浓度（Cheng等，2016）。具体流程为：土壤样品经冷冻干燥磨碎预处理后，称取0.1g，加10mL提取剂（5mL甲醇+5mLEDTA—麦氏试剂），振荡超声离心共3次，并将每次的上清液混合后过滤，后加超纯水至800mL左右，用HCl和NaOH调节pH值至4.8～5.0；将上述800mL液体流经依次被甲醇、超纯水、酸性超纯水淋洗后的HLB小柱；之后用甲醇—乙腈液体洗脱小柱，并在氮气下将洗脱液吹至5mL以下，后过滤加甲醇水溶液并定容至5mL，待测定。养殖废水及再生水中抗生素浓度检测的操作流程为：取500mL水样过滤，加入0.4g EDTA二钠，充分混匀后加超纯水至800mL左右，调节pH值至4.8～5.0，剩余步骤与土壤检测步骤一致。养殖废水及再生水中四环素浓度分别为5.76ng/L、363.99ng/L；土霉素浓度分别为59.44ng/L、7 359.22ng/L；金霉素浓度分别为51.07ng/L、336.44ng/L；磺胺嘧啶浓度分别为0.85ng/L、4.47ng/L；磺胺甲噁唑浓度分别为59.06ng/L、4.38ng/L；磺胺嘧啶浓度分别为5.75ng/L、39.28ng/L。

6.1.4 数据处理

基础的数据分析、绘图采用Excel 2010和Origin8.5软件。相关性分析、单因素方差分析、双因素差异性分析采用SPSS 17.5软件。R软件进行主坐标分析（Principal co-ordinates analysis：PCoA），并进行Adonis

（PerMANOVA）/Anosim分析，其中Anosim分析中R值越接近1表示微生物群落结构之间差异性越大。利用R软件中的"pheatmap"和"plspm"程序包绘制热图和PLS-PM图。利用Mantel分析微生物群落结构与理化指标之间的相关性。所有数据分析中$P<0.05$被认为存在显著性。根据哈佛大学所提供的Galaxy网站进行LEfSe分析，该分析基于Wilcoxon秩和检验，检测微生物组成在不同类别样品中的差异性，得到的Biomarker可以指示不同类别样品的微生物组成差异性（Segata et al., 2011），并用STAMP（Statistical analysis of metagenomic profiles）软件分析不同样品中代谢通路的差异性。

6.2　对微生物群落结构的影响

微生物作为生态系统的积极参与者，在维持生态系统平衡方面不可替代。养殖废水与再生水均可作为农业替代水源，其对土壤微生物群落结构的影响已均被报道（Iyyemperumal & Shi, 2007; Bastida et al., 2017; Starke et al., 2017）。但是，在灌区尺度联合调控不同水源时，作物等量养殖废水及再生水灌溉条件下其微生物群落结构特征还有待研究。Anders等（2013）研究发现，在温带土壤中添加生物质炭后，微生物量并没有受到很大的影响，但是微生物的群落结构发生了很大变化。Muhammad等（2014）研究还表明，不同类型的生物质炭对微生物群落结构的影响是不同的。此外，根际土、非根际土对生物质炭质的响应不一致，这主要与生物质炭和土壤理化性质相关，如Liu等（2017）研究指出根际土微生物群落结构对生物质炭的响应比非根际土明显，但Chen等（2018）却指出生物质炭对根际土和非根际土微生物群落结构的影响一致。此外，前人研究不同水源灌溉（地下水、井水、污水、咸水）与生物质炭联合作用时大多集中于植物生长、污染物行为特征、土壤理化性质变化等（Sudipta et al., 2013; Almaroai et al., 2014; Subhan et al., 2015; Abid et al., 2017; Pressler et al., 2017），较少关注其对土壤微生物群落结构的影响。

6 猪场废水灌溉对土壤微生物、抗生素及抗性基因影响研究

6.2.1 作物生长量及土壤理化性质

养殖废水及再生水作为重要的农业灌溉水源，水源稳定且丰富的氮、磷等营养物质可以增加土壤肥力，促进作物生长，减少化肥施用等，实现资源化利用（Cantrell et al., 2009; Chen et al., 2015; Ye et al., 2016）。生物质炭因其较高的碳氮比可进一步促进作物生长。但在本研究中，养殖废水及再生水灌溉降低了作物地下和地上部分干重，生物质炭的添加对其无促进作用（表6-5），这可能是因为灌溉及生物质炭添加导致了较高的土壤含盐量（表6-6）。尽管作物生长受到了抑制作用，但养殖废水及再生水灌溉对土壤肥力的改善仍可起到一定程度的促进作用，其中养殖废水的作用更为显著（表6-7）。

表6-5 不同处理下作物干重

处理	地上部分（g）	根部（g）	处理	地上部分（g）	根部（g）
S	21.74 ± 12.12a	3.85 ± 1.07a	SB	19.94 ± 4.38a	3.12 ± 0.53ab
SR	9.97 ± 2.21bc	2.87 ± 1.01ab	SRB	7.60 ± 0.78c	2.05 ± 0.19b
SP	18.17 ± 2.12ab	2.39 ± 0.57b	SPB	15.82 ± 2.49abc	2.41 ± 0.26b

表6-6 根际土和非根际土中pH值和EC

根际土	pH值	电导率（μS/cm）	非根际土	pH值	电导率（μS/cm）
S	8.19ab	541.00a	S	8.14a	486.00b
SR	8.27a	653.00a	SR	8.16a	772.00a
SP	8.15bc	564.00a	SP	8.00b	587.67b
SB	8.22ab	531.00a	SB	8.15a	456.33b
SRB	8.24a	699.67a	SRB	8.12a	794.33a
SPB	8.07c	651.33a	SPB	7.89b	715.00a

表6-7 根际土、非根际土、作物根部营养元素含量

	处理	全氮(g/kg)	全磷(g/kg)	全钾(g/kg)	碱解氮(mg/kg)	有效磷(mg/kg)	速效钾(mg/kg)	有机质(g/kg)	钙(g/kg)	镁(g/kg)
根际土	S	1.31±0.10a	1.25±0.01a	17.96±0.40c	92.81±2.00a	43.20±4.17b	165.00±7.07d	7.71±0.33b	34.69±0.57ab	9.66±0.17b
	SR	1.31±0.10a	1.31±0.09a	18.59±0.28ab	92.81±9.99a	41.87±0.13b	175.00±7.07cd	8.46±0.71a	33.49±0.34b	9.62±0.14b
	SP	1.37±0.08a	1.36±0.07a	18.73±0.33ab	96.10±4.99a	55.90±3.56a	188.33±2.89bc	9.38±1.14a	34.63±0.49ab	10.39±0.11a
	SB	1.39±0.09a	1.47±0.26a	19.13±0.07a	97.03±6.60a	42.79±2.12b	196.67±5.77b	8.70±0.11ab	34.56±0.95ab	9.79±0.22b
	SRB	1.38±0.08a	1.47±0.22a	18.87±0.25ab	99.94±13.46a	43.17±2.38b	250.00±15.00a	8.77±0.13b	36.31±1.94a	9.99±0.29b
	SPB	1.45±0.07a	1.33±0.04a	18.43±0.31bc	94.85±6.06a	58.76±6.25a	251.67±12.58a	8.84±1.00a	34.43±0.59ab	10.52±0.16a
非根际土	S	1.20±0.03c	1.37±0.05a	17.92±0.30a	79.14±5.33b	46.96±2.35b	265.00±0.00c	6.87±0.35b	34.96±0.91a	10.53±0.16a
	SR	1.30±0.01b	1.43±0.17a	17.81±0.20a	86.68±5.33b	47.57±2.55b	272.50±3.54c	7.27±0.18ab	35.11±2.31a	10.49±0.39a
	SP	1.33±0.03b	1.50±0.11a	17.93±0.63a	94.07±5.16a	60.97±2.47a	291.67±12.58b	8.07±0.39ab	36.84±1.28a	10.48±0.39a
	SB	1.32±0.05b	1.40±0.09a	18.16±0.23a	92.75±5.70a	50.33±2.47b	368.33±10.41ab	8.79±1.05a	35.06±1.98a	9.70±0.33a
	SRB	1.30±0.02b	1.37±0.04a	18.12±0.04a	96.99±1.73a	49.70±3.35b	388.33±15.28ab	8.97±1.25a	36.89±3.50a	10.28±0.81a
	SPB	1.37±0.07a	1.31±0.02a	17.95±0.17a	89.82±4.74a	63.89±3.67a	411.67±10.41a	9.40±0.28a	33.92±0.13a	9.16±0.86a
根部	S	10.52±2.26c	0.76±0.04a	1.68±0.08a					18.58±0.71a	2.73±0.31a
	SR	12.32±0.32c	0.82±0.07a	2.13±0.07a					18.81±0.16a	3.03±0.15a
	SP	15.76±1.87ab	0.94±0.06a	1.93±0.62a					19.34±2.58a	2.96±0.12a
	SB	12.96±0.64abc	0.93±0.17a	2.48±0.33a					18.55±2.64a	3.07±0.25a
	SRB	12.68±1.05bc	0.83±0.09a	2.01±0.51a					18.85±1.50a	3.06±0.32a
	SPB	15.84±1.93a	0.90±0.08a	2.00±0.14a					18.78±1.61a	2.94±0.22a

注：不同字母表示处理间存在显著性差异（$P<0.05$）。下同。

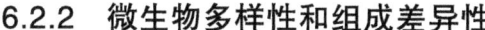

6.2.2 微生物多样性和组成差异性

从表6-8中可以看出,根部内生菌的多样性低于土壤,这与前人研究一致(Fonseca-García et al.,2016;Estendorfer et al.,2017),且根际土微生物的多样性显著低于非根际土,这缘于作物根部的"过滤效应"(越靠近根部微生物多样性越低)(Fan et al.,2017)。不同水源灌溉仅可显著影响根际土和根部微生物的丰富性,对非根际土无显著影响。具体来说,与蒸馏水灌溉相比,养殖废水及再生水灌溉增加了土壤中微生物的多样性,而Bastida等(2017)研究中再生水灌溉下土壤微生物多样性无明显变化,这可能与土壤质地、再生水水质、灌溉制度相关。生物质炭对不同水源灌溉下微生物的多样性无显著影响($P>0.05$),仅使其略微增加或降低,这与前人研究一致,如盆栽试验中水稻秆生物质炭使微生物多样性略微增加(Chen et al.,2018),大田试验中花生壳生物质炭使微生物多样性略微降低(Wu et al.,2014)。但相反的是,Xu等(2016)研究指出玉米秸秆生物质炭的添加显著增加了土柱试验中土壤的微生物多样性。因此,生物质炭对不同试验条件下土壤微生物多样性的不一致影响主要与试验操作方法(盆栽、培养时间)、试验处理、生物质炭种类及其物理化学性质息息相关。双因素方差分析结果还表明不同水源灌溉及生物质炭添加的交互作用对根际土及根部微生物多样性的影响较大,但对非根际土无显著影响。

表6-8 试验因素对微生物丰富性和多样性的影响

	OTU	ACE	Chao	Shannon
根际土				
S	2 347	2 935d	2 948d	6.50b
SB	2 529	3 040cd	3 074c	6.53b
SR	2 630	3 248ab	3 280a	6.75a
SRB	2 660	3 273a	3 279a	6.74a
SP	2 661	3 244ab	3 268ab	6.78a
SPB	2 457	3 112bc	3 144bc	6.51b

（续表）

	OTU	ACE	Chao	Shannon
双因素方差分析				
生物质炭		0.00	0.00	6.68*
灌溉水源		17.53**	23.83**	17.01**
交互作用		3.23	4.76*	8.43**
非根际土				
S	2 508	3 077b	3 092a	6.67a
SB	2 601	3 147ab	3 151a	6.66a
SR	2 691	3 184ab	3 181a	6.74a
SRB	2 586	3 175ab	3 199a	6.71a
SP	2 669	3 288ab	3 315a	6.71a
SPB	2 775	3 337a	3 342a	6.67a
双因素方差分析				
生物质炭		0.36	0.30	0.42
灌溉水源		3.61	3.72	0.78
交互作用		0.15	0.04	0.06
根部				
S	965	1 487b	1 402a	3.94a
SB	1 034	1 739a	1 507a	3.20a
SR	698	1 169b	1 033b	3.24a
SRB	716	1 266b	1 075b	2.79a
SP	950	1 736a	1 479a	3.50a
SPB	616	1 257b	1 029b	3.02a
双因素方差分析				
生物质炭		0.25	1.51	3.62
灌溉水源		7.16**	7.90**	1.23
交互作用		6.42*	4.55*	0.10

6 猪场废水灌溉对土壤微生物、抗生素及抗性基因影响研究

在门水平上，玉米根际土和非根际土的组成情况类似，且与大豆、小麦地一致，即变形菌门（Proteobacteria）、放线菌门（Actinobacteria）和酸杆菌门（Acidobacteria）为优势菌门（Liu et al., 2017a；Fan et al., 2017）。此外，绿弯菌门（Chloroflexi）、芽单胞菌门（Gemmatimonadetes）、拟杆菌门（Bacteroidetes）也是土壤中的优势菌门。而根部内生菌的优势菌门则为变形菌门（Proteobacteria）、蓝菌门（Cyanobacteria）、放线菌门（Actinobacteria）和拟杆菌门（Bacteroidetes）（图6-1）。基于OTU水平的Anosim分析表明不同类型样品（根际土、非根际土、根部）可被显著区分开来（表6-9），Venn分析进一步证实了此现象（图6-2）。将生物质炭作为变量因素时发现其对不同处理下的微生物群落结构无显著性影响；而将不同灌溉水源作为变量因素进行分析时则发现，蒸馏水、再生水、养殖废水灌溉彼此之间均存在显著差异（表6-9）。此外，基于非加权距离分析可知，不同水源灌溉、生物质炭的添加，以及两者之间的相互作用可影响根际土、根部微生物群落结构（$P<0.05$）。而考虑细菌丰度时，不同水源灌溉、生物质炭的添加以及两者之间的相互作用仅可显著影响根际土的微生物群落结构（加权距离）（表6-10）。

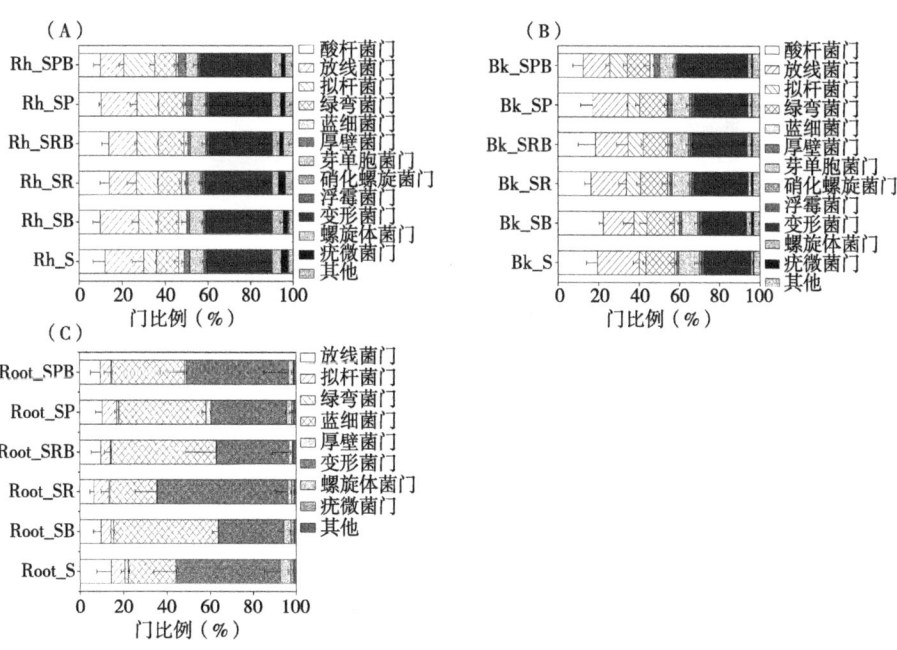

图6-1 根际土（A）、非根际土（B）、根部（C）优势菌门

注：Rh代表根际土；Bk代表非根际土；Root代表根部，下同。

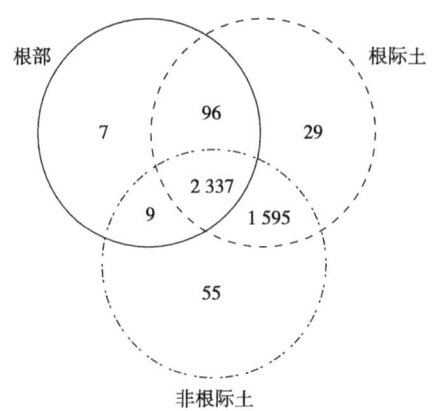

图6-2 根际土、非根际土、作物根部Venn

表6-9 OTU水平的ANOSIM分析

	R	P
根际土vs非根际土	0.50	0.001**
根际土vs根部	0.98	0.001**
非根际土vs根部	0.99	0.001**
蒸馏水灌溉vs再生水灌溉	0.10	0.024*
蒸馏水灌溉vs养殖废水灌溉	0.21	0.001**
再生水灌溉vs养殖废水灌溉	0.22	0.001**
生物质炭添加vs无生物质炭	−0.02	0.781

注：*代表$P<0.05$；**代表$P<0.01$，***代表$P<0.001$，下同。

表6-10 微生物群落结构的PerMANOVA分析

样品类型	项目	非加权距离		加权距离	
		F	P	F	P
根际土	生物质炭	2.32	0.07	2.19	0.06
	灌溉水源	16.77	<0.01	5.54	<0.01
	交互作用	2.15	0.05	3.62	<0.01

6 猪场废水灌溉对土壤微生物、抗生素及抗性基因影响研究

（续表）

样品类型	项目	非加权距离		加权距离	
		F	P	F	P
非根际土	生物质炭	0.96	0.35	1.18	0.31
	灌溉水源	15.35	<0.01	1.55	0.17
	交互作用	1.03	0.37	0.55	0.78
根部	生物质炭	2.40	0.03	1.14	0.29
	灌溉水源	6.90	<0.01	0.83	0.48
	交互作用	2.42	0.01	2.15	0.11

变形菌门（Proteobacteria）、单糖菌门（Saccharibacteria）、疣微菌门（Verrucomicrobia）和拟杆菌门（Bacteroidetes）在根际土的含量显著高于非根际土，这可能与根际环境丰富的营养物质相关（Fierer et al.，2007）。与之相反的是，酸杆菌门（Acidobacteria）、绿弯菌门（Chloroflexi）、芽单胞菌门（Gemmatimonadetes）和硝化螺旋菌门（Nitrospirae）在非根际土的含量更高（$P<0.01$）。本研究中，含较多营养物质的养殖废水灌溉可使富营养型细菌（拟杆菌门、厚壁菌门、变形菌门）含量显著增加（Ferrari et al.，2015），且养殖废水和再生水灌溉均可显著增加根际土的拟杆菌门含量，前人研究也表明养殖废水或再生水灌溉增加了土壤中拟杆菌门含量，降低了酸杆菌门含量（Suleiman et al.，2016；Bastida et al.，2017）。而生物质炭的添加可加剧此现象（Xu et al.，2016），且生物质炭的添加对养殖废水灌溉下土壤细菌门含量的影响强于蒸馏水及再生水灌溉。这可能与土壤环境中的pH值和营养物质相关，其中拟杆菌门、酸杆菌门分别适合中性/碱性、酸性环境，分别是富营养细菌、寡营养细菌（Fierer et al.，2007；Sheng & Zhu，2018）。研究还指出，不论生物质炭添加与否，养殖废水及再生水灌溉均可显著影响作物根部内生菌的细菌门含量，这是因为不同水源灌溉及生物质炭的添加可影响作物体内氮的分布，进而影响根部内生菌组成（García-Salamanca et al.，2013；Estendorfer et al.，2017）。

为了进一步探究不同水源灌溉下根际土、非根际土、根部的微生物组成差异，对蒸馏水、再生水、养殖废水灌溉下的微生物（门、纲、目、科、属）组成进行LEfSe分析，保留每次检验$P<0.05$的细菌，将此细菌定义为biomarker。最后用线性判别分析（LDA）对数据进行降维处理，保留LDA>3.5的具有显著性差异的物种，且LDA值越大表示该biomarker的差异影响力越大。研究发现，根际土、非根际土、根部中分别发现41种、28种、17种具有显著差异的细菌，表明灌溉对根际土微生物的影响强于对非根际土微生物的影响。具体来说，根际土中，再生水灌溉下纤维弧菌属（从科到属）为主要特征差异细菌种类，蒸馏水灌溉下马赛菌属（从纲到属）、鞘氨醇单胞菌属（从门到属）、鞘脂菌属（从门到属）、根瘤菌科（科）、蓝绿菌纲（从门到纲）、*Micrococcaceae_g_unclassified*（从科到属）和*Saccharibacteria_g_norank*（从门到属）为主要特征差异细菌种类，养殖废水灌溉下*Erythrobacteraceae_g_unclassified*（从门到属）、狭窄梭菌属1（从门到属）、*MWH_CFBK5_g_norank*（从门到属）、微球菌目（目）、溶杆菌属（从科到属）、铜绿假单胞菌（从纲到属）和纤维弧菌目（目）为主要特征差异细菌种类。非根际土中，养殖废水灌溉下溶杆菌属（从门到属）、噬甲基菌属（从门到属）、铜绿假单胞菌目（目）、海杆菌属（从门到属）、*Erythrobacteraceae_g_unclassified*（从科到属）、根瘤菌目（目）、狭窄梭菌属1（从门到属）和黄杆菌目（从纲到目）为主要特征差异细菌种类，蒸馏水灌溉下仅*Gemmatimonadetes_g_norank*（从目到属）、*Family I_Subsection III*（从目到科）为主要特征差异细菌种类。根部biomarker与土壤不同，差异细菌主要是蒸馏水灌溉下的马赛菌属（从科到属）、绿弯菌门（门）、丙酸杆菌目（目）、类诺卡氏菌属（从科到属）、糖霉菌属（从目到属）、苍黄杆菌属（属）和*Saccharibacteria_g_norank*（从门到属）；养殖废水灌溉下的梭菌目（从纲到目）。

进一步在属水平分析可知，根际土、非根际土、根部各有11种、6种、5种具有显著差异的细菌，大部分属于变形菌门。不论在哪种水源灌溉下，生物质炭的添加对不同类型样品中细菌的影响不尽相同。根际土中，生物质炭的添加可增加*Erythrobacteraceae_g_unclassified*和*MWHCFBk5_g_norank*的含量，降低*Saccharibacteria_g_norank*和*Micromonosporaceae_g_*

6 猪场废水灌溉对土壤微生物、抗生素及抗性基因影响研究

unclassfied的含量；非根际土中，生物质炭的添加可增加狭窄梭菌属1的含量，降低Gemmatimonadetes_g_norank的含量；根部内生菌中，生物质炭的添加仅降低糖霉菌属和苍黄杆菌属的含量（表6-11）。

表6-11 根际土、非根际土、作物根部的Biomarkers

		蒸馏水灌溉		再生水灌溉		养殖废水灌溉	
		S	SB	SR	SRB	SP	SPB
根际土	Saccharibacteria_g_norank	3.95	3.25	3.05	2.23	3.77	3.66
	鞘氨醇单胞菌属	4.43	4.89	3.80	4.78	3.77	2.74
	鞘脂菌属	2.84	3.09	1.56	1.54	2.47	1.28
	Micromonosporaceae_g_unclassfied	0.35	0.31	0.29	0.25	0.31	0.18
	马赛菌属	0.69	1.04	0.31	0.23	0.97	0.21
	纤维弧菌属	0.12	0.15	1.14	0.68	0.43	0.63
	铜绿假单胞菌属	1.28	0.77	4.37	2.40	0.88	6.04
	溶杆菌属	0.70	0.53	0.52	0.68	1.21	1.28
	Erythrobacteraceae_g_unclassified	0.23	0.49	0.49	0.73	1.03	1.71
	MWH-CFBk5_g_norank	0.00	0.00	0.09	0.14	0.08	1.57
	狭窄梭菌属1	0.11	0.15	0.01	0.00	1.25	0.64
非根际土	Gemmatimonadetes_g_norank	4.12	3.67	3.49	3.40	3.19	2.77
	Erythrobacteraceae_g_unclassified	0.14	0.30	0.27	0.14	0.89	1.54
	溶杆菌属	0.53	0.46	0.80	0.55	0.94	1.13
	噬甲基菌属	0.07	0.01	0.63	1.17	0.52	1.82
	狭窄梭菌属1	0.02	0.05	0.01	0.02	0.34	1.30
	海杆菌属	0.03	0.00	0.10	0.17	0.16	1.80

(续表)

		蒸馏水灌溉		再生水灌溉		养殖废水灌溉	
		S	SB	SR	SRB	SP	SPB
根部	Saccharibacteria_g_norank	4.88	3.04	1.77	2.67	2.65	2.63
	糖霉菌属	1.58	1.24	0.22	0.20	0.55	0.45
	类诺卡氏菌属	0.20	0.40	0.13	0.33	0.54	0.14
	马赛菌属	0.69	0.54	0.08	0.13	0.98	0.13
	苍黄杆菌属	2.00	1.72	1.99	0.09	1.02	0.16

6.2.3 根际促生菌（PGPR）的检出

根际促生菌（PGPR）可促进植物生长、便于植物吸收土壤中的养分，预防或减少植物疾病，但养殖废水或再生水灌溉及生物质炭添加条件下，土壤及作物体内根际促生菌的变化暂未见报道。研究发现，根部的根际促生菌含量高于土壤中的根际促生菌含量，这是因为根部对根际土微生物的选择性使得根际土根际促生菌的含量高于非根际土根际促生菌的含量（表6-12）。无生物质炭添加的情况下，养殖废水和再生水灌溉可增加土壤中慢生根瘤菌属和苯基杆菌属的含量，但降低了它们在根部的含量，还可降低土壤和根部中芽单胞菌属、链霉菌属和野野村氏菌属的含量。此外，再生水灌溉还可增加根际土、非根际土、根部中假单胞菌属的含量，但养殖废水灌溉则造成完全相反的结果。当生物质炭添加至土壤中后，这些已知的根部促生菌在土壤中含量均下降。

6 猪场废水灌溉对土壤微生物、抗生素及抗性基因影响研究

表6-12 不同处理中根际土、非根际土、作物根部PGPR检出丰度（>0.1%）

属水平	根际土						非根际土						根部					
	S	SB	SR	SRB	SP	SPB	S	SB	SR	SRB	SP	SPB	S	SB	SR	SRB	SP	SPB
慢生根瘤菌属	0.10	0.12	0.10	0.10	0.13	0.08	0.10	0.06	0.10	0.08	0.10	0.10	0.21	0.10	0.13	0.08	0.09	0.05
芽单胞菌属	0.34	0.31	0.29	0.24	0.32	0.16	0.34	0.40	0.44	0.42	0.38	0.22	0.03	0.01	0.01	0.00	0.00	0.00
苯基杆菌属	0.08	0.08	0.17	0.10	0.12	0.05	0.08	0.04	0.11	0.07	0.08	0.05	0.06	0.06	0.05	0.02	0.04	0.04
铜绿假单胞菌属	1.19	0.67	4.18	2.17	0.80	6.09	1.19	0.07	0.28	0.56	0.04	0.94	1.11	2.86	4.88	14.32	3.12	10.99
链霉菌属	0.78	0.92	0.29	0.34	0.43	0.39	0.78	0.20	0.30	0.29	0.34	0.19	2.43	2.55	0.52	5.89	5.83	8.50
野野村氏菌属	0.17	0.14	0.12	0.18	0.09	0.07	0.17	0.07	0.12	0.10	0.15	0.09	0.08	0.10	0.03	0.11	0.14	0.04

6.2.4 KEGG代谢通路及致病菌变化

养殖废水或再生水灌溉的玉米土壤中，level 1水平中的新陈代谢、遗传信息处理、环境信息处理是主要的代谢通路（图6-3），这与水稻土、污泥中观察的一致。根际土、非根际土、根部的KEGG代谢通路彼此之间均存在显著差异，这与微生物群落结构的结果一致。因养殖废水及再生水中除携带常规粪便污染指示菌外，还携带其他种类的病原菌，灌溉后可在土壤中被检出，进而通过食物链潜在影响人类健康，因此在level 2水平更多地关注了感染性疾病致病菌的变化情况（表6-13）。与蒸馏水灌溉相比，养殖废水或再生水灌溉可略微增加致病菌含量，但并不显著，表明在缓解水资源短缺的同时，合理使用养殖废水或再生水并未增加土壤中致病菌含量，是一条可行的节水措施。但是，生物质炭的添加可显著增加再生水灌溉下根部致病菌含量、养殖废水灌溉下根际土致病菌含量，结果表明养殖废水或再生水长期灌溉下需慎重使用生物质炭。另有报道指出致病菌可携带抗生素抗性基因，因此致病菌和抗生素抗性基因之间的协同效应值得深入研究。除此之外，不同水源灌溉下生物质炭的添加使得土壤中部分代谢通路（"脂质代谢"和"碳水化合物代谢"）减弱，这与生物质炭放置土壤34个月后的土壤代谢通路变化一致。

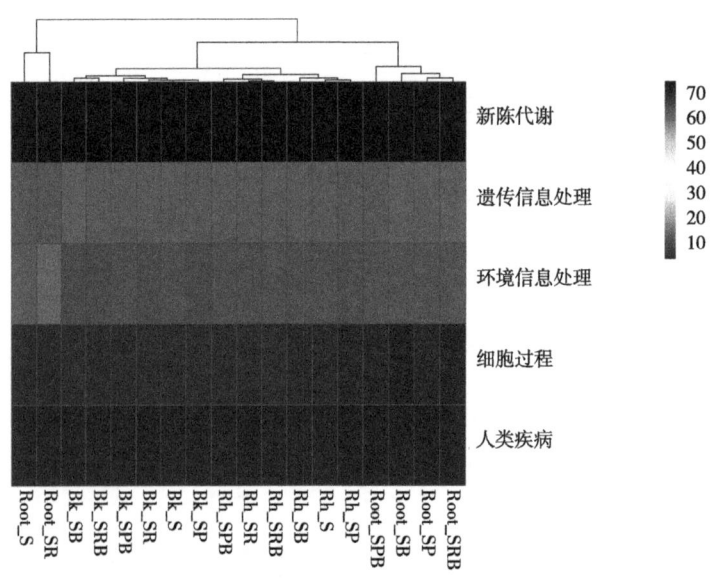

图6-3 根际土、非根际土、作物根部KEGG代谢通路热图（level 1水平）

6 猪场废水灌溉对土壤微生物、抗生素及抗性基因影响研究

表6-13 根际土、非根际土、作物根部KEGG代谢通路丰度（level 2水平）

	S	SB	SR	SRB	SP	SPB
根际土						
氨基酸代谢	16.35	16.36	16.27	16.39	16.47	16.52
其他次级代谢产物的生物合成	1.31	1.31	1.34	1.33	1.32	1.31
碳水化合物代谢	17.37	17.35	17.24	17.21	17.42	17.16
能量代谢	8.47	8.47	8.54	8.54	8.40	8.40
聚糖生物合成与代谢	1.86	1.82	2.02	1.94	1.86	1.94
脂质代谢	5.18	5.16	5.16	5.12	5.17	5.11
辅助因子和维生素的代谢	7.05	7.07	7.11	7.10	6.99	7.07
其他氨基酸的代谢	3.24	3.27	3.22	3.23	3.24	3.25
萜类化合物和聚酮化合物的代谢	3.19	3.19	3.14	3.14	3.17	3.10
核苷酸代谢	5.28	5.28	5.38	5.36	5.33	5.41
外源生物降解与代谢	6.33	6.42	5.98	6.07	6.29	6.07
细胞运动	1.92	1.88	2.00	2.00	1.93	1.97
细胞生长与死亡	0.81	0.82	0.82	0.83	0.81	0.83
膜运输	6.94	6.99	6.77	6.86	6.89	6.96
信号转导	2.90	2.87	2.98	2.89	2.85	2.92
折叠、分类和降解	2.17	2.15	2.21	2.19	2.16	2.17
复制和修复	4.37	4.35	4.43	4.41	4.41	4.42
转录	0.22	0.22	0.22	0.22	0.22	0.22
翻译	4.55	4.50	4.66	4.67	4.58	4.64
感染性疾病	0.50	0.50	0.53	0.51	0.49	0.53
非根际土						
氨基酸代谢	16.16	16.24	16.37	16.33	16.45	16.36
其他次级代谢产物的生物合成	1.35	1.39	1.35	1.36	1.33	1.32

（续表）

	S	SB	SR	SRB	SP	SPB
碳水化合物代谢	17.28	17.35	17.29	17.24	17.21	17.11
能量代谢	8.54	8.75	8.55	8.63	8.55	8.54
聚糖生物合成与代谢	1.90	2.04	1.93	1.98	1.89	1.92
脂质代谢	5.20	5.14	5.17	5.15	5.15	5.11
辅助因子和维生素的代谢	7.18	7.17	7.05	7.09	7.07	7.13
其他氨基酸的代谢	3.20	3.15	3.21	3.20	3.21	3.25
萜类化合物和聚酮化合物的代谢	3.26	3.14	3.23	3.19	3.20	3.17
核苷酸代谢	5.33	5.44	5.33	5.39	5.37	5.40
外源生物降解与代谢	6.18	5.77	6.13	5.95	6.10	6.09
细胞运动	2.00	2.02	2.00	2.07	2.05	2.06
细胞生长与死亡	0.79	0.80	0.80	0.81	0.81	0.83
膜运输	6.73	6.40	6.69	6.54	6.68	6.68
信号转导	2.84	2.87	2.83	2.87	2.84	2.91
折叠、分类和降解	2.21	2.26	2.20	2.23	2.20	2.21
复制和修复	4.44	4.51	4.45	4.49	4.46	4.44
转录	0.23	0.23	0.22	0.23	0.22	0.22
翻译	4.72	4.81	4.71	4.76	4.72	4.71
感染性疾病	0.47	0.50	0.48	0.49	0.49	0.52
根部						
氨基酸代谢	15.67	14.35	15.22	14.49	14.62	15.11
其他次级代谢产物的生物合成	1.27	1.29	1.25	1.29	1.29	1.26
碳水化合物代谢	16.79	16.01	16.72	15.84	16.16	16.08
能量代谢	9.05	10.59	8.91	10.60	10.20	9.88
聚糖生物合成与代谢	1.61	1.72	1.75	1.70	1.72	1.64

6 猪场废水灌溉对土壤微生物、抗生素及抗性基因影响研究

（续表）

	S	SB	SR	SRB	SP	SPB
脂质代谢	4.86	4.34	4.67	4.39	4.48	4.66
辅助因子和维生素的代谢	7.61	8.87	7.55	8.96	8.59	8.29
其他氨基酸的代谢	3.32	3.07	3.34	3.12	3.14	3.25
萜类化合物和聚酮化合物的代谢	3.07	2.87	2.97	2.95	2.94	3.02
核苷酸代谢	5.25	5.69	5.25	5.60	5.62	5.45
外源生物降解与代谢	6.35	5.18	5.97	5.25	5.40	5.77
细胞运动	1.54	0.91	1.61	0.95	1.06	1.20
细胞生长与死亡	0.87	0.95	0.81	0.93	0.94	0.92
膜运输	8.09	7.69	9.25	7.68	7.71	7.70
信号转导	3.12	3.10	3.38	3.24	3.11	3.24
折叠、分类和降解	2.18	2.55	2.18	2.52	2.47	2.39
复制和修复	4.14	4.56	4.02	4.38	4.49	4.33
转录	0.22	0.28	0.22	0.27	0.27	0.25
翻译	4.29	5.11	4.17	4.91	4.95	4.71
感染性疾病	0.69	0.90	0.75	0.95	0.85	0.84

利用STAMP软件分析Level 3水平各代谢通路在不同处理间的差异性，发现不同水源的灌溉及生物质炭的添加均可对代谢通路产生影响（图6-4）。根际土中，养殖废水灌溉较蒸馏水灌溉可显著增加与氮相关的通路——"甘氨酸-丝氨酸-苏氨酸代谢"和"托烷-哌啶-吡啶生物碱的生物合成"，但是再生水灌溉较蒸馏水灌溉可显著增加与病原菌相关的通路——"霍乱弧菌感染""霍乱弧菌致病循环""致病性大肠杆菌感染""痢疾和百日咳"。生物质炭可降低再生水灌溉下"霍乱弧菌感染"和"阿特拉津降解"（与除草剂降解相关），增加"吲哚生物碱生物合成"。而生物质炭对养殖废水灌溉下代谢通路的影响较大，降低了"丁酸代谢""硝基甲苯降解""脂肪酸代谢""二噁英降解"，表明

生物质炭的添加可能会降低根际孔隙水中这些物质的含量。此外，还增加了与氮相关的通路——"精氨酸和脯氨酸代谢""甘氨酸-丝氨酸-苏氨酸代谢""嘧啶代谢""氮代谢"、"嘌呤代谢"和"D-谷氨酰胺和D-谷氨酸代谢"，以及其他通路——"金黄色葡萄球菌感染""霍乱弧菌感染""霍乱弧菌致病循环"和"百日咳"。

非根际土中，养殖废水较蒸馏水灌溉可增加"甘氨酸-丝氨酸-苏氨酸代谢"和"细菌分泌系统"，降低"氰基氨基酸代谢"和"12、14和16元大环内酯的生物合成"。但是再生水较蒸馏水灌溉仅增加了"安莎类抗生素的生物合成"。生物质炭对养殖废水灌溉下代谢通路的影响较大，降低了"柠檬酸循环"和"Ⅱ型聚酮主链的生物合成"，增加了"上皮细胞的细菌入侵""叶酸生物合成""烟酸和烟酰胺代谢""四环素生物合成""霍乱弧菌致病循环"和"泛醌和其他萜醌生物合成"。作物根部，养殖废水较蒸馏水灌溉可增加"嘧啶代谢"，而再生水较蒸馏水灌溉则未影响任何一种代谢通路。生物质炭可减少养殖废水灌溉下部分代谢通路——"鞘脂代谢""糖胺聚糖降解""其他聚糖降解""鞘糖脂生物合成"和"硒化合物代谢"，可减少再生水灌溉下部分代谢通路——"D-丙氨酸代谢""硒化合物代谢"和"糖胺聚糖降解"。

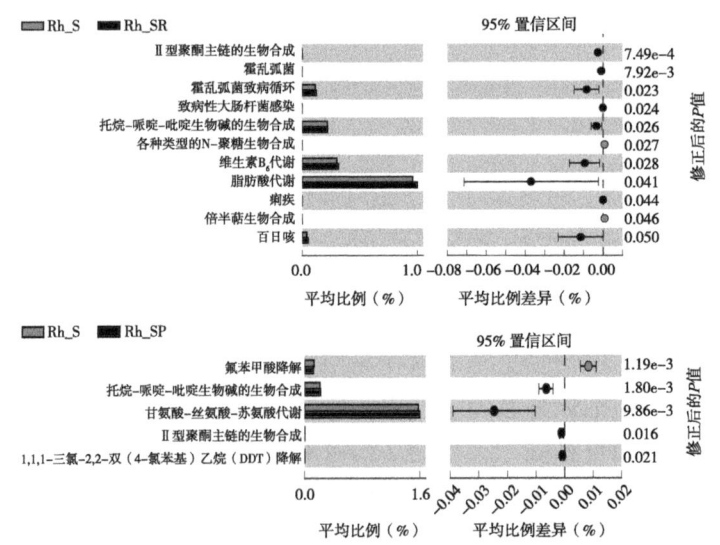

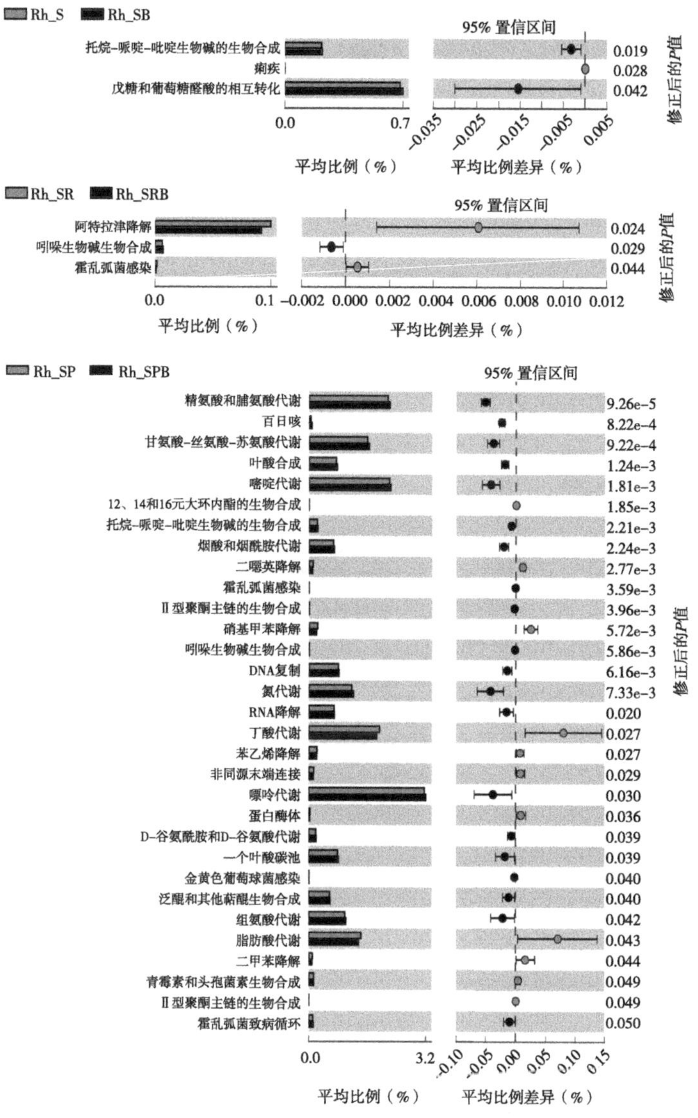

6 猪场废水灌溉对土壤微生物、抗生素及抗性基因影响研究

（A）根际土

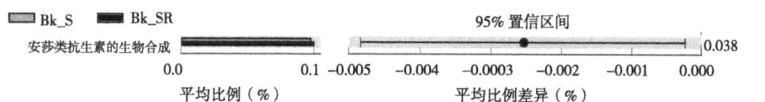

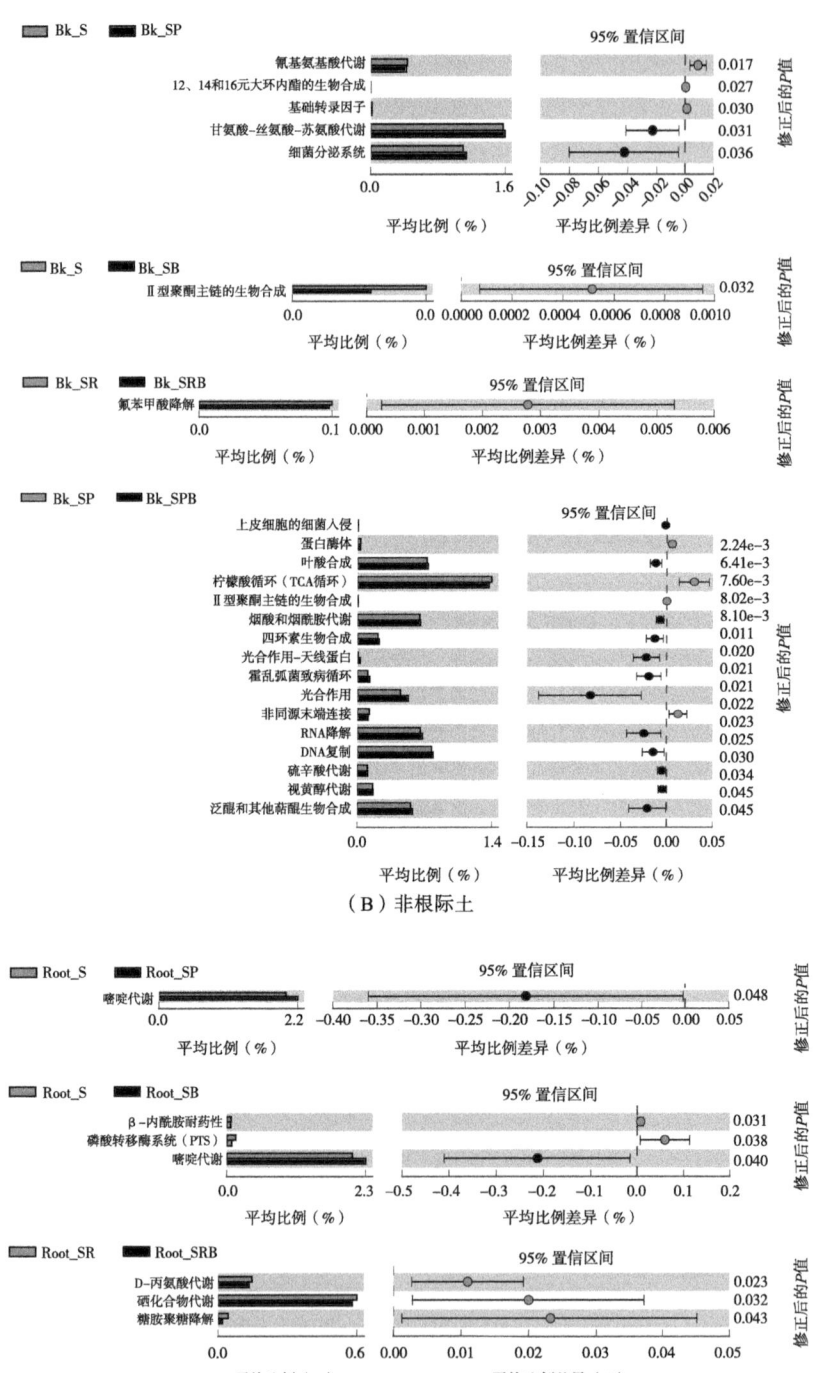

（B）非根际土

6 猪场废水灌溉对土壤微生物、抗生素及抗性基因影响研究

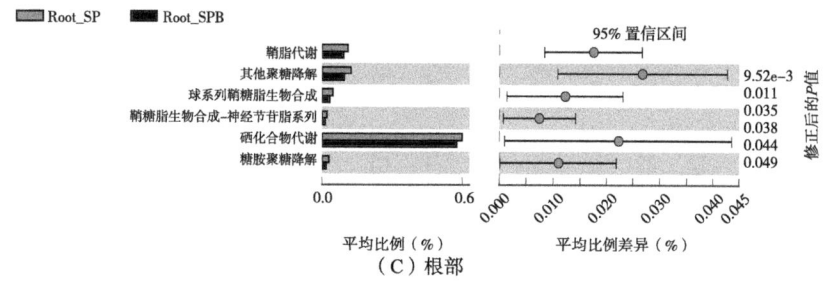

图6-4 根际土（A）、非根际土（B）、作物根部（C）KEGG代谢通路差异性分析

6.2.5 环境指标与微生物群落结构之间的关系

Mantel和Pearson分析结果证实土壤理化性质与微生物群落结构存在良好相关性（表6-14和表6-15）。根际土中微生物群落结构与pH值（R_M=0.629，P=0.001）、有效磷（R_M=0.711，P=0.001）、速效钾（R_M=0.265，P=0.012）、镁（R_M=0.568，P=0.001）显著相关；非根际土中微生物群落结构与pH值（R_M=0.581，P=0.001）、全氮（R_M=0.253，P=0.018）、有效磷（R_M=0.742，P=0.001）显著相关。与本研究结果一致的是，Wang等（2018）研究指出pH值和有效磷是土壤中微生物群落结构改变的主要驱动因子。此外，作物根部微生物群落结构仅与全氮（R_M=0.323，P=0.015）相关。同样地，在门水平揭示微生物与环境指标的相互作用时发现部分细菌门和土壤—作物系统理化性质密切相关。其中，土壤中放线菌门、厚壁菌门、绿弯菌门、芽单胞菌门、硝化螺旋菌门、单糖菌门与pH值、全氮、碱解氮、有效磷、速效钾、有机质和镁显著相关；作物根部放线菌门、厚壁菌门分别与镁、钙显著相关。

表6-14 微生物群落结构与土壤理化性质的Mantel test分析

		pH值	全氮	全磷	全钾	碱解氮	有效磷	速效钾	有机质	钙	镁
根际土	R_M	0.629	0.164	−0.060	0.044	−0.041	0.711	0.265	0.177	−0.104	0.568
	P	0.001	0.056	0.485	0.629	0.676	0.001	0.012	0.054	0.265	0.001
非根际土	R_M	0.581	0.253	−0.015	0.068	0.062	0.742	0.077	0.045	−0.663	−0.002
	P	0.001	0.018	0.870	0.528	0.556	0.001	0.263	0.622	0.572	0.990
根部	R_M	—	0.323	−0.030	−0.151	—	—	—	—	−0.051	−0.105
	P		0.015	0.773	0.213					0.723	0.449

表6-15 优势细菌门与土壤理化性质的Pearson相关性

	pH值	全氮	全磷	全钾	碱解氮	有效磷	速效钾	有机质	钙	镁
根际土										
酸杆菌门	0.719	−0.611	−0.081	−0.133	−0.004	−0.618	−0.076	−0.35	0.165	−0.55
放线菌门	0.225	−0.422	0.015	0.011	−0.056	−0.334	−0.676	−0.247	0.013	−0.394
拟杆菌门	−0.586	0.806	0.174	0.243	0.186	0.711	0.741	0.628	−0.072	0.765
绿弯菌门	0.33	−0.291	0.145	0.096	0.399	−0.062	0.093	0.312	0.489	0.081
蓝细菌门	0.536	−0.288	0.316	0.308	0.026	−0.717	−0.42	−0.424	−0.08	−0.715
厚壁菌门	−0.949**	0.442	−0.501	−0.533	−0.302	0.854*	0.153	0.137	−0.116	0.722
芽单胞菌门	0.557	−0.352	0.435	0.192	0.578	−0.583	−0.045	−0.175	0.762	−0.392
硝化螺旋菌门	0.186	−0.433	−0.364	−0.261	−0.163	0.094	−0.132	0.165	−0.049	0.071
浮霉菌门	0.472	−0.346	−0.112	0.017	−0.106	−0.224	0.047	0.057	−0.167	−0.2
变形菌门	−0.432	0.414	−0.286	−0.215	−0.455	0.269	0.232	−0.186	−0.534	0.14
螺旋体菌门	−0.552	0.503	0.138	0.103	0.031	0.337	0.017	0.073	−0.059	0.287
疣微菌门	0.476	−0.864*	−0.622	−0.528	−0.752	−0.606	−0.862*	−0.8	−0.531	−0.816*

6 猪场废水灌溉对土壤微生物、抗生素及抗性基因影响研究

（续表）

	pH值	全氮	全磷	全钾	碱解氮	有效磷	速效钾	有机质	钙	镁
非根际土										
酸杆菌门	0.77	-0.492	0.281	0.583	0.038	-0.655	-0.197	-0.227	0.335	0.351
放线菌门	0.576	-0.912*	0.371	-0.401	-0.645	-0.604	-0.882*	-0.929**	0.242	0.858*
拟杆菌门	-0.479	0.875*	-0.31	0.192	0.648	0.481	0.764	0.803	-0.122	-0.649
绿弯菌门	0.684	-0.685	0.615	-0.169	-0.447	-0.582	-0.830*	-0.806	0.213	0.707
蓝细菌门	-0.049	0.34	-0.621	0.496	0.062	0.018	0.645	0.542	-0.669	-0.818*
厚壁菌门	-0.994**	0.691	-0.173	-0.172	0.218	0.980**	0.421	0.532	-0.254	-0.61
芽单胞菌门	0.556	-0.918**	0.346	-0.373	-0.685	-0.581	-0.872*	-0.921**	0.176	0.801
硝化螺旋菌门	0.452	-0.782	0.409	-0.669	-0.743	-0.484	-0.966**	-0.989**	0.069	0.801
浮霉菌门	0.708	-0.311	0.587	0.359	0.071	-0.52	-0.373	-0.316	0.335	0.401
变形菌门	-0.836*	0.638	-0.45	-0.286	0.176	0.722	0.506	0.522	-0.323	-0.569
螺旋体菌门	-0.248	0.739	-0.006	0.761	0.862*	0.392	0.763	0.862*	0.189	-0.578
疣微菌门	0.519	0.196	-0.118	0.462	0.258	-0.453	0.309	0.249	-0.185	-0.266

（续表）

	pH值	全氮	全磷	全钾	碱解氮	有效磷	速效钾	有机质	钙	镁
根部										
放线菌门		-0.345	-0.338	-0.604					-0.222	-0.822*
拟杆菌门		-0.106	-0.249	-0.424					0.417	-0.385
绿弯菌门		-0.422	-0.135	-0.211					-0.246	-0.618
蓝细菌门		0.363	0.629	0.527					0.166	0.636
厚壁菌门		0.693	0.56	-0.276					0.875*	-0.126
变形菌门		-0.246	-0.553	-0.324					-0.155	-0.327
螺旋体菌门		-0.523	-0.33	-0.308					-0.475	-0.759
疣微菌门		-0.563	-0.147	0.262					-0.385	-0.176

6.2.6 小结

采用16S rRNA高通量测序技术分析生物质炭对养殖废水/再生水灌溉下根际土、非根际土、玉米根部微生物群落结构的影响，并预测其微生物生态功能差异。主要结论如下。

（1）根部的微生物群落结构与土壤的微生物群落结构存在显著差异。

（2）不同水源灌溉可显著影响微生物组成，而生物质炭对其无显著影响，且养殖废水灌溉下生物标志物（biomarker）和显著变化的代谢通路最为明显。

（3）针对致病菌及根际促生菌，灌溉条件下生物质炭的使用应慎重。

（4）pH值和有效磷是根际土、非根际土微生物群落结构改变的主要驱动因子。

6.3 对新兴病原菌的影响

在微生物安全性方面，目前评价上述两种水源的指标主要集中在粪便污染指示菌。研究表明再生水灌溉次数、灌溉方式、灌溉水平、灌溉水质均会影响土壤及作物体内大肠杆菌、粪肠球菌的检出（Sacks et al., 2011; Libutti et al., 2018; Yin et al., 2018; 韩洋等, 2018, 2019）；养殖废水灌溉土壤中这两种病原菌主要富集在表层和中层，作物（如生菜及油菜）表面也可检出粪大肠菌群（Baumgartner et al., 2007; 张月, 2014; 何良英, 2016）。但这些指示菌大多是非致病性的，有研究指出这一指标并不能完全表征生物学上的安全性，应掌握再生水及养殖废水灌溉下土壤及作物体内新兴典型条件病原菌的检出量，从而更好地了解其农田回用微生物安全性（Chen et al., 2013b）。已有研究表明，再生水灌溉下生菜、小白菜根际土嗜水气单胞菌、弓形杆菌、蜡样芽孢杆菌、大肠杆菌、分枝杆菌的检出量与清水灌溉无显著差异（Cui et al., 2015; Yang et al., 2015），但辣椒根际土丁香假单胞菌、嗜低温弓形杆菌的检出量显著高于清水灌溉处理（崔丙健等, 2019）。猪场废水灌溉也被证实是土壤中条件致病菌的重要来源（何良英, 2016）。但作物等量再生水及养殖废水灌溉条件下其微生物安全性还有待研究。目前生物质炭对非常规水源灌溉下土壤—作物体系中无机污染物（重金属）、有机污染物（抗生素、抗生素抗性基因）、微生物群落结构的影响已有研究（Cui et al., 2018, 2019），而对病原菌的研究尚不够深入。因此，本研究采用实时荧光定量PCR技术，研究生物质炭对再生水及养殖废水灌溉条件下土壤及作物体内病原菌的影响效果，旨在揭示非常规水源灌溉下生物质炭的调控效果。

6.3.1 生物质炭及非常规水源灌溉对根际土中病原菌检出量的影响

从图6-5可以看出，土壤病原菌的分布在30d与60d有显著区别（Adonis, $F=15.87$, $R^2=0.42$, $P=0.001$），不同阶段的根际土与非根际土均被显著区分开来（30d：$F=2.91$, $R^2=0.23$, $P=0.033$；60d：$F=22.70$, $R^2=0.69$, $P=0.001$）。

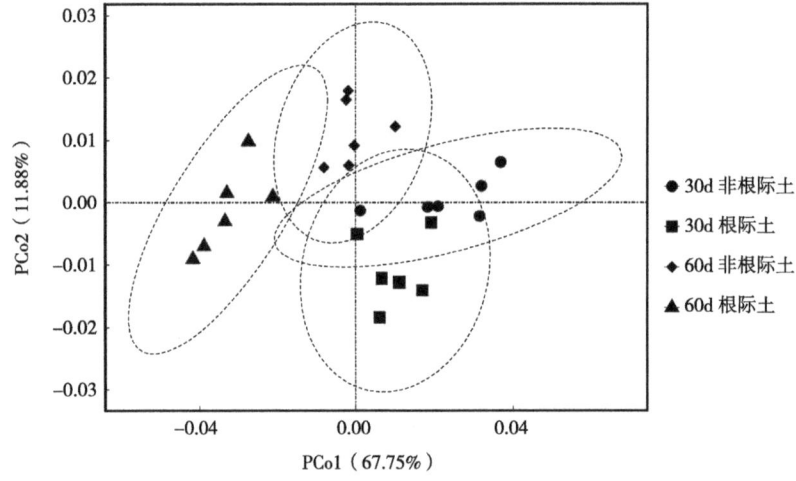

图6-5 土壤病原菌PCoA

由表6-16及图6-6可知，病原菌在再生水及养殖废水中均有检出，在其灌溉后的土壤中也均有检出。与蒸馏水灌溉60d后的土壤病原菌相比，再生水灌溉下病原菌变化为-0.74~-0.17个数量级，养殖废水灌溉下为-0.14~-0.60个数量级。总体来说，虽然养殖废水中病原菌检出量比再生水中高0.86~1.90个数量级，但进行等量农田灌溉后，其土壤中的差值仅为0.07~0.94个数量级，表明非常规水源农田灌溉时病原菌在土壤中不能全部存活，且养殖废水灌溉下其存活能力强于再生水灌溉。此外，灌溉60d后

6 猪场废水灌溉对土壤微生物、抗生素及抗性基因影响研究

土壤中各病原菌检出量理论上要比灌溉30d的高出0.30个数量级，但实际研究发现，60d根际土布氏弓形杆菌检出量均比30d灌溉下高（增加值个别高于0.30个数量级），但非根际土呈现相反现象；60d灌溉土壤中嗜水气单胞菌、大肠杆菌检出量较30d灌溉个别增加，个别减少；蜡样芽孢杆菌、肺炎克雷伯菌、丁香假单胞菌、金黄色葡萄球菌、大肠菌群检出量大体上随灌溉时间而增加，除丁香假单胞菌的增加量高于0.30个数量级外，其他病原菌的增加量均低于0.30个数量级。研究还发现，布氏弓形杆菌在灌溉30d土壤中的分布是根际土<非根际土，在灌溉60d后是根际土>非根际土；而嗜水气单胞菌、蜡样芽孢杆菌、大肠杆菌、肺炎克雷伯菌、丁香假单胞菌、金黄色葡萄球菌、大肠菌群在灌溉30d及60d土壤中的分布是根际土>非根际土。

生物质炭添加后再生水、养殖废水灌溉下根际土病原菌变化范围分别为-0.45~-0.35、-0.39~-0.14个数量级（图6-6）。此外，生物质炭对非常规水源灌溉下不同时间段样品中病原菌的影响不完全一致，对根际土和非根际土的影响也不完全一致。在30d的根际土中，不同水源灌溉和生物质炭添加对肺炎克雷伯菌无显著影响。而灌溉水源、生物质炭、灌溉水源与生物质炭的交互作用可显著影响布氏弓形杆菌、嗜水气单胞菌、蜡样芽孢杆菌、大肠杆菌的检出量，其中非常规水源灌溉下土壤中蜡样芽孢杆菌、大肠杆菌的检出量趋势与水源中一致；生物质炭的添加可减少布氏弓形杆菌、嗜水气单胞菌、蜡样芽孢杆菌的检出量，却增加大肠杆菌的检出量。此外，灌溉水源、灌溉水源与生物质炭的交互作用可显著影响丁香假单胞菌、金黄色葡萄球菌、大肠菌群的检出量，且非常规水源灌溉下丁香假单胞菌、大肠菌群的检出量趋势与水源中一致（表6-16）。

在60d的根际土中，布氏弓形杆菌、嗜水气单胞菌、蜡样芽孢杆菌对不同水源灌溉及生物质炭添加无显著响应。大肠杆菌仅对灌溉水源及生物质炭的交互作用产生显著响应，无生物质炭添加时，再生水灌溉降低其检出量，而养殖废水灌溉则增加其检出量；生物质炭添加后，再生水与养殖废水灌溉均增加其检出量。肺炎克雷伯菌对灌溉水源、生物质炭产生显著响应，且非常规水源灌溉及生物质炭添加均可降低其检出量。丁香假单胞菌对灌溉水源、生物质炭、灌溉水源与生物质炭的交互作用产生显著响应，与肺炎克雷伯菌不同的是，非常规水源灌溉及生物质炭的添加均可增加其检出量。金黄色葡萄球菌对灌溉水源、灌溉水源及生物质炭的交互作

用产生显著响应，其行为与大肠杆菌一致。大肠菌群仅对不同水源灌溉产生显著响应，且养殖废水灌溉下其检出量高于再生水灌溉，这与水源中检出量趋势一致（表6-16）。

6.3.2 生物质炭对非常规水源灌溉下非根际土中病原菌检出量的影响

生物质炭对再生水、养殖废水灌溉下非根际土病原菌的影响差于根际土，其值分别为-0.35~-0.32、-0.35~-0.25个数量级（图6-6）。但与根际土类似，生物质炭对土壤病原菌的影响效果因灌溉水源、灌溉时间而改变。在30d的非根际土中，除布氏弓形杆菌、肺炎克雷伯菌外，不同水源灌溉及生物质炭添加可不同程度的影响其他病原菌的检出量。如灌溉水源、生物质炭、灌溉水源与生物质炭的交互作用可显著影响嗜水气单胞菌、蜡样芽孢杆菌的检出量，这在其根际土中也发现此现象；灌溉水源可显著影响大肠杆菌、丁香假单胞菌、大肠菌群检出量，且病原菌检出趋势与水源中检出趋势一致；灌溉水源、灌溉水源与生物质炭的交互作用可显著影响金黄色葡萄球菌的检出量（表6-16）。

在60d的非根际土中，蜡样芽孢杆菌、肺炎克雷伯菌、金黄色葡萄球菌的检出量不因灌溉水源的不同和生物质炭的添加而改变。布氏弓形杆菌检出量因灌溉水源、生物质炭、灌溉水源及生物质炭的交互作用而显著改变，但这一现象并未在其根际样品中观察到。嗜水气单胞菌仅受灌溉水源的影响，且养殖废水灌溉下的检出量略高于再生水灌溉。大肠杆菌仅受灌溉水源与生物质炭交互作用的影响。丁香假单胞菌受灌溉水源、生物质炭的影响，但再生水、养殖废水灌溉对其影响不同，前者降低其检出量，后者却增加其检出量。大肠菌群受生物质炭、灌溉水源与生物质炭交互作用的影响，且生物质炭的添加不同程度地增加了其检出量（表6-16）。

6 猪场废水灌溉对土壤微生物、抗生素及抗性基因影响研究

表6-16 灌溉水源及生物炭炭对土壤病原菌的影响

类别	项目	布氏弓形杆菌	嗜水气单胞菌	蜡样芽孢杆菌	大肠杆菌	肺炎克雷伯菌	丁香假单胞菌	金黄色葡萄球菌	大肠菌群
30d根际土	水源灌溉	6.331*	12.268***	7.623**	22.361***	3.724	19.645***	5.023*	27.634***
	生物质炭	35.465***	244.446***	9.977**	31.367***	3.254	0.243	0.618	2.274
	交互作用	7.986**	214.446***	18.423***	7.398**	1.584	32.527***	11.543***	22.256***
60d根际土	水源灌溉	2.342	2.158	2.440	4.307	17.741***	37.402***	12.451***	11.242***
	生物质炭	4.228	1.049	0.245	0.278	20.588***	42.506***	2.892	0.084
	交互作用	1.071	0.730	0.742	12.224***	3.333	9.264**	13.448***	2.754
30d非根际土	水源灌溉	0.775	65.776***	37.939***	4.028*	0.877	13.178***	17.080***	7.151**
	生物质炭	1.347	549.327***	20.222***	3.727	0.857	0.201	0.281	2.854
	交互作用	0.236	66.798***	35.160***	2.258	0.321	1.035	15.717***	2.219
60d非根际土	水源灌溉	7.749***	5.189*	3.445	0.700	0.475	81.925***	0.151	0.978
	生物质炭	60.247***	0.213	2.116	0.363	1.163	57.878***	0.368	4.751*
	交互作用	6.762*	0.284	2.690	7.218**	0.049	0.658	0.681	9.515**

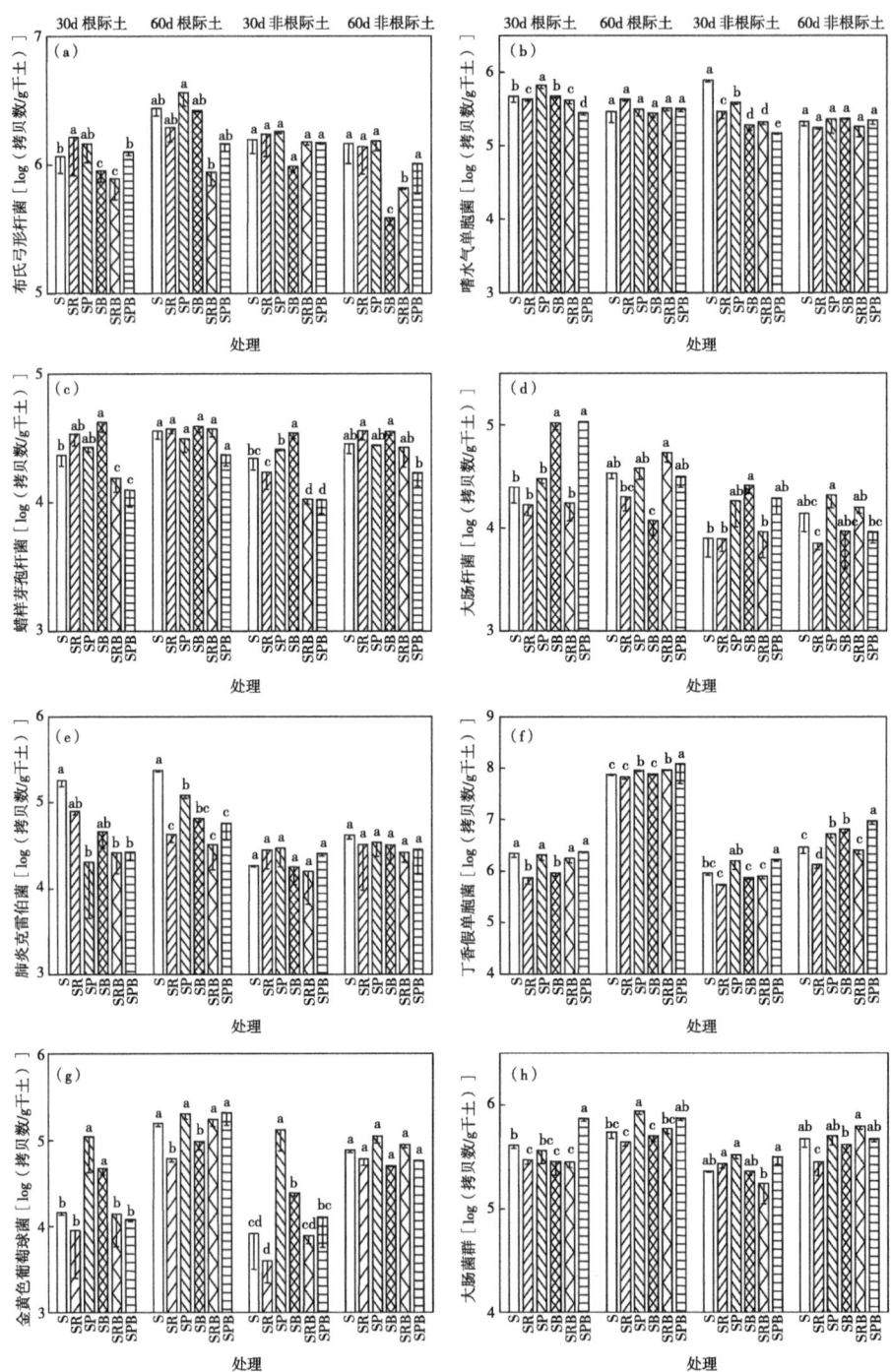

图6-6 不同处理条件下土壤中病原菌的检出量

6.3.3 非常规水源灌溉条件下作物根部病原菌检出量对生物质炭的响应

由图6-7可知，再生水、养殖废水灌溉可使根部大部分病原菌检出量增加，其幅度分别为0.06~1.17个数量级、0.30~2.20个数量级。生物质炭也增加了根部大部分病原菌检出量，且对再生水、养殖废水灌溉下的增加幅度分别为0.16~0.60个数量级、0.02~1.08个数量级。

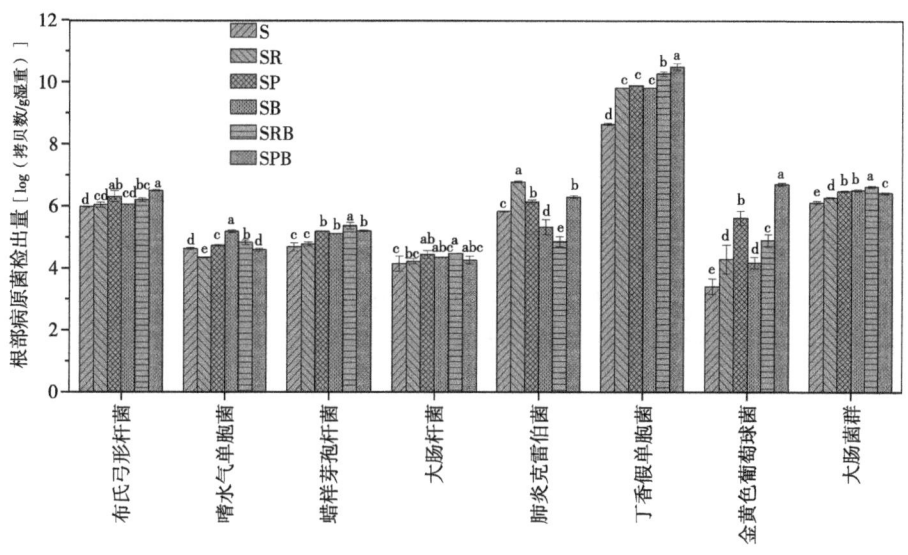

图6-7 玉米根部病原菌

进一步分析可知，不同水源灌溉、生物质炭添加可显著影响布氏弓形杆菌、金黄色葡萄球菌检出量，养殖废水灌溉下其增加幅度高于再生水灌溉，而且生物质炭的添加又进一步增加了其检出量。灌溉水源、生物质炭、灌溉水源与生物质炭的交互作用可显著影响嗜水气单胞菌、蜡样芽孢杆菌、肺炎克雷伯菌、丁香假单胞菌、大肠菌群检出量，其中嗜水气单胞菌、蜡样芽孢杆菌、大肠菌群检出量在无生物质炭添加时，养殖废水灌溉下的检出量高于再生水灌溉，生物质炭添加后这一现象则相反；肺炎克雷伯菌检出量的变化与上述的这3种病原菌完全相反；丁香假单胞菌的检出量在生物质炭添加与否情况下均为养殖废水灌溉高于再生水灌溉（表6-17）。

表6-17 灌溉水源及生物质炭对根部病原菌的影响

项目	布氏弓形杆菌	嗜水气单胞菌	蜡样芽孢杆菌	大肠杆菌	肺炎克雷伯菌	丁香假单胞菌	金黄色葡萄球菌	大肠菌群
水源灌溉	24.463***	75.331***	21.570***	1.427	40.728***	563.811***	126.649***	34.434***
生物质炭	8.378*	188.889***	90.451***	2.654	167.579***	871.943***	44.223***	187.868***
交互作用	0.341	104.398***	22.190***	5.849*	110.206***	77.220***	1.188	82.428***

6.3.4 非常规水源灌溉影响土壤—作物系统中病原菌差异性的原因

布氏弓形杆菌作为食物链中新兴的病原菌，已在土壤、自然水体、海洋和污水处理厂中被广泛检出，是一种人畜共患病的食源性和水源性病原菌，与人类胃肠炎和菌血症有关（Ferreir et al., 2019）。本研究发现，再生水灌溉可增加土壤中布氏弓形杆菌检出量，但作用效果随灌溉时间的延长而减弱，同时对玉米根部的检出量无显著影响。崔丙健等（2019）研究则发现再生水灌溉未影响辣椒根际土其检出量，但可显著增加辣椒果实中其检出量。这种不同结果的产生可能与作物种类和灌水水平相关。

嗜水气单胞菌作为环境水体和土壤中常见的条件病原菌，能够引起人类和低等脊椎动物（包括两栖类、爬行类、鱼类）的感染，引发食物中毒、介水传染病、感染性腹泻、继发感染、败血症，是一种典型的人—兽—鱼共患病病原（杨守明和王民生，2006；叶彩燕，2018）。已有研究表明再生水灌溉对土壤中其检出量无显著影响，且根际土与非根际土无显著性差异（Yang et al., 2015）。但在本研究中，再生水灌溉下根际土检出量显著高于非根际土，这主要与土壤类型、再生水水质、作物类型相关。

蜡样芽孢杆菌是一种食源性条件致病菌，广泛存在于土壤、灰尘、水、空气、动物肠道中，其所致中毒症状主要表现为腹泻和呕吐，引起的食物中毒事件往往比较严重（张明明等，2019）。在土壤—作物系统中其分布是根部>根际土>非根际土。Cui等（2015）研究中还发现再生水

6 猪场废水灌溉对土壤微生物、抗生素及抗性基因影响研究

灌溉下叶际蜡样芽孢杆菌检出量低于根际土,这是因为根系分泌物提供的营养物质可供蜡样芽孢杆菌生存繁殖,而存活于叶际表面的微生物营养贫瘠,并受环境条件(紫外线、温度、湿度等)影响较大。

大肠杆菌一般认为是人和动物肠道内的正常菌群,大多数不具有致病性,但某些血清型的大肠杆菌具有相当强的毒力(致病因子:黏附素、外毒素和肠毒素),容易引发腹泻、发热和呕吐等疾病,是一种食源性病原菌(Yang et al., 2015)。本研究中大肠杆菌在土壤—作物系统中的分布是根际土>玉米根部>非根际土,而Yang等(2015)研究发现再生水灌溉条件下其分布是小白菜叶际>根际土>非根际土,这是因为病原菌易在根际土和叶际定植,而且大肠杆菌较易通过再生水灌溉进入土壤中,再经气孔、根部的吸收与迁移进入作物叶片并定植(Solomon et al., 2002)。此外,土柱模拟试验中再生水灌溉可显著增加表层土大肠杆菌、大肠菌群数量(韩洋等,2019),但在本研究的根箱试验中并未发现这一现象,这可能与土壤类型、灌溉水平及灌溉时间相关。随着灌溉时间的延长,大肠菌群在土壤中的检出量显著增加,这与土柱试验中土壤表层耐热大肠菌群检出量随再生水灌溉时间的延长而降低有所不同(韩洋等,2018),可能是本研究中再生水不断灌溉土壤给大肠菌群的生长提供了更为有利的生长环境;与郭德杰等(2014)研究发现沼液施用后大肠菌群检出量略有增加,之后又显著降低也有所不同,可能是沼液施用一段时间后引入土壤中的大肠菌群因缺少有利的生长环境而不断消亡。

肺炎克雷伯菌属于肠杆菌科克雷伯菌属,是一种重要的条件性致病菌,广泛存在于自然环境中,也存在于人与动物呼吸道、泌尿生殖道及肠道中,能引起多种动物和人类感染发病,主要引起肺炎、脑膜炎、肝脓肿、眼内炎、伤口感染、泌尿系统发炎和全身败血症等(Fang et al., 2005)。与已有研究结果类似(崔丙健等,2019),本研究中再生水灌溉可使根际土肺炎克雷伯菌检出量下降,且其效果随灌溉时间的延长而增强。

丁香假单胞菌广泛存在于自然界中,如大气、土壤、水体及植物叶面等,其不会引起人体的任何疾病,但是可侵染豆科、十字花科、茄科、蔷薇科等300多种经济作物,引发的植物病害发生率居十大细菌性植物病害之首(王丹丹和王清明,2017)。但不同于崔丙健等(2019)的研究

结果，本研究中再生水灌溉降低了根际土中的检出量，但作用效果随灌溉时间的延长而减弱。

金黄色葡萄球菌是人类及动物的一种重要条件性致病菌，在空气及污水中均有检出，可导致机体多种组织和器官感染，尤其是耐甲氧西林金黄色葡萄球菌（MRSA），具有致病性强、传播途径广、耐药性强的特点，是导致医院感染的主要因素（Smeltzer，2016）。再生水灌溉可使土壤中其检出量降低，而养殖废水灌溉则增加。这可能是因为再生水灌溉条件下玉米根系分泌物能抑制金黄色葡萄球菌的生长（赵兰凤，2016）。

6.3.5 生物质炭影响病原菌变化的成因

在不同时间阶段、不同土壤样品中，生物质炭对非常规水源灌溉下土壤病原菌的影响不完全一致。与其他污染物类似，生物质炭对再生水、养殖废水灌溉下土壤中病原菌的不同影响可能也与土壤理化性质、微生物群落结构相关（Cui et al.，2018；Cui et al.，2019）。值得注意的是，生物质炭对再生水灌溉土壤布氏弓形杆菌的降低效果优于养殖废水灌溉，而对嗜水气单胞菌、蜡样芽孢杆菌的降低效果则相反。此外，生物质炭对不同灌溉时间土壤病原菌的不同影响可能与生物质炭老化相关，在生物质炭老化过程中有机碳组分逐步发生转化，代谢能力发生改变，如对碳水化合物的代谢能力减弱，对外源化合物代谢能力增强（Sun et al.，2016）。生物质炭对根际土、非根际土病原菌的不同影响与特殊的根际环境相关，且根际环境的根系分泌物、边缘细胞和黏液等可调节微生物活性和群落多样性（Berg et al.，2005；Cui et al.，2015）。生物质炭对不同种类病原菌影响不同，其促进了大部分病原菌的生长，这是因为生物质炭增加了土壤的孔隙度，提高了土壤的保肥能力，其多孔结构为部分微生物的生长繁殖提供了良好的环境（韩锐等，2016）；生物质炭还可额外提供微生物繁殖所需的碳氮，其中的可溶性碳、易氧化碳及部分矿物质可促进部分微生物的生长繁殖（乌英嘎等，2014）。但生物质炭还降低了土壤部分病原菌的检出量，这可能是因为生物质炭中含有的有害物质（乙烯、高盐类物质、重金属等）可抑制部分微生物的生长（乌英嘎等，2014）；生物质炭可打破病原菌与益生菌的平衡状态，增加了与病原菌相应的益生菌的检出

6 猪场废水灌溉对土壤微生物、抗生素及抗性基因影响研究

量,进而抑制病原菌的繁殖(倪国荣,2013)。

研究还发现,灌溉前期,灌溉水源、生物质炭、灌溉水源及生物质炭交互作用可显著影响根际土布氏弓形杆菌检出量,而灌溉后期,则显著影响非根际土。这可能是因为根箱试验中玉米在前期的生长速度较快,根际分泌物量较大,可为病原菌繁殖提供较多的营养物质。对于嗜水气单胞菌、蜡样芽孢杆菌,灌溉前期,灌溉水源、生物质炭、灌溉水源及生物质炭交互作用对根际土、非根际土有显著效应,而灌溉后期则无显著效应,表明不同水源灌溉及生物质炭的添加不会产生持续效应。对于其他种类病原菌,不同水源灌溉及生物质炭的添加可不同程度的影响不同阶段根际土与非根际土中的检出量,而且根际土病原菌相较于非根际土与灌溉水源、生物质炭具有更强的相关性,这可能是因为灌溉水源及生物质炭更易影响根际土的微生物群落结构及多样性(Cui et al., 2018; Cui et al., 2019)。

此外,生物质炭的添加可增加根部大部分病原菌的检出量,对作物生长造成影响,这已通过作物生物量得到证实(Cui et al., 2018)。值得关注的是,生物质炭显著增加了非常规水源灌溉下根部丁香假单胞菌、金黄色葡萄球菌的检出量,大大增加了植物病害及人体健康风险,且生物质炭对金黄色葡萄球菌的增加幅度最大,因此不建议用1%的小麦秸秆生物质炭控制玉米根部金黄色葡萄球菌的检出量。

6.3.6 小结

再生水、养殖废水作为替补水源缓解地下水短缺现状时,其所含的病原菌可随灌溉进入土壤及作物体内,对人类健康造成潜在威胁。生物质炭作为常用的土壤改良剂,被用来研究再生水/养殖废水灌溉条件下其添加对根际土、非根际土及玉米根部病原菌赋存情况的影响。主要结论如下。

(1)非常规水源灌溉下土壤中部分病原菌的检出量与灌溉水源中的趋势一致,可使病原菌最高增加0.17个、0.60个数量级。

(2)灌溉水源、生物质炭、交互作用对根际土的影响强于非根际土,且作用效果随灌溉时间而改变。

(3)生物质炭未降低非常规水源灌溉下土壤中所有病原菌检出量,

其中对再生水灌溉影响范围为-0.45~-0.35个数量级，对养殖废水灌溉影响范围为-0.39~-0.25个数量级。

（4）生物质炭可增加再生水、养殖废水灌溉下玉米根部大部分病原菌的检出量，其幅度分别为0.16~0.60个、0.02~1.08个数量级。

6.4 对抗生素的影响

6.4.1 环境中抗生素污染及其危害

据报道，2013年中国总抗生素的生产量为24 800t，使用量为16 200t，其中52%为兽用抗生素（Zhang et al., 2015），包括四环素类（如四环素、土霉素、金霉素及强力霉素）；磺胺类（如磺胺甲噁唑、磺胺甲基嘧啶、甲氧苄胺啶药物）；喹诺酮类（如氧氟沙星、莫西沙星、环丙沙星、诺氟沙星、氯霉素）；大环内酯类（如红霉素、克拉霉素、罗红霉素、阿奇霉素、乙酰螺旋霉素）；β-内酰胺类（如青霉素类、头孢菌素类）；氨基糖苷类（如链霉素、庆大霉素、卡那霉素、西索米星）。我国医院门诊抗菌药物处方率为9.30%，以广谱抗菌药物为主（占比80%），其中β-内酰胺类、大环内酯类和喹诺酮类用量最大（Zhao et al., 2021）。兽用抗生素一般作为饲料添加剂使用，称为抗菌生长促进剂（AGP），就其作用而言，不仅可以保证动物的健康状态，保持良好的生产性能，而且还能限制病弱动物排泄的带菌粪便和分泌物内病原微生物的传播。但进入人体或动物体内的抗生素不会全部被吸收，有60%~90%的抗生素仍会以原形或代谢物的形式随尿液、粪肥等形式排出体外（Zhang et al., 2015）。

我国地域辽阔，地区差异大，抗生素用药习惯不尽相同，因此不同地区生活污水中抗生素的赋存与分布情况有所差别。一般来说，生活污水中抗生素浓度水平一般在ng/L至μg/L，但污水处理厂对抗生素这类新兴污染物的去除效果有限，故污水处理厂出水是环境中抗生素的重要排放源之一。广州市某生活污水中10种抗生素的赋存特征表明不同类型抗生素检出浓度为6.09ng/L至11.60μg/L，其中磺胺类抗生素中检出浓度较高的是磺胺甲噁唑，四环素类抗生素中的是四环素和土霉素，喹诺酮类抗生素中的是诺氟沙星和氧氟沙星，大环内酯类抗生素中的是红霉素代

6　猪场废水灌溉对土壤微生物、抗生素及抗性基因影响研究

谢产物脱水红霉素和克拉霉素（Chen et al., 2016a, 2016b）。兰州某生活污水处理厂进水中抗生素浓度为0.10~55.25μg/L，出水中抗生素浓度为0.06~9.78μg/L，其中磺胺类抗生素中的磺胺增效剂甲氧苄啶和磺胺甲基嘧啶、喹诺酮类抗生素的氧氟沙星和氯霉素检出量最高（高俊红等，2016）。此外，β-内酰胺类抗生素亦是污水处理厂进出水中较为常见的抗生素物质，浓度也能达到μg/L的级别（Watkinson et al., 2009）。国外生活污水中抗生素的检出浓度与国内类似。Dinh等（2017）对法国丰特奈莱布里伊某生活污水处理厂中抗生素含量进行了检测，发现进水抗生素浓度水平在6.00~1.70μg/L，出水在0.03~1.75μg/L，其中氟喹诺酮类抗生素检出量最高。虽然畜禽养殖业产生的废水含的寄生虫卵和病原菌经厌氧消化后可用于农田灌溉，实现种养循环利用，达到养殖粪污零排放。但废水中的抗生素排放至环境中，可破坏由不同种属的生物群类以食物链的形式组成的能够自我维持平衡的生态系统。

大多数抗生素都有非常广的抗菌谱，会杀死环境中某些种属和群类的微生物或抑制某些微生物的生长、繁衍，从而破坏环境的生态平衡。此外，长期暴露于低剂量抗生素环境中的微生物、植物、动物和人，将产生大量耐药细菌，会直接危害人类健康，具体如下。

（1）对环境中微生物造成影响。抗生素多为抗微生物药物，能直接杀死环境（水体和土壤等）中某些微生物或抑制其生长，影响环境中微生物群落的组成，影响粪便和土壤中有机质的腐烂和分解，影响土壤肥力。抗生素影响了环境微生物的数量和种类，同时降低了土壤微生物对其他污染物如重金属化合物、农药等的降解能力。

（2）对水生生物和昆虫造成影响。抗生素可对鱼类的酶活性、胚胎发育和免疫机能产生不良影响，此外，伊维菌素、阿维菌素在环境中的滞留，对周围昆虫具有强大的抑制或杀灭作用。

（3）对植物生长发育造成影响。随着污水处理厂出水排入河流中，河流中的抗生素浓度也有所升高，且抗生素检出规律为污水排放口>下游>上游。利用风险商评价模型（Risk quotient, RQ）对抗生素污染进行生态风险评价时发现，多数抗生素在污水排放口和排放河流中处于中风险和低风险，但红霉素对藻类具有高度和中度风险（Kortesmäki et al., 2020），磺胺甲噁唑对水生植物和藻类具有高度风险（Younes et al.,

2019）。此外，抗生素还可随人类或动物的粪尿和城市污水处理厂出水进入农田，对植物的生长发育产生影响，且该影响与抗生素化学性质、使用剂量、土壤吸附能力及植物的种类有关。

（4）对畜禽等食品动物和人类造成影响。畜禽等动物长期低剂量摄入抗生素，导致畜禽对抗生素产生耐药性，使得动物肠道内含有大量耐药菌，并降低动物对药物的敏感性，用药剂量不断上升。同时，抗生素在动物体内蓄积，致使动物食品肉、蛋、奶及内脏中产生抗生素残留。环境中的抗生素会在食物链生物中蓄积并沿食物链传递，如动物食品中的抗生素沿食物链传递到人，会引起人群过敏反应，严重时引起人群食物中毒。部分药物有致畸、致癌、致突变或有激素类的作用，严重干扰人体机能。

6.4.2 抗生素废水处理工艺及其农田灌溉对生态环境的影响

评估水土环境中抗生素来源及其归趋可发现，水体环境的抗生素主要来自城市污水处理厂出水，土壤环境的抗生素主要来源于养殖废水和城市污水处理厂出水的回灌。在自然环境中，不同种类抗生素的半衰期是不同的，有的抗生素易降解，但有的抗生素难降解，能够在环境中长期残留、蓄积，可能对环境中的生物体（尤其是微生物）产生潜在的毒害作用。因此，为降低抗生素潜在的生态环境风险和健康风险，研究水体及土壤中抗生素的消减迫在眉睫。水体环境中，氯消毒对抗生素的去除效果优于紫外消毒和砂滤。但值得注意的是，氯消毒过程中产生的有毒副产物（如三卤甲烷和卤乙酸）可对水道造成风险；紫外消毒因照射时间短、波长选择有限、不同类型抗生素的光敏感度不同而不能使抗生素达到一致的去除效率；砂滤对抗生素的去除效果与物质的辛醇—水分配系数（Kow）有关，疏水性小（logKow<3）的磺胺嘧啶和磺胺甲噁唑去除效率低于50%，疏水性大（logKow>3）的红霉素去除效率高于80%（Nakadaa et al.，2007）。由此可见，上述工艺虽然可去除一定量的抗生素，但是各有弊端且运行成本较高。人工湿地可利用基质、植物截留吸附、微生物降解等作用来去除污染物，具有运行成本较低、二次污染少、管理简便的优势。因此，近年来学者们对人工湿地去除抗生素的研究越来越多。研究表明，基质可通过范德瓦尔斯力、电子相互作用、离子交换、表面络合等作用吸附抗生素。植物依靠主动传递和蒸腾作用吸收抗生素，经根—茎—叶途径运输后，可通过糖基化或与大分子结合转化为易被植物吸收利用的代谢产物，也可通过挥发代谢或矿化作用降解为CO_2和H_2O释放至空气中（Christofilopoulos et al., 2019）。不同类型人工湿地中，垂直潜流人工湿地去除抗生素效果最好（20%~100%，平均达80.44%），其次为水平潜流人工湿地（-46%~100%，平均达62.03%）、组合人工湿地（-41.97%~99.6%，平均达57.94%）、表面流人工湿地（-67%~100%，平均达50.93%）。同时，人工湿地去除抗生素时出现了负去除现象原因可能包括抗生素代谢转化回母体化合物；共轭代谢产物通过生物转化解偶联；抗生素在基质中吸附一段时间后的二次释放（Liu et al., 2019b）。因此，需要关注人工湿地去除抗生素过程中产生的代谢产物。

6.4.3　生物质炭影响抗生素去除的因素

对于因灌溉而造成的土壤抗生素累积现象，过程调控措施也极为重要，在土壤中添加廉价高效的吸附材料是最为可行的方案之一。研究表明，生物质炭具有较大的比表面积、高阳离子交换量和丰富的含氧功能团，使得生物质炭被认为是一种高效且廉价的吸附材料。但生物质炭吸附抗生素的效果不仅和生物质炭的性质（如表面积、表面电荷、孔径）相关，也和抗生素本身性质如疏水性及空间分子结构有关。此外，环境条件（如pH值和离子强度等）也会影响生物质炭对抗生素的吸附效果。

6.4.3.1　生物质炭的性质

由不同原料制成的生物质炭对抗生素的吸附效果是不一样的，比如硬木制成的生物质炭对抗生素的吸附效果要比软木制成的生物质炭吸附效果高10%~18%（Jeong et al., 2012）。研究表明，飞灰含量较高的生物质炭，其比表面积较大；微孔活性炭（直径<2nm）对小分子有机污染物如磺胺甲噁唑的吸附去除效果很好，但是以中孔（2~50nm）为主的人工合成活性碳或纳米碳管对相对较大的分子如四环素、泰乐菌素的去除效果好于前者，对于去除大分子有机污染物有更广泛的应用前景；生物质炭表面功能团中的羟基、羧基可能与吸附作用有关（Ji et al., 2010）。

同时，生物质炭的芳香性对吸附效果也有影响（Srinivasan & Sarmah，2015）。研究还发现当生物质炭的裂解温度从300℃增至700℃时，其对四环素的吸附效果从38%增至99%，对磺胺甲嘧啶的吸附效果从6%增至35%。这是由于高温条件下挥发性物质含量减少，导致孔径增大，且高温条件下制成的生物质炭其比表面积更大，带负电荷的靶位点更少使其疏水性增加，从而使得生物质炭对抗生素吸附效果更好（Rajapaksha et al., 2015）。综上所述，生物质炭对抗生素的吸附作用主要取决于木炭的表面积、孔径分布、飞灰含量、芳香性和表面官能团。

Jing等（2014）研究用甲醇改性的生物质炭对四环素的吸附效果，发现在吸附12h后，其对四环素的吸附效果比对照组高了45.6%。这是因为，当生物质炭用甲醇改性后，其含氧基团改变，影响了生物质炭和四环素之间的$\pi-\pi$电子作用，从而影响生物质炭对抗生素的吸附效果。Rajapaksha等（2015）研究改性生物质炭对磺胺甲嘧啶的吸附效果时，对同一温度下制成的生物质炭来说，用蒸汽改性后的生物质炭吸附效果比未活化的生物质炭高55%，这是因为蒸汽改性后的生物质炭比表面积和孔径增加了。同时，Vithanage等（2015）研究用硫酸和草酸改性的生物质炭对磺胺甲嘧啶的吸附效果，电镜扫描（SEM）结果表明，其对应的比表面积分别是改性前生物质炭的285倍和205倍，因此对抗生素的吸附效果会显著增强。此外，Liu等（2012）研究发现生物质炭经碱改性后，其比表面积要优于原始生物质炭和用酸改性过的生物质炭。故用碱改性后的生物质炭对四环素的吸附效果要优于原始生物质炭和用酸改性的生物质炭对四环素的吸附效果。

6.4.3.2 生物质炭的用量

关连珠等（2012）在研究玉米秸秆生物质炭对金霉素的吸附效果时发现，当溶液中金霉素的初始浓度一定时，固液比越大（即生物质炭数量越多），供试生物质炭对金霉素的吸持量占平衡吸持量的比例越大，达到平衡所需的时间越短，同时平衡溶液中金霉素的浓度就越低，金霉素的去除率就越高。这是因为在金霉素浓度一定的条件下，随生物质炭数量增加，对金霉素的吸附点位也相应增多，金霉素分子能更快地到达吸附点位，初始吸持速率越快，达到平衡的时间越短；同时，溶液中剩余的金霉素数量减少,也就意味着溶液中金霉素的去除率增加。但也有研究表明,随着生物质炭用量的增加,吸附效果会下降(Wang et al., 2015a)。这可能是由于当生物质炭的浓度比较高时,出现生物质炭颗粒的团聚现象,即增加的吸附位点并不是都可以利用的,从而会导致高用量生物质炭的吸附效果不理想。

6.4.3.3 金属离子

贾明云(2013)研究发现,土霉素(OTC)在生物质炭上的吸附主要为π-π电子作用和金属桥键作用下的表面络合和阳离子交换机制。不同形态的OTC在生物质炭上的吸附容量和吸附强度存在很大差异。阳离子形式的OTC可通过离子交换作用被吸附,吸附过程伴随H^+的吸收。非电离形式的OTC最易被生物质炭吸附,在pH值5.5时吸附量最大。而阴离子形式的OTC可通过表面络合作用被吸附,且吸附强度大。因不同重金属在生物质炭上的吸附方式和重金属-OTC络合物的稳定性差异,不同共存重金属对生物质炭吸附OTC的影响不同。在pH值3.5~7.5范围内,重金属Cd^{2+}对OTC在生物质炭上的吸附无显著影响;Zn^{2+}对OTC吸附略有促进作用(pH值5.5);Pb^{2+}却对OTC吸附略有抑制作用(pH值3.5和5.5);Cu^{2+}可显著促进OTC在生物质炭上的吸附。其他研究也表明,低浓度(20mg/L)的Cd^{2+}和Cu^{2+}可显著促进磺胺甲噁唑在生物质炭上的吸附(Jia et al., 2013;Li et al., 2015)。

韩璇(2013)研究表明,Cd的存在对生物质炭吸附磺胺甲噁唑(SMX)具有显著的促进作用。这是因为在复合体系中,Cd^{2+}可能通过修饰生物质炭的表面而影响生物质炭对SMX的吸附。Cd^{2+}会被首先吸附到生物质炭表面,因而生物质炭表面的负电荷会被减弱。接着,生物质炭表面和阴离子SMX的静电排斥作用将得到缓减,从而SMX的吸附将得到增强。首先被吸附在生物质炭表面的Cd还能起到Cd桥的作用,类似于Ca^{2+}和Mg^{2+},该Cd桥将便于SMX的吸附。Cd^{2+}还能通过降低吸附位点附近的疏水性,降低SMX与吸附位点附近的水分子之间的竞争。Cd的共存不仅能修饰生物质炭的表面结构,还能促成Cd-SMX络合物,该络合物与生物质炭的吸附亲和力高于SMX。总而言之,由于Cd的共存导致SMX吸附量的增加可能是以上所有这些正面作用的总和。

6.4.3.4 pH值

在初始抗生素浓度较低的条件下，pH值对吸附效果的影响可以忽略，但在初始抗生素浓度较高的条件下，pH值对吸附效果有很大的影响。且在初始抗生素浓度较高条件下，当pH值较低时，生物质炭对磺胺二甲嘧啶的吸附效果达到了95%，但当pH值较高时，吸附效果降至46%（Rajapaksha et al., 2015）。Wang等（2015）研究发现，当pH值从3.0变到10.0时，生物质炭对抗生素的吸附容量从（18.10±0.28）mg/g增加到（19.89±0.30）mg/g。故随着pH值的增加，吸附容量改变的幅度很小，说明分子形式不是吸附效果主要的影响因素。而实际废水pH值一般为5.5~9.0，故可以忽略pH值对吸附效果的影响。但在极酸（pH值=2.0）和极碱（pH值=11）条件下，吸附效果大幅度下降，这可能是因为在这两种极端条件下，生物质炭表面的物化性质发生改变，进而导致吸附效果的大幅度下降。同时，对于土壤来说，当其pH值从3变到5时，酸改性的生物质炭对磺胺甲嘧啶的吸附效果会减弱。这是因为pH值会影响抗生素的存在形式，进而影响生物质炭对抗生素的吸附效果（Vithanage et al., 2015）。

6.4.3.5 离子强度和盐度

高离子强度使得生物质炭对抗生素的吸附效果减弱（Wang et al., 2015b）。当NaCl浓度从0增加到30g/L时，生物质炭对恩诺沙星的吸附容量从（19.91±0.21）mg/g降至（14.30±0.51）mg/g，对氧氟沙星的吸附容量从（19.82±0.22）mg/g降至（13.31±0.56）mg/g，表明盐度与吸附效果呈显著负相关。

6.4.3.6 初始抗生素浓度

Rajapaksha等（2014a）研究表明，在土壤中添加5%的生物质炭，当初始磺胺甲嘧啶浓度为5mg/kg时，植物体吸收的抗生素减少了86%；当初始磺胺甲嘧啶浓度为50mg/kg时，植物体吸收的抗生素减少了63%。表明，在抗生素污染的土壤中添加生物质炭会减少植物体吸收的抗生素量，且初始抗生素浓度越低，吸附效果越好。Wang等（2015）研究生物质炭对氟喹诺酮类抗生素（恩诺沙星和氧氟沙星）吸附时发现，当初始抗生素浓度范围在1~200mg/L时，生物质炭对恩诺沙星的吸附容量从（0.21±0.01）mg/g增加到（36.67±0.76）mg/g，对氧氟沙星的吸附容量从（0.20±0.01）mg/g增加到（36.08±0.60）mg/g。但当初始抗生素浓度超过这一浓度范围时，吸附效果增加缓慢。表明随着初始抗生素浓度的增加，吸附效果会逐渐减弱。

6.4.3.7 土壤类型

生物质炭对抗生素的吸附效果也和土壤类型有关。Vithanage等（2015）研究表明，在肥沃土壤上生物质炭对抗生素的吸附效果是贫瘠土壤上的8.4倍，这和贫瘠土壤中溶解有机碳（Dissolved organic carbon，DOC）或P_2O_5的吸附竞争有关。

6.4.4 生物质炭对养殖废水灌溉/再生水下抗生素的影响作用

综上所述，养殖废水及再生水成分较为复杂，虽然经过处理后已符合《再生水水质标准》《农田灌溉水质标准》《城市污水再生利用农田灌溉用水水质》。但是，标准中的控制指标不包含新兴污染物——抗生素。因此，在现有规定条件下研究养殖废水及再生水灌溉对抗生素在土壤—作物系统的影响十分必要。同时，在存在潜在风险的同时，将生物质炭添加至养殖废水及再生水灌溉下土壤这一举措是否可降低抗生素风险值得被探究。

在不同取样时间，仅猪场废水灌溉显著增加了土壤中抗生素的浓度，且根际土中抗生素含量显著高于非根际土（图6-8）。这是因为根际分泌物可促使抗生素从非根际土迁移至根际土，且根际土较高浓度的有效态重金属通过与抗生素的络合螯合作用促进了其迁移（Zhang et al.，2012）。前人研究大多报道的是生物质炭巨大的比表面积和微孔结构可促进抗生素在土壤中的水解和光解，同时可为抗生素降解菌提供良好的繁殖场所，从而有效削减土壤中抗生素浓度（Ye et al.，2016；Duan et al.，2017）。但在本研究中，生物质炭的添加对蒸馏水、再生水灌溉下土壤中抗生素无显著影响。但对于养殖废水灌溉下30d取样时生物质炭的添加显著降低了土壤中总抗生素浓度，但60d取样则发现生物质炭对土壤中总抗生素的作用变成了提升作用。这种反常现象可能与以下因素相关。

（1）生物质炭促进了抗生素的吸附，从而降低了抗生素在土壤中的迁移（Rajapaksha et al.，2014）。

（2）生物质炭在土壤中的老化过程可能导致生物质炭表面被有机物和矿物质覆盖，降低了生物质炭对抗生素的吸附（Martin et al.，2012）。

（3）抗生素可能会扩散到生物质炭的孔隙中，从而削弱了抗生素在土壤中的降解。

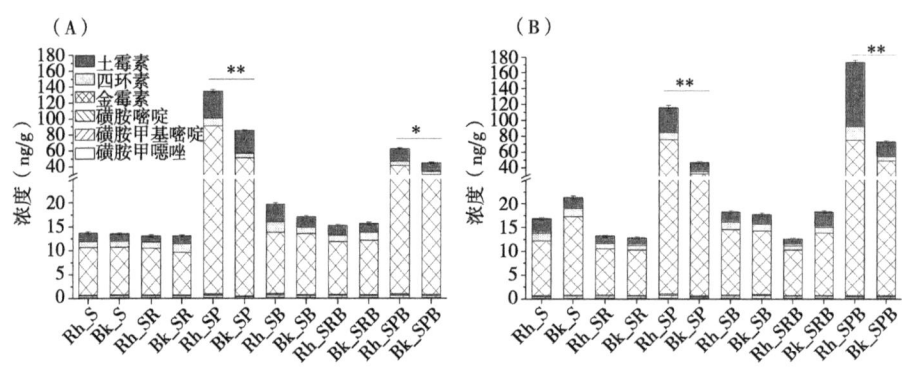

图6-8　不同时间段（30d、60d）土壤中抗生素浓度

注：*代表$P<0.05$，**代表$P<0.01$。

6.5　对抗生素抗性基因的影响

兽用和人用的抗生素在体内代谢较低，导致粪污或生活废水中残留有较高浓度的抗生素，并诱导产生抗性基因，带来一定的生态毒性。垂直基因转移和水平基因转移是抗性基因扩散传播的主要机制。其中，垂直基因转移是通过微生物的自身繁殖使得抗性基因在水体、土壤等环境介质中扩散传播；水平基因转移则以可移动基因元件作为载体（主要包括插入序列、转座子、整合子、可转移质粒、基因岛和噬菌体），通过接合、转导和转化等作用使抗性基因在革兰氏阳性菌和革兰氏阴性菌之间，甚至致病菌和非致病菌之间相互传播（Ansari et al.，2008；Allen et al.，2010）。其中，接合转移通过不同微生物表面的接触，在细胞膜表面打开一个通道，使得可移动基因单元，主要是质粒，在不同微生物之间进行传播。转化就是环境中位于生物细胞之外的游离DNA直接被细

6 猪场废水灌溉对土壤微生物、抗生素及抗性基因影响研究

菌吸入，进而整合在其基因组中的过程。转导是依赖于噬菌体的DNA传递过程，细菌在侵染噬菌体的过程中，会将其DNA注入细菌细胞内，从而有部分DNA整合在细菌的基因组中。Knapp等（2010）分析了新西兰在1940—2008年的土壤样品，发现自从1940年开始大面积使用抗生素之后，土壤中β-内酰胺类、红霉素类及四环素类抗性基因的丰度逐年增加，并且还在继续增长。已有报道指出畜禽粪便的土地利用给环境带来了大量携带有抗性基因的微生物，虽然这些微生物所带来的影响相对于携带的抗性基因来说可能只是瞬时的，但微生物所携带的抗性基因会通过水平转移基因等途径，在土壤中停留保留很长时间，且抗生素、重金属选择性压力的降低或消失并不意味着抗性基因的降低。Heuer等（2008）研究发现，猪粪施入土壤175d后土壤中$sul1$和$sul2$的相对丰度仍高达10^{-5}。此外，世界区域内养殖废水及生活污水中抗性基因的检出已非常普遍。Sui等（2016）研究发现，北京市2个典型规模化猪场废水中$tetX$、$ermF$、$ermB$、$mefA$、$tetM$和$sul2$检出丰度高达（5.69~24.3）×10^{10}拷贝数/mL。刘锐（2017）对嘉兴市规模化猪场废水调研后发现，10家规模化猪场废水中均可检测出四环素类和磺胺类抗性基因，其绝对丰度为$9.5×10^3$~$5.0×10^9$拷贝数/mL，相对丰度为$2.9×10^{-4}$~$1.8×10^{-1}$。庄榆佳等（2017）采用高通量荧光定量PCR技术检测龙岩市某猪场废水中抗性基因分布时，发现进水中可检出111个抗性基因和可移动遗传元件，其中抗性基因绝对丰度为$3.8×10^{10}$拷贝数/mL，相对丰度为2.37。此外，不同种类、不同机制的抗性基因在猪场废水中含量不同，如磺胺类抗性基因丰度（10^6~10^8拷贝数/mL）大于四环素类抗性基因丰度（10^4~10^6拷贝数/mL）（Tao et al.，2014），核糖体保护机制的四环素类抗性基因较外排泵机制的四环素类抗性基因丰度高（Sui et al., 2016；刘锐，2017）。同样，在生活污水中，广州某生活污水中四环素类、磺胺类、大环内酯类、氯霉素类抗性基因绝对丰度为10^6~10^8拷贝数/mL，相对丰度为10^{-4}~10^{-1}（Chen等，2016b）；杭州市某生活污水中四环素类、磺胺类抗性基因绝对丰度为10^4~10^7拷贝数/mL，相对丰度为10^{-5}~10^{-2}（Chen & Zhang，2013）。加拿大某生活污水中抗性基因绝对丰度、相对丰度分别为10^4~10^6拷贝数/mL、10^{-5}~10^{-2}（Hayward et al.，2019）；英国某生活污水通过宏基因组分析共检出17类抗性基因，总丰度为10^{-4}（Christgen et al.，2015）。通过对再生水进

行宏基因组学分析，发现水样中可检测出多达123个已知的抗性基因，且其几乎能够编码所有相关临床使用的抗生素的抗药性（Szczepanowski et al.，2009）。

抗生素导致的肠道菌群耐药基因可以通过直接与人体接触，或是通过间接地食用动物传递给人体。这些耐药细菌既可以在人体内定殖，也可以将其耐药基因传递给人体内源菌群。此外，动物肠道菌群中耐药菌的数量越多，这些耐药基因传递给致病菌的可能性越大，进而向环境中扩散的可能性越大。宏基因组和高通量测序分析已发现土壤中的抗性基因和人体的抗性基因有共同之处，表明土壤中的抗性基因可能会通过水平基因转移作用（Horizontal gene transfer，HGT）转移到人体内，进而对人类健康造成潜在的威胁。目前，研究抗性基因的技术主要包括高通量荧光定量PCR、实时荧光定量PCR、宏基因组法，其中高通量荧光定量PCR技术能同时检测上百种抗性基因（包括氨基糖苷类、β-内酰胺类、氟喹诺酮-喹诺酮-氟苯尼考-氯霉素-胺酰醇类、大环内酯-林肯酰胺酶-链阳性菌素B类、磺胺类、四环素类、万古霉素类和其他/外排泵类抗性基因）可更为全面的概括抗性基因的分布特征（Xu et al.，2016；Zheng et al.，2017a）。同时，还可将抗性基因分为胞内态和游离态（也称胞外态）两种。胞内态是指抗性基因存在于细菌体内，主要通过亲子代繁殖传播；游离态是指菌体死亡裂解或主动分泌释放出携带抗性基因的质粒等元件，独立于菌体在环境中存在，其在环境中发生水平转移，促进抗性基因的扩散和增殖，增加了环境健康风险（刘博，2016）。因此，抗性基因污染具有遗传特殊性，很难控制和消除，一旦传播开来将对人类健康和生态系统造成长期、不可逆的危害。世界卫生组织（WHO）早在2014年已将抗性基因作为21世纪威胁人类健康的最大挑战之一（World Health Organization，2014），有关其在各种环境中的传播、分布特征及迁移转化机制等研究已引起广泛关注。

6.5.1 养殖废水及再生水中抗性基因去除技术的研究进展

虽然养殖废水及再生水中富含有机质、氮、磷等营养物质，将其作为肥水还田利用时，既缓解农业用水短缺矛盾，又促进了养分循环利用。

6 猪场废水灌溉对土壤微生物、抗生素及抗性基因影响研究

但是，畜禽养殖业的消化处理及污水处理厂对收集的养殖废水、生活污水中抗性基因的去除效果不是特别理想，导致它们成为抗性基因的重要储存场。与抗生素类似，目前现有的灌溉标准未将抗性基因列上去，但养殖废水及再生水处理及灌溉对农田生态系统中抗性基因迁移扩散的影响已见报道。目前养殖废水及再生水处理技术有常规生物处理工艺（厌氧消化、微生物固化曝气）、膜生物反应器工艺、消毒工艺、组合工艺。

厌氧消化是养殖废水最为广泛的废水处理工艺，Sui等（2016）研究发现猪场废水经厌氧消化后其抗性基因绝对丰度降低0.21~1.34个数量级，且适宜的温度及生物固体停留时间可增加抗性基因的去除率。Cheng等（2016）对我国东部不同类型不同规模的养殖场厌氧消化前后废水中抗性基因进行调研发现，厌氧消化对*tetA*、*tetB*、*tetC*、*tetL*、*tetM*、*tetO*、*tetX*、*sul1*、*sul2*去除效果不明显。厌氧+四级微氧生物处理（AO$_4$）也可显著降低猪场废水中抗性基因相对丰度，但低溶氧浓度有利于抑制抗性基因的产生和扩散传播（Ma et al., 2018）。除厌氧消化外，微生物固化曝气技术也可有效降低养殖废水中抗性基因的种类和多样性，抗性基因绝对丰度去除率高达93.6%，但相对丰度无显著降低，因此绝对丰度的降低是由于废水中微生物数量减少所引起的（庄瑜佳等，2017）。

膜生物反应器近年已在养殖废水处理领域得到了一定的研究与应用，并日益得到重视。当生物固体停留时间为12d时，序批式膜生物反应器可使猪场废水中抗性基因的绝对丰度降低2.91个数量级，但随着生物固体停留时间的延长，去除效果下降（Sui et al., 2018）。此外，纳滤和反渗透处理也可使猪场废水中四环素类和磺胺类抗性基因的绝对丰度降低4.98~9.52个数量级（Lan et al., 2019）。消毒工艺对抗性菌有较好的杀灭效果。Macauley等（2006）研究发现，当氯浓度、臭氧浓度分别为30mg/L、100mg/L时，抗性菌分别消减了2.2~3.4个、3.3~3.9个数量级；Chen和Zhang（2013）调查研究发现，紫外消毒对污水中抗性基因（*tetM*、*tetO*、*tetQ*、*tetW*、*sul1*和*sul2*）的消减能力一般，仅有0.3~0.7个数量级，低于好氧生物滤池（0.6~1.2个数量级）和人工湿地（1.3~2.1个数量级）。Zheng等（2017b）研究表明，随着紫外剂量及氯浓度的增加，生活污水中抗性基因（*tetA*、*tetM*、*tetO*、*tetQ*、*tetW*、*sul1*

和*sul2*）的检出丰度分别呈指数、线性下降趋势，虽然紫外消毒和臭氧消毒能够破坏部分DNA上的抗性基因，但消毒处理后仍有抗性基因存在于游离态DNA中，存在一定的环境风险。且紫外消毒由于其透光率较差造成经济成本太高，不建议用于抗性菌的处理。同时，组合工艺也经常用于养殖废水抗性基因的处理。厌氧消化与氧化塘组合工艺中厌氧、氧化塘过程分别使废水中*tetG*绝对丰度降低了1.4个、0.4个数量级，*ermX*绝对丰度降低了0.8个、1.0个数量级（Chen et al.，2010）。生物膜电极耦合产电型人工湿地技术可使模拟人工废水中*sul1*、*sul2*和*sul3*降低1个数量级，且随着水力停留时间和运行时间的延长，其去除能力降低（刘茜，2017）。常规工艺组合膜生物反应器可降低四环素类抗性基因相对丰度，且冬季*tetA*、*tetM*、*tetW*的相对丰度分别降低了0.88个、3.47个、2.51个数量级，夏季分别降低了0.02个、1.61个、2.28个数量级（Lan et al.，2019）。

综上所述，厌氧消化处理效果较差，但经济可行，目前仍是养殖场普遍采用的工艺。膜生物反应器处理效果好，但是造价高，消毒技术处理时会产生具有致癌作用的有毒副产物，而人工湿地处理技术成本较低，易于管理，处理效率高，对于处理低利润、高风险的养殖废水有很好的应用前景。其中，人工湿地去除抗性基因的作用机理主要是利用湿地中的基质、湿地植物以及基质中含有的微生物通过物理、化学和生物作用协同净化水体，对污水中的抗性基因有较好地去除效果。研究表明，人工湿地对养殖废水抗性基因的去除机制主要是对微生物的去除。废水通过人工湿地时，因湿地中的土壤、沙石等孔径较小，能够过滤和吸附微生物，使其自然凋亡或被原生动物所捕食，废水中所含的抗性基因也随之减少（庄瑜佳等，2016）。此外，基质吸附、植物吸收也是抗性基因去除的主要机制（Chen et al.，2016b）。人工湿地类型可影响抗性基因的去除效果。Liu等（2014）研究芦苇表面流、水平潜流、垂直流人工湿地对猪场废水中四环素类和磺胺类抗性基因去除效果时，发现表面流人工湿地对抗性基因去除效果较好。然而，其他研究则表明垂直流人工湿地去除抗性基因效果较好。如Chen等（2016b）研究表明不同湿地类型对生活污水中抗性基因的去除效果是垂直流人工湿地>水平潜流人工湿地>表面流人工湿地。郑加玉等（2013）研究发现杂交狼尾草垂直流人工湿地对猪场废水中四环素类抗性基因*tetW*、*tetM*和*tetO*的去除率分别为95.73%、92.21%

和95.05%。张子扬等（2016）研究发现芦苇垂直流人工湿地对养殖废水中磺胺类抗性基因 $sul1$、$sul2$ 和 $sul3$ 的去除率分别为89%、88%和84%。此外，人工湿地中基质种类也会造成抗性基因去除效果的差异。Liu等（2013）研究发现，当基质分别为火山岩、沸石时，杂交狼尾草垂直流人工湿地均可有效降低猪场废水中四环素类抗性基因的绝对丰度，但是只有基质为沸石时人工湿地可有效降低抗性基因的相对丰度，这可能是因为沸石的粒径比火山岩小，更有利于抗性基因的去除。Huang等（2017b）研究发现，当基质分别为砖粒、牡蛎壳时上行芦苇垂直流和下行芦苇垂直流人工湿地均对猪场废水中四环素类抗性基因有较好地去除，但是不同处理之间无显著性差异。且当基质为砖粒时，上行垂直流人工湿地出水中抗性基因丰度高于下行垂直流人工湿地，而当基质为牡蛎壳时，情况相反。季节对人工湿地去除抗性基因也有一定的影响，Fang等（2017）研究表明冬季和夏季芦苇人工湿地对生活污水中抗性基因的去除率分别为77.8%和59.5%。此外，人工湿地水力负荷也会影响抗性基因的去除。Chen等（2016a）研究发现当水力负荷为10cm/d和20cm/d时风车草人工湿地对生活污水中抗性基因去除效果较好，而当水力负荷为30cm/d时去除效果变差。作物的种植对人工湿地去除抗性基因的影响也已有研究。Chen等（2016b）发现在其他条件保持一致的前提下，种植作物（再力花、鸢尾）的垂直流人工湿地对抗生素的去除效果优于未种植作物的人工湿地，而对抗性基因绝对丰度的去除效果则相反，这可能是因为未种植作物的人工湿地对微生物数量去除效果较高。此外，人工湿地中抗性基因的去除与传统污染物的去除有较好的共代谢关系，如氨氮的去除有利于抗性基因的去除（Nolvak et al., 2013），这可能是因为氨氮的去除主要是依靠微生物作用。而同时氨氮作为微生物所需氮源，对携带抗性基因的微生物行为影响很大，从而在一定程度上影响了抗性基因的扩增和转移（Cui et al., 2018）。

6.5.2 养殖废水及再生水灌溉对土壤及作物体内抗性基因的研究进展

养殖废水及再生水灌溉时，将携带高浓度抗性基因的菌株和抗性微生物群落带入土壤生态中,并导致抗性基因在土壤中的传播和暴露(易良银等,2015)。Hong等(2013)研究发现,猪场废水的农田利用可导致土壤中 $tetQ$、$tetZ$、$intI1$、$intI2$ 分别增加500倍、9倍、6倍、123倍,且施用16个月后土壤中抗性基因丰度仍然比对照组高。Sui等(2016)也证实猪场废水灌溉可导致土壤中抗性基因丰度的增加,且南北方施肥措施的不同也会导致抗性基因丰度的变化,如北方冬季不施猪场废水,其检出丰度比夏天减少了1.66个数量级,而南方由于全年施用,其检出丰度始终维持在一个稳定的水平。国内外研究还表明,再生水农田灌溉背景(灌溉历史、灌溉水质、灌溉次数等)不同,对土壤中抗性基因行为特征的影响不相一致。Chen等(2014)对北京和天津经废水长期灌溉和废水灌溉一定时期后采用地下水灌溉的农田土壤调查研究发现,长期废水灌溉可显著增加抗性基因的检出丰度,废水停灌后采用再生水或地下水灌溉并不会使土壤中抗性基因检出丰度降低。Negreanu等(2012)通过对比地下水灌溉和二级出水长期灌溉(灌溉时间6~18年)后土壤中抗性基因($sul1$、$sul2$、$tetO$、$ermF$ 和 $ermB$)的检出丰度,结果发现和地下水灌溉相比,二级出水灌溉未显著增加土壤中抗性基因检出丰度;但其研究的抗性基因种类较少,不能完全代表土壤中抗性基因的情况,需要通过研究其他类别的抗性基因来验证结果的准确性。Fahrenfeld等(2013)对不同水质(污水处理厂二级出水、加氯水和脱氯水)灌溉土壤抗性基因($sul1$、$sul2$、$tetW$ 和 $tetO$)行为特征的研究表明,不同水质单次灌溉后,土壤中抗性基因检出丰度无显著差异;二级出水多次灌溉处理,土壤中 $sul1$ 和 $sul2$ 显著增加;而加氯水和脱氯水多次灌溉对土壤中抗性基因无显著影响。但是,与再生水农田灌溉造成的抗性基因检出丰度不同的是,再生水灌溉绿地后土壤中 $tetG$、$tetW$、$sul1$ 和 $sul2$ 检出丰度增加(Wang et al.,2014a),且 $sul2$ 和 $intI1$ 与一些致病菌(如 *Klebsiella oxytoca*、*Acinetobacter baumannii*、*Shigella flexneri*)具有很高的同源性,表明抗性基因的传播对人类健康存在潜在的健康风险。此外,Wang等(2014b)采用高通量荧光定量PCR技术对我国7个城市再生水灌溉公园绿地土壤中抗性基因检测表明,土壤样品中共检测到147个抗性基因,其中氨基糖苷类和β-内酰胺类抗性基因占主要部分;和地下水灌溉相比,再生水灌溉土壤中抗性基因总检出富集程度为99.3~8 655.3倍;不同采样点检出丰度

6 猪场废水灌溉对土壤微生物、抗生素及抗性基因影响研究

差别较大,可能与灌溉历史、灌溉水量及土壤抗性基因本底值有关。这一现象在国外也有类似发现,Han等(2016)对澳大利亚再生水灌溉绿地土壤研究发现,土壤中同样检测出抗性基因,但抗性基因检出丰度最高富集程度为4 300倍,远低于Wang等(2014b)的试验结果,猜测这主要是由灌溉水源、土壤条件和人类活动的差异造成的。

因我国养殖废水及再生水灌溉关注较多的仍是重金属污染及养分吸收,以及灌溉对土壤中抗性基因丰度的影响,较少关注作物体内抗性基因行为特征。但已有研究指出,大量研究表明有机肥施用会增加作物体内抗性基因的检出丰度,进而通过食物链潜在威胁人类健康。Wang等(2015)采用定性研究的方法检测有机肥施用对生菜和茼蒿体内四环素类、磺胺类、β-内酰胺类和大环内酯类抗性基因的分布影响,发现作物体内均可检测出抗性基因,且作物类型对抗性基因的分布有一定程度的影响。Ye等(2016)研究表明有机肥施用后,磺胺类抗性基因(*sul1*和*sul2*)在生菜不同部位的相对检出丰度顺序为根>老叶>新叶。之后有研究采用高通量定量PCR技术探究有机肥施用对作物体内抗性基因的影响,结果发现无机肥种植的生菜叶际内抗性基因的检出丰度为$1.76 \times 10^8 \sim 1.59 \times 10^9$拷贝数/g,而有机肥的施用却使其检出丰度增加了7倍(Zhu et al., 2017)。与之类似的是,养殖废水及再生水灌溉用于农田也是未来发展趋势之一,应详尽地了解养殖废水及再生水灌溉对作物体内抗性基因的影响作用。He等(2016)研究发现猪场废水灌溉可显著增加作物体内抗性基因的检出,且不同年限的作物体内其优势抗性基因种类不同,如2013年收集的作物体内*ermE*、*ermC*、*tetA*、*tetH*、*floR*、*fexA*和*sul1*检出丰度最高,而2015年收集的作物体内*sul1*、*cmlA*、*floR*、*tetA*和*tetX*检出丰度最高。此外,猪场废水灌溉可显著增加玉米及辣椒根部抗性基因的检出丰度,较低灌溉量下的隔沟灌可造成根系局部干旱,促进抗性基因在辣椒根、茎、果实中的累积(Cui et al., 2018; Liu et al., 2019a)。目前,再生水灌溉对作物体内抗生素的影响已有研究。Christou等(2017)对番茄采用再生水连续灌溉(3年)后研究发现,番茄体内抗生素双氯芬酸(DCF)、磺胺甲噁唑(SMX)和甲氧苄氨嘧啶(TMP)的检出浓度逐年增加;不同生长阶段番茄体内DCF、SMX和TMP的检出浓度随生育时间延长逐渐增加。毒理学关注阈值风险分析和

危害系数值分析表明食用这类番茄对人体健康不会产生太大风险。但是，国内外针对再生水灌溉对作物体内抗性基因的影响研究还处于起步阶段，需要更多的试验来研究其风险。

6.5.3 生物质炭对土壤和作物体内抗性基因的研究进展

生物质炭对土壤和作物体内抗性基因的影响在国内外已展开了一定的研究。在有机肥施入而导致的抗性基因污染土壤中以撒施方式施加0.5%小麦秸秆生物质炭，经100d温室培养后，发现土壤中磺胺类抗性基因（*sul1*和*sul2*）的检出丰度降低了一个数量级；同时生物质炭的施加不仅使生菜体内抗性基因检出丰度降低了2个数量级，而且其施加对生菜不同部位抗性基因的分布也有影响，如未施加生物质炭时，生菜的根部、老叶和新叶中均可检出*sul1*和*sul2*；但施加生物质炭后，仅在生菜的根部、老叶内检出*sul1*和*sul2*（Ye et al., 2016）。Duan等（2017）研究发现在含300mg/kg土霉素的土壤中，0.5%竹炭的添加可使土壤、生菜根系及叶片中抗性基因的相对丰度分别降低44.1%、43.4%、51.8%，此外，还可减少土霉素及人类致病菌在样品中的累积。此外，Chen等（2018）研究发现无作物种植时，生物质炭的添加可显著降低土壤中抗性基因检出丰度，而种植小白菜时，生物质炭的添加虽然降低了土壤及小白菜叶片中抗性基因检出丰度，但无显著性差异。总的来说，抗性基因的消减主要与微生物群落结构相关，这是因为生物质炭具有较大的比表面积及丰富碳源，因此生物质炭添加至土壤后可在一定程度上保持土壤微生物多样性，并且其多孔结构也会为微生物的繁殖提供良好的栖息地，从而影响微生物群落结构，进而影响土壤中抗性基因的环境行为。同时，生物质炭巨大的比表面积、较强的吸附抗生素性能及表面生物膜的形成等也与耐药菌从土壤向作物体内迁移相关。因此，需要深入探究生物质炭影响抗性基因在土壤—作物系统内迁移转化的调控机制。

6.5.4 影响抗性基因在土壤中传播扩散的因素

灌溉作为农业生产中一项较为普遍和重要的管理措施，除生产中较为关注的植物生长问题外，还应该关注其对抗性基因传播扩散的影响。养殖废水及再生水中的抗性基因进入土壤后,可通过垂直基因转移和水平基因转移进行传播扩散,通过探讨抗性基因在土壤中传播扩散的因素,可推测灌溉是否通过影响土壤理化性质、抗生素、重金属、土壤微生物群落结构等影响抗性基因的环境行为特征,进而为养殖废水及再生水灌溉下的抗性基因调控提供理论依据。在此前提下,需明晰各因素对抗性基因的影响机制及作用力。

6.5.4.1 抗生素

Jiang等(2013)研究发现,水体中磺胺类抗性基因检出丰度与磺胺类抗生素浓度、四环素类抗性基因检出丰度与四环素类抗生素浓度均存在显著相关性,表明抗性基因的传播可能与环境中残留的抗生素浓度相关。He等(2014)研究表明,抗性基因除了和同源抗生素存在显著相关性外,和非同源的抗生素也存在显著相关性,表明细菌获得遗传性或非遗传性抗性基因的途径增多,细菌间发生水平基因转移的概率增大,可能促使形成对多种抗生素耐药的超级细菌(Huerta et al., 2013)。

6.5.4.2 重金属

Ji等(2012)研究表明,铜、锌、汞与磺胺类抗性基因($sulA$、$sul1$和$sul3$)具有显著相关性($R=0.028 \sim 0.888$);但对于四环素类抗性基因($tetO$、$tetM$、$tetW$和$tetBP$),上述重金属仅与$tetBP$存在显著相关性($R=0.824$)。Zhu等(2013)研究表明砷、铜和抗性基因检出丰度显著相关。与总量重金属相比,有效态重金属与抗性基因的相关性更高,表明有效态重金属在某种程度上可能影响抗性基因的传播扩散(Cui et al., 2016)。此外,微生物对重金属和抗生素产生抗性的机理较为相似,并且重金属抗性基因和抗生素抗性基因往往能够存在于相同的DNA片段上。因此,微生物在面临重金属胁迫对重金属产生抗性机制的同时,极有可能也会对抗生素产生抗性。

6.5.4.3 土壤基本理化性质

Wu等(2010)对我国3个城市9个猪场周边土壤中抗性基因检出丰度研究发现,四环素类抗性基因($tetM$、$tetQ$、$tetO$和$tetW$)的检出丰度与土壤有机质含量呈显著正相关性（$R=0.68$）。He等（2014）研究发现，某些抗性基因（*fexA*、*fexB*、*cfr*、*sul1*、*tetW*、*tetO*、*tetQ*和*tetS*）的检出丰度与土壤总有机碳、全氮、全磷、氨氮含量等呈显著正相关（$R=0.53 \sim 0.87$）。Cheng等（2016）研究表明，土壤中抗性基因检出丰度与全氮、全磷和总有机碳呈显著相关，相关系数R分别为0.72、0.58和0.67。

6.5.4.4 可移动基因元件

目前国内外针对可移动基因元件的研究主要集中在转座子、整合子和质粒等，其中以一类整合子的研究最多。Wang等（2014a,b）研究发现，整合子（*intI1*）、转座子和抗性基因存在显著相关性，表明其在抗性基因的传播扩散中具有重要作用。具有自主转移功能的质粒介导的接合转移是抗性基因水平基因转移最常见、频率最高的方式，Wang等（2015）、Guo和Zhang（2017）及Jiao等（2017）研究表明，离子液体、纳米材料和有机污染物等可影响质粒接合转移速率。

6.5.4.5 微生物群落结构

微生物是抗性基因传播的重要载体，可通过质粒或其他遗传元件将抗性基因不断增殖并传播到敏感菌体内，是环境中微生物产生耐药性的重要途径。目前国内外研究表明，微生物群落结构对抗性基因的影响更大。Su等（2015）采用方差分解分析（VPA）研究表明，与可移动基因元件及环境因素（温度、pH值、全氮和溶解性有机碳）相比，微生物群落结构可解释14.0%的抗性基因变化，而可移动基因元件仅解释2.6%的抗性基因变化。Jia等（2016）的研究同样表明，微生物群落结构对抗性基因传播扩散的影响远高于可移动基因元件。Fang等（2015）通过宏基因组方法研究发现，携带抗性基因的人类致病菌和抗性基因存在显著相关性。

综上可知，养殖废水及再生水在农田灌溉中的应用已成为缓解我国水资源短缺的一种替代战略。然而，目前的措施对养殖废水及再生水中抗性基因的去除效果较差，且灌溉至农田后土壤中均已检出抗性基因。之后的研究除了在水处理方向提高其去除效率外，还应关注土壤中抗性基因的阻控与消减。此外，抗性基因也可能在土壤和农作物之间迁移，即土壤中

6 猪场废水灌溉对土壤微生物、抗生素及抗性基因影响研究

抗性基因可通过作物根系吸收，或以作物表面组织损伤部位侵入作物的方式而作为内生菌，并在整个作物生长阶段中生存并持续存在，进而通过作物的可食用部分以食物链形式进入人体，导致相关的食品安全问题和潜在的生态风险需要引起人们的重视。

6.5.5 养殖废水灌溉下土壤—作物体内抗性基因检出丰度

在35种四环素类和2种磺胺类抗性基因中，*tetA-01*、*tetB-02*、*tetC-01*、*tetC-02*、*tetJ*、*tetK*、*tetL-01*、*tetPB-05*、*tetR-03*、*tetU-01*和*tetV*在所有样本中均未检测到。此外，抗性基因检出数目和丰度存在较为显著的相关性（$R^2=0.60$），表明抗性基因的检出数目可在一定程度上代表抗性基因的检出丰度变化。原始土壤中仅检测出*sul2*和*tetA-02*（总丰度为7.1×10^{-5}）。相比之下，养殖废水和再生水中共检测到28种抗性基因，丰度分比为7.1×10^{-1}、1.2×10^{-1}，而且养殖废水农田灌溉后的土壤及作物体内抗性基因的检出丰度高于再生水和蒸馏水灌溉。对于总抗性基因检出丰度，再生水和蒸馏水灌溉下土壤—作物系统中抗性基因丰度无显著差异，而养殖废水灌溉使抗性基因丰度显著增加了1~2个数量级（图6-9）。所以，尽管再生水中抗性基因丰度较高，但再生水中携带抗性基因的抗性菌较难在土壤中生存，因而其灌溉对土壤抗性基因的影响较小（Chee-Sanford et al., 2009; Negreanu et al., 2012; Gatica & Cytryn, 2013）。同时，仅养殖废水灌溉下根际土和非根际土中抗性基因丰度存在显著差异，且根际土中抗性基因检出丰度高于非根际土，这与抗生素变化一致，表明抗生素的选择性压力对抗性基因的扩散起到了一定程度的作用。但对各个抗性基因来说，再生水灌溉下*sul1*和*sul2*丰度增加，这与前人研究结果一致（Fahrenfeld et al., 2013）。但也有研究发现，再生水灌溉下土壤中*sul1*和*sul2*丰度与清水灌溉下一致，甚至会低于清水灌溉（Negreanu et al., 2012）。这种相反现象的产生可能与灌溉制度、再生水水质及土壤条件相关。但是，养殖废水灌溉一般会造成个别抗性基因的显著增加（Hong et al., 2013; Sui et al., 2016; Cheng et al., 2016），本研究中增加的基因为*sul1*、*sul2*、*tetG-01*、*tetG-02*、*tetM-01*、*tetM-02*和*tetX*。

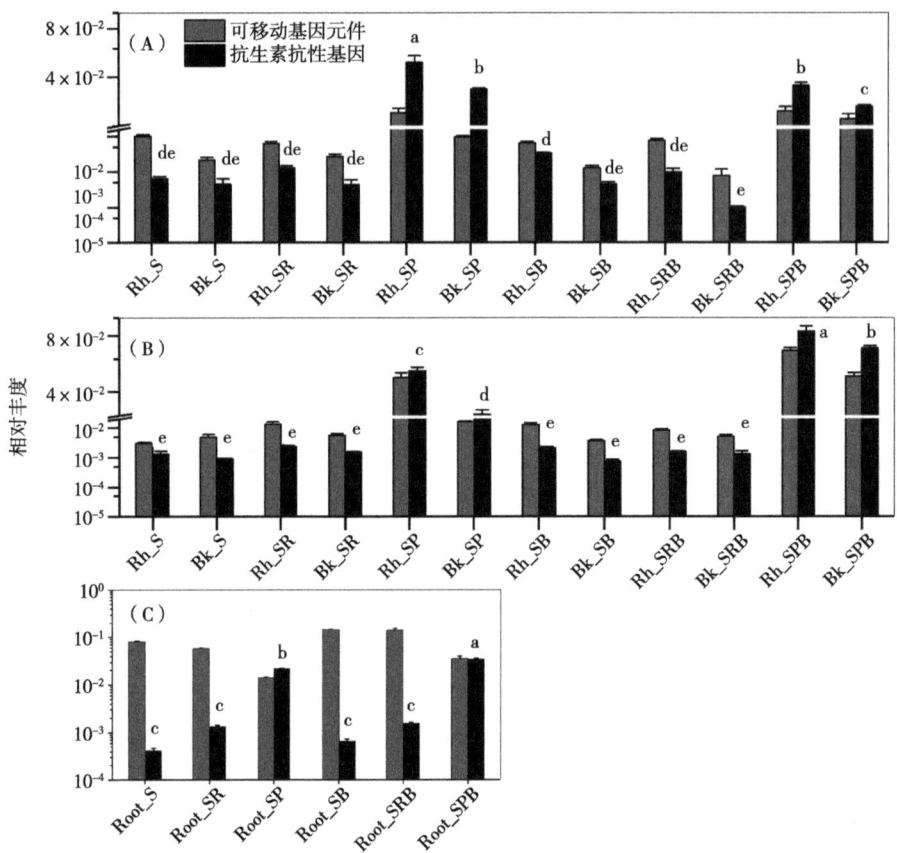

图6-9 不同时间段土壤及作物根部抗性基因和可移动基因元件相对丰度

生物质炭的添加可增加蒸馏水灌溉下土壤中抗性基因的检出数目,这可能是因为生物质炭的添加为抗性菌的繁殖提供了良好场所(Ye et al., 2016)。尽管生物质炭的添加可增加蒸馏水灌溉下根际土中抗性基因的检出,但无显著性影响。生物质炭对抗性基因丰度的影响与灌溉水质及灌溉时间相关,但是不同灌溉时间下生物质炭对抗性基因的影响不同。生物质炭的添加对再生水灌溉下土壤中抗性基因的影响不因时间而改变,但养殖废水灌溉30d条件下,生物质炭的添加与前人报道相似,可显著降低根际土、非根际土中抗性基因丰度(Ye et al., 2016; Duan et al., 2017);而养殖废水灌溉60d条件下,生物质炭的添加可显著增加根际土、非根际土中抗性基因丰度。这主要是因为生物质炭表面形成的生物膜可能会通过群感效应增加抗性基因丰度(Xu et al., 2016; Zheng et al.，2017c）；生物质炭对可移动基因元件丰度的增加也使得抗性基因传播扩散加强，进而一定程度上使抗性基因检出丰度增加（Zheng et al.，2018）。

植物微生物组中抗性组的研究目前也引起了极大关注度。Rahube等（2014）等研究发现土壤中的抗性菌可进入作物根部进而迁移（Zhu et al.，2017）。本研究发现，再生水灌溉较蒸馏水灌溉相比未增加作物根部抗性基因丰度，但养殖废水可显著增加其检出丰度，且生物质炭的添加对根部抗性基因的影响与土壤类似。因此，利用生物质炭调控养殖废水及再生水灌溉下抗性基因环境行为时，应关注生物质炭的老化作用影响，这也需要在以后的研究中进行深入研究。

6.5.6 营养元素、微生物群落结构、可移动基因元件与抗性基因的关系

在门水平分析其与抗性基因相关性时发现（表6-18），在不同类型样品中，厚壁菌门均与抗性基因有显著的相关性，而根际土的拟杆菌门和非根际土的变形菌门则与抗性基因相关性较好，表明这些细菌可能是抗性基因的宿主（Zheng et al.，2018）。对于10种可移动元件［包括8种整合子基因、1种一类整合子基因（$intI1$）、1种临床整合子基因（$intI1$）］，因$intI1$和$cintI1$部分重叠，所以计算可移动元件总丰度时仅计算$intI1$的丰度（Xie et al.，2016）。研究结果发现，$intI1$和$tnpA-04$检出丰度最高，$cintI1$仅在养殖废水灌溉的土壤中检出。值得注意的是，可移动元件总丰度的变化和土壤中抗性基因一致，且可移动基因元件与抗性基因之间存在良好的相关性，根际土和非根际土中相关性系数分别为0.93、0.96。已有研究还指出全氮、全磷、总有机碳对畜禽循环经济中抗性基因丰度有显著的正相关作用（Cheng et al.，2016），但在不同水源灌溉及生物质炭添加条件下，虽然全氮与抗性基因的相关性优于碱解氮与抗性基因的相关性，但是有效磷与抗性基因的相关性优于全磷与抗性基因的相关性（表6-19）。这可能是因为有效磷可不经任何作用直接进入细菌体内（Waldron et al.，2009），通过影响微生物群落结构组成影响抗性基因环境行为。为进一步分析营养元素、微生物群落结构、可移动基因元件对抗

性基因变化的直接影响和间接影响，采用PLS-PM模型分析得出可移动基因元件对抗性基因的影响强于营养元素和微生物，且营养元素可通过影响可移动基因元件影响抗性基因检出丰度（图6-10）。

表6-18 细菌门和抗性基因的相关性

根际土	R	P	非根际土	R	P	根部	R	P
酸杆菌门	-0.28	0.26	酸杆菌门	-0.45	0.06	放线菌门	-0.11	0.67
放线菌门	-0.27	0.27	放线菌门	-0.30	0.22	拟杆菌门	0.00	1.00
拟杆菌门	0.70	<0.01	拟杆菌门	0.32	0.19	绿弯菌门	-0.37	0.13
绿弯菌门	-0.05	0.84	绿弯菌门	-0.32	0.19	蓝细菌门	0.10	0.70
蓝细菌门	-0.44	0.07	蓝细菌门	-0.10	0.70	厚壁菌门	0.64	<0.01
厚壁菌门	0.74	<0.01	厚壁菌门	0.81	<0.01	变形菌门	-0.03	0.89
芽单胞菌门	-0.34	0.17	芽单胞菌门	-0.31	0.20	螺旋体菌门	-0.44	0.07
硝化螺旋菌门	0.04	0.88	硝化螺旋菌门	-0.22	0.38	疣微菌门	-0.41	0.09
浮霉菌门	-0.08	0.76	浮霉菌门	-0.32	0.20			
变形菌门	0.10	0.69	变形菌门	0.58	<0.01			
螺旋体菌门	0.20	0.43	螺旋体菌门	0.15	0.55			
疣微菌门	-0.23	0.36	疣微菌门	-0.33	0.18			

表6-19 营养物质和抗性基因的相关性

		全氮	全磷	全钾	碱解氮	有效磷	速效钾	有机质	钙	镁
根际土	R	0.43	-0.06	-0.07	-0.17	0.93	0.35	0.46	-0.17	0.84
	P	0.07	0.81	0.78	0.51	<0.01	0.15	0.05	0.49	<0.01
非根际土	R	0.55	-0.19	-0.09	0.15	0.86	0.21	0.04	-0.02	-0.35
	P	0.02	0.45	0.73	0.55	<0.01	0.39	0.88	0.95	0.16

6 猪场废水灌溉对土壤微生物、抗生素及抗性基因影响研究

（续表）

		全氮	全磷	全钾	碱解氮	有效磷	速效钾	有机质	钙	镁
根部	R	0.81	0.41	−0.07					0.14	0.12
	P	<0.01	0.09	0.78					0.59	0.64

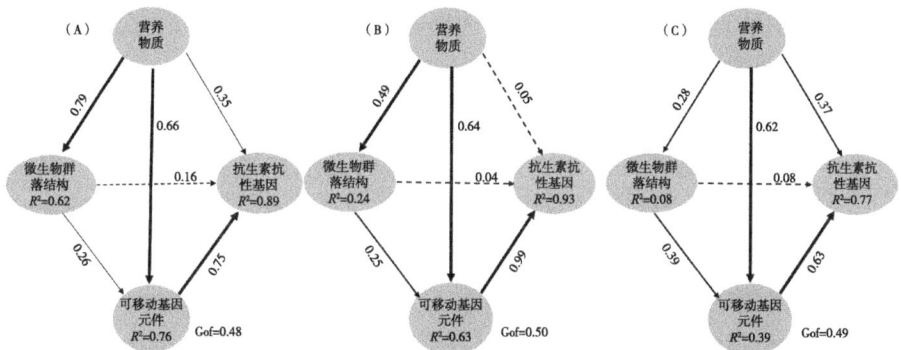

图6-10　PLS-PM揭示营养物质、微生物群落结构、可移动基因元件对根际土（A）、非根际土（B）、作物根部（C）抗性基因的影响

6.5.7　小结

近年来，水资源紧缺对我国经济发展的瓶颈作用越来越明显，农业是用水大户，非常规水资源在灌溉中的应用已成为缓解我国水资源短缺的一种替代战略。然而，在农业灌溉时再生水和养殖废水中的新兴污染物——抗生素抗性基因可随灌溉水进入农田及作物体内，并通过食物链对人类健康产生潜在威胁。如何有效防控该风险因子，对土壤及粮食安全具有重要的意义。采用根箱试验，研究再生水和养殖废水灌溉以及生物质炭添加后根际土、非根际土及玉米根部抗性基因的赋存情况，主要结论如下。

（1）再生水灌溉对土壤—作物系统中抗性基因的影响较养殖废水灌溉弱，更为安全。

（2）作物根部较高丰度的抗性基因促使我们更为关注作物体内的抗性组。

（3）生物质炭对抗性基因的影响作用因时间而改变，灌溉后期增加

了抗性基因检出丰度，因此利用1.0%小麦秸秆生物质炭调控养殖废水灌溉下抗性基因环境行为应谨慎。

6.6 本章小结

养殖废水、再生水中所含的病原菌、抗生素、抗生素抗性基因可随灌溉进入土壤及作物体内，对人类健康造成潜在威胁。生物质炭作为常用的土壤改良剂，被用来研究养殖废水及再生水灌溉条件下其添加对根际土、非根际土及玉米根部各指标赋存情况的影响。本研究采用根箱试验，以典型作物玉米为研究对象，采用高通量荧光定量PCR等技术研究根际土、非根际土、作物根部中病原菌、抗生素、抗生素抗性基因的空间和时间差异性，利用16S rRNA基因高通量测序手段分析生物质炭对养殖废水及再生水灌溉下微生物群落结构的影响，并预测其微生物生态功能差异。并通过对微生物群落结构、土壤理化性质、抗生素、可移动基因元件等行为特征的分析探究抗性基因在土壤—作物系统中的扩散传播机理。本研究的实施评估了生物质炭阻控和消减养殖废水及再生水灌溉下抗生素及其抗性基因污染的可行性，并揭示了养殖废水及再生水灌溉下微生物的安全性。具体结果如下。

（1）与生物质炭添加相比，不同灌溉水源可显著影响微生物群落结构。养殖废水及再生水灌溉降低了植物根际促菌的检出丰度，但增加了病原菌的检出丰度。生物质炭的添加进一步加强了其作用效果。土壤pH值及有效磷的变化最能解释根际土及非根际土微生物群落结构的变化，而全氮的变化最能解释根部微生物群落结构的变化。该研究成果揭示了生物质炭对养殖废水及再生水灌溉下微生物结构及功能多样性的影响，认为非常规水源灌溉下应慎重添加1%的小麦秸秆生物质炭。

（2）灌溉时间、土壤类型可显著影响土壤中病原菌的整体分布。具体至单个病原菌，非常规水源灌溉并未增加土壤中各病原菌的检出量，生物质炭对其灌溉下根际土、非根际土病原菌的影响因灌溉水源、灌溉时间而改变。非常规水源灌溉和生物质炭的添加还可增加玉米根部大部分病原菌的检出量，带来潜在的健康风险。该研究为进一步明确生物质炭对非常规水源灌溉下土壤及作物体内病原菌的影响机制和非常规水农田灌溉下病

6 猪场废水灌溉对土壤微生物、抗生素及抗性基因影响研究

原菌的管理提供支撑。

（3）明确了生物质炭对非常规水资源灌溉下土壤及作物体内抗性基因累积和转运的影响作用及其机理。仅养殖废水灌溉可显著增加样品中抗性基因的检出丰度；养殖废水灌溉下，生物质炭对样品中抗性基因的影响随时间而改变，前期可显著降低样品中抗性基因的检出丰度，而后期却显著增加样品中抗性基因的检出丰度；可移动基因元件最能直接解释影响抗性基因的变化，而营养元素、微生物群落结构通过影响可移动基因元件而间接影响抗性基因的变化。研究还指出生物质炭老化过程对土壤—作物系统中抗性基因的影响需进行深度研究。

7 猪场废水灌溉土壤典型重金属响应特征研究

利用再生水、养殖废水以及微咸水等替代水源进行灌溉是缓解农业用水紧缺的重要途径。随着我国社会经济的快速发展，畜禽养殖业由粗放型逐渐走向规模化和集约化。养殖过程中会产生大量的废水，如果不经处理就任意排放会对生态环境造成巨大污染。养殖废水中含有一定量的氮、磷、钾等作物生长必需的元素，用来灌溉不仅可以提高土壤养分、减少化学肥料的施用，同时也能在一定程度上缓解灌溉水源短缺的压力。值得关注的是，养殖废水中还含有铅、镉、铜、锌等重金属及病原体和盐基离子，直接灌溉农田存在一定的环境风险，铅作为一种分布面积广泛、危害程度极深的重金属，一直备受关注。土壤中铅主要是非代谢性的被动进入植物体内，能够降低根细胞的有丝分裂速度，影响作物生长发育，导致其生长缓慢和中毒现象，同时铅的半衰期较长，在食物链富集最终会危害人体健康。因此，科学、合理、安全地利用养殖废水，对缓解农业用水矛盾、提升地力水平以及保护生态环境都具有重要的现实意义。

生物质炭是有机质在厌氧环境中经过热解形成的一种不完全燃烧产物，即一类富炭、高芳香化和高稳定性的固体产物，是黑炭的一种存在形式。生物质炭具有巨大的比表面积、丰富的孔隙结构以及大量的含氧活性基团，能够作为土壤改良剂，改善土壤理化性状，使土壤有害物质降解或失活来提高土壤肥力，钝化土壤中重金属从而降低其生物有效性。研究发现，长期施用生物质炭能够有效提高土壤孔隙度，改善土壤环境。施加生物质炭能够提高土壤pH值，改善酸性土壤质量。另有研究表明，生物质炭的添加可以有效增加土壤速效养分和有机碳的量。除此之外，生物质炭由于其自身的特性，常被用作土壤重金属的修复材料。目前关于生物质炭对重金属污染土壤修复方面的研究较多，但在养猪废水灌溉下施用生物质炭对小麦根际和非根际土壤理化性状改善和重金属迁移的研究较少。选取新乡市郊区农田土壤，通过根箱试验，研究生物质炭添加对猪场废水灌溉根际和非根际土壤养分和有效态铅量的影响和互作效应，以期为猪场废水的农业安全利用提供科学依据和理论指导。

7.1 试验设计与材料方法

7.1.1 试验区概况和供试材料

试验于2018年11月6日至2019年2月2日在中国农业科学院农田灌溉研究所洪门野外科学观测试验站人工气候室进行。试验站地处北纬35°15′38″~35°15′45″，东经113°55′5″~113°55′7″，海拔73.2m，多年平均气温14.1℃，无霜期210d，日照时间2 398.8h，多年平均降水量588.8mm，丰水年与枯水年相差3~4倍，7—9月降水量占全年降水量的60%以上。多年平均蒸发量2 000mm。

试验土壤来自新乡市郊区农田0~20cm土壤，土壤类型为潮土。土壤基本理化性质如表7-1所示。猪场废水取自新乡市新乡县某养殖场内的UASB升流式厌氧塔内，原液稀释5倍后作为供试废水浇灌根箱，供试废水水质指标如表7-2所示。生物质炭购于河南省商丘市三利新能源有限公司，小麦秸秆生物质炭的组分结构如表7-3所示。供试小麦品种为百农4919。

表7-1 供试土壤基本理化性质

项目	Eh值 (mV)	田间持水率 (cm³/cm³)	pH值	有机质量 (mg/kg)	碱解氮 (mg/kg)	速效磷 (mg/kg)	速效钾 (mg/kg)	Pb (mg/kg)
数值	412.62	33.76	8.53	2.49	554.25	0.89	16.47	8.26

表7-2 供试猪场废水水质指标

项目	pH值	COD (mg/L)	TN (mg/L)	TP (mg/L)	NH_3-N (mg/L)	Mn (mg/L)	Pb (mg/L)
数值	6.25±0.087	185±15.00	215±21.34	80.56±16.78	157.5±26.12	0.15±0.032	0.012±0.003

表7-3　小麦秸秆生物质炭组分结构

项目	全氮 (g/kg)	全磷 (g/kg)	全钾 (g/kg)	总碳 (g/kg)	比表面积 (m^2/g)	阳离子交换量 (mmol/kg)	Pb (mg/kg)
数值	5.2	0.9	44.2	625.8	8.8	33.6	9.2

7.1.2　试验设计

试验采用长14cm、宽12cm、高17cm的PVC根箱进行试验,沿长边把根箱用300目尼龙网分成5部分(5cm、1cm、2cm、1cm、5cm),5cm的部分为非根际,1cm为过渡区,中间2cm为根际,小麦种植于2cm的根际部分。供试生物质炭为小麦秸秆生物质炭,试验设置W0(不添加生物质炭)、W0.5(0.5%C)、W2(2%C)、W5(5%C)4个水平的生物质炭处理,每个处理设3个重复。同时设对照(CK)(不施用生物质炭、不种植作物)。供试土壤经过自然风干、破碎,然后过2mm筛,每个根箱装3kg土,底肥添加量为1g/kg的复合肥料($N-P_2O_5-K_2O$:15-25-4)和生物质炭充分混合后装入根箱。装土过程中把根际土、非根际土以及过渡区域土装平,再分别加入300mL去离子水静置12h。每盆播种8~10粒,播深5cm。播后每隔2d观察出苗情况,并于出苗7d后,每盆定株5棵。每隔2d通过质量法来确定各处理间土壤的含水率,猪场废水稀释5倍后达到《农田灌溉水质标准》的要求,再进行灌溉。对照的灌溉量保持土壤含水率在田间持水率的60%左右,持续90d,总灌水量约为9L/盆。

7.1.3　试验指标测定及数据处理

小麦生长90d后,使用40cm小型土钻,在根际与非根际中分别取0~15cm的土层,每采1个样后,土钻使用去离子水清洗擦拭干净再使用。土样自然风干,破碎备用。指标测定参照《土壤农业化学分析方法》。按1:2.5的固液比制备土壤悬液,用电位法测定pH值和Eh值;土壤中有机质用重铬酸钾容量法测定;土壤碱解氮用碱解扩散法;土壤速效钾用NH_4AC提取,火焰光度法测定;土壤中有效态Pb用DTPA提取,原子吸收分光光度法测定。

试验数据通过SPSS 16.0进行统计分析（显著性水平为0.05），通过Origin 2018进行作图。

7.2 不同生物质炭添加量对土壤有机质的影响

图7-1为根际与非根际有机质含量。由图7-1可知，与CK相比，W0处理根际土壤有机质含量显著降低了8.83%，非根际土壤有机质含量无显著差异；W0.5处理根际土壤有机质含量与CK无显著差异，W2和W5处理根际土壤有机质含量分别显著增加了15.17%和38.02%；W0.5、W2、W5处理非根际土壤有机质含量也分别显著增加了4.22%、28.95%、57.55%，表明随着生物质炭施用量的不断增加，各处理土壤中有机质含量不断增加。与根际相比，W0、W0.5、W2、W5处理的非根际土壤有机质含量分别显著增加了9.21%、4.04%、11.97%、14.15%。

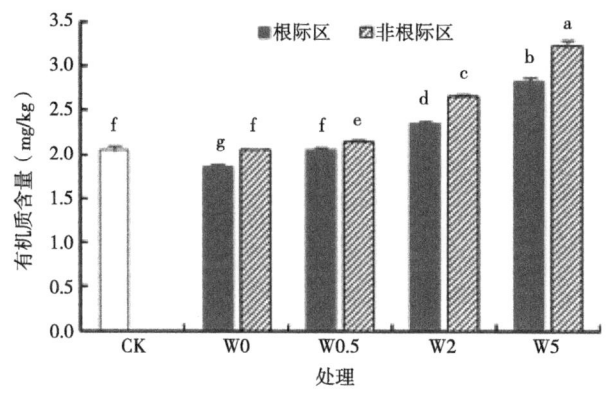

图7-1 根际与非根际有机质含量

7.3 不同生物质炭添加量对土壤速效养分的影响

图7-2为根际与非根际碱解氮含量。由图7-2可知，与CK相比，W0处理根际与非根际土壤碱解氮含量分别显著降低了11.63%和8.41%，W0.5处理根际土壤碱解氮含量与CK相比无显著差异，W2和W5处理根际土壤碱解氮含量分别显著增加了6.50%和13.67%；W0.5、W2、W5处理非根际土壤碱解氮含量与CK相比分别显著增加了21.38%、42.12%、

55.45%。与根际相比,W0、W0.5、W2、W5处理非根际土壤碱解氮含量分别显著增加了3.65%、20.84%、33.45%、36.75%。

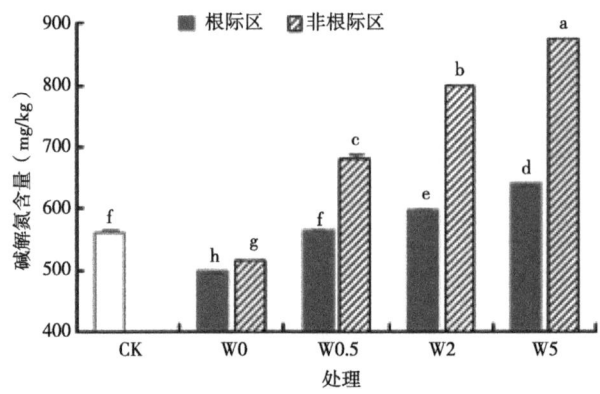

图7-2 根际与非根际碱解氮含量

图7-3为根际与非根际速效磷含量。由图7-3可知,与CK相比,W0和W0.5处理根际土壤速效磷含量分别显著降低了15.90%和26.15%;非根际速效磷含量分别显著降低了13.52%和7.88%,W2和W5处理非根际土壤速效磷含量分别显著增加了11.59%和17.53%。与根际相比,W0.5、W2、W5处理非根际土壤速效磷含量分别显著高出24.75%、10.77%、15.31%。

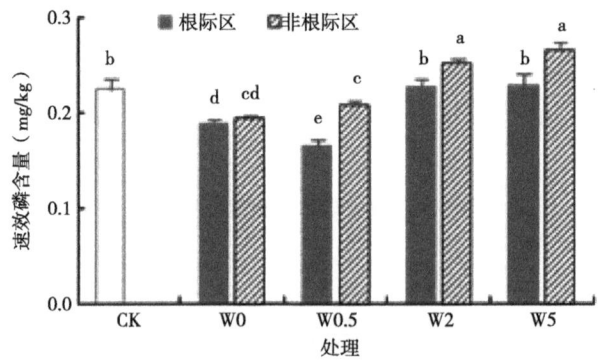

图7-3 根际与非根际速效磷含量

图7-4为根际与非根际速效钾含量,由图7-4可知,与CK相比,W0.5处理根际土壤速效钾含量显著降低了5.30%,W2和W5处理根际土壤速效钾含量分别显著增加了73.45%和24.43%;W0.5、W2、W5处理非根际土壤速效钾含量与CK相比分别增加了7.65%、70.72%、178.0%。与根际相比,W0、

W0.5、W2、W5处理非根际土壤速效钾含量差异显著,W0.5和W5处理分别显著高出根际土壤13.67%和123.1%;W0和W2处理分别显著降低了6.04%和1.58%。W2处理根际速效钾含量显著高于W5处理,而非根际表现则恰好相反。

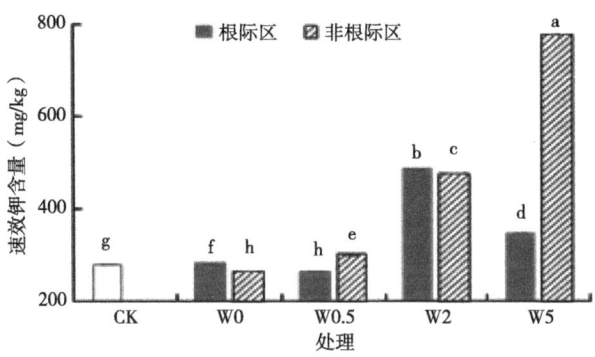

图7-4　根际与根际速效钾含量

7.4　不同生物质炭添加量对土壤有效铅的影响

图7-5为根际与非根际有效铅含量。由图7-5可知,与CK相比,W0、W0.5、W2、W5处理根际土壤有效铅含量分别显著降低了10.64%、19.49%、20.69%、21.98%;非根际土壤有效铅含量分别显著降低了22.08%、30.90%、28.92%、33.33%。与根际相比,W0、W0.5、W2、W5处理非根际土壤有效铅含量分别显著降低了12.80%、14.18%、10.38%、14.54%。

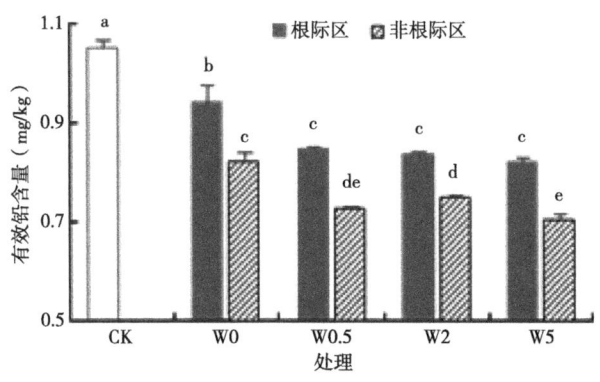

图7-5　根际与非根际有效铅含量

7.5 土壤养分状况与有效铅的相关性分析

根际土壤养分状况与土壤有效铅的相关性分析结果见表7-4。结果发现，根际土壤有效铅含量与有机质含量及碱解氮含量显著负相关，而与速效磷含量及速效钾含量相关性不显著。速效磷含量与有机质含量正相关。各养分之间，速效钾含量与有机质含量相关性不显著，与速效磷含量正相关。碱解氮含量与有机质含量极显著性正相关，与速效磷含量正相关，与速效钾含量正相关。

表7-4 根际土壤养分状况与有效铅的相关性分析结果

结果	有机质含量	速效磷含量	速效钾含量	碱解氮含量	有效铅含量
有机质含量	1				
速效磷含量	0.577*	1			
速效钾含量	0.499	0.562*	1		
碱解氮含量	0.927**	0.564*	0.520*	1	
有效铅含量	-0.583*	0.086	-0.490	-0.541*	1

注 *表示在0.05水平上相关性显著。**表示在0.01水平上相关性极显著。下同。

受根系、微生物状况等影响，非根际土壤与根际土壤相比，土壤养分、有效铅含量及其效应关系有一定的差异。由表7-5可知，非根际土壤有效铅含量与有机质含量、速效磷含量、速效钾含量及碱解氮含量之间均显著负相关。各养分之间，非根际土壤速效磷含量与有机质含量极显著正相关。速效钾含量与有机质含量极显著正相关，速效钾含量与速效磷含量极显著正相关。碱解氮含量与有机质含量极显著正相关，碱解氮含量与速效磷含量极显著正相关，碱解氮含量与速效钾含量极显著正相关。

表7-5 非根际土壤养分状况与有效铅的相关性分析结果

结果	有机质含量	速效磷含量	速效钾含量	碱解氮含量	有效铅含量
有机质含量	1				
速效磷含量	0.932**	1			
速效钾含量	0.993**	0.906**	1		
碱解氮含量	0.900**	0.936**	0.877**	1	
有效铅含量	-0.697*	-0.674*	-0.693*	-0.860*	1

7.6 本章小结

(1)养猪废水经过厌氧发酵后稀释5倍(NH_4^+-N含量在160mg/L左右、TP含量80mg/L左右、COD含量180mg/L左右)既能够满足农田灌溉标准,也为作物提供生长所需的养分;同时,施用0.5%~5%水平的小麦秸秆生物质炭,能够显著减少根际及非根际土壤中有效铅的含量。

(2)施加生物质炭处理能够提高土壤有机质、碱解氮、速效磷与速效钾等的含量,尤其是非根际土壤。

(3)施加生物质炭处理能够钝化土壤中有效铅,降低其生物有效性,减少铅向植物体内迁移。

(4)添加生物质炭后,根际土壤有效铅含量仅与有机质含量、碱解氮含量呈显著负相关关系,而非根际土壤有效铅含量与有机质含量、碱解氮含量、速效磷含量及速效钾含量之间均呈显著负相关关系。土壤有机质含量、碱解氮含量、速效磷含量以及速效钾含量在根际与非根际土壤中均呈显著正相关关系($P<0.05$)。

8 养殖废水灌溉设施土壤生境健康评价

土壤健康风险评价起步于20世纪80年代,养殖废水灌溉土壤健康风险主要来自养殖废水中含有的过量营养盐、重金属、持久性有机污染物和新型污染物等,上述污染物可能污染作物产地环境、抑制作物生长,甚至影响作物品质,间接对食物链产生影响,影响人类健康。养殖废水的水源来源广泛、复杂,处理工艺差异明显,限于当前的社会发展水平、处理工艺等因素还不能实现所有污染物的完全去除。因此,开展养殖废水灌溉对生境健康的影响评估就显得尤为重要。为了研究长期养殖废水灌溉对设施土壤的生态环境影响,通过养殖废水灌溉土壤生境因子(pH值、EC、OM、Cd、Cr)的周年变化特征分析,利用暴露剂量估算模型评估长期养殖废水灌溉的健康风险,及其典型限制性因子的致癌途径和致癌风险阈值。

8.1 试验设计与材料方法

8.1.1 观测内容与测定方法

采集种植前及收获后土壤样品:分别于番茄移栽前(2013年3月背景值)、收获后(2013年8月、2014年8月、2015年8月)采集土壤样品。每个小区利用直径为3.5cm标准土钻取土壤样本,土壤样本采集采用5点取样法、混合均匀成1个混合样,采样深度分别为0~10cm、10~20cm、20~30cm、30~40cm、40~60cm。

根际非根际土壤温度测定:分别在番茄植株根系及根系之间安装土壤温度自动记录仪,测试时间为番茄移栽后至收获前。土壤温度测定采用4通道多点温度自动记录仪,分别在番茄根际、非根际埋设土壤温度探头,埋设深度0.1~0.2m,测定频率为2h,每个试验小区埋设土壤温度探头2组。

土壤测试指标为pH值、电导率值（EC）、有机质、Cd、Cr。土壤有机质采用重铬酸钾容量法测定；土壤Cd、Cr采用原子吸收分光光度计测定。

8.1.2 数据处理与统计分析

利用Microsoft Excel 2013和Matlab进行绘图和统计模型的构建；利用DPS 14.50软件中的单因素方差分析和两因素方差分析进行显著性分析，利用Duncan's新复极差法进行多重比较，置信水平为0.05。

8.2 设施生境空气温度、湿度变化特征

2013年、2014年、2015年设施环境中空气温度、湿度变化趋势一致，以2013年为例，番茄全生育期设施温室内空气温度、湿度日变化详见图8-1。4—7月空气温度、湿度变化趋势基本一致，空气温度变化趋势表现为：0：00—6：00空气温度基本平稳，6：00—14：00空气温度逐渐升高，并在14：00达到最大，4—7月空气温度极大值分别为31.06℃、28.39℃、35.01℃、38.05℃，14：00—22：00空气温度逐渐降低。气温升高显著降低了空气中的湿度，特别是在6：00—14：00，空气中的湿度下降明显，14：00空气湿度最小，4—7月空气湿度极小值分别为40.37%、55.95%、42.29%、40.55%。

8.3 设施土壤温度变化特征

土壤温度影响着植物的生长、发育和土壤中各种生物化学过程，如微生物活动所引起的生化过程和非生化过程都与土壤温度密切相关。土壤温度受太阳辐射能、生物热和地球内热的影响，一般土壤太阳辐射能是其热量的主要来源，对于设施农田生态系统，生化活动放热（生物热）成为土壤温度差异的主要因素，土壤微生物分解有机质的过程是放热过程，释放出的热量，一部分被微生物用来作为进行生物同化的能量，而大部分用来提高根层土壤温度，进而促进根系生化活动和根系分泌物增加。大多数土

壤微生物的活动适宜温度为15~45℃，在此温度范围内，温度越高，微生物活动能力越强；土温过低或过高，则会抑制微生物活动，从而影响土壤养分、有机质矿化和相应酶促过程，进而影响土壤养分的生物有效性。

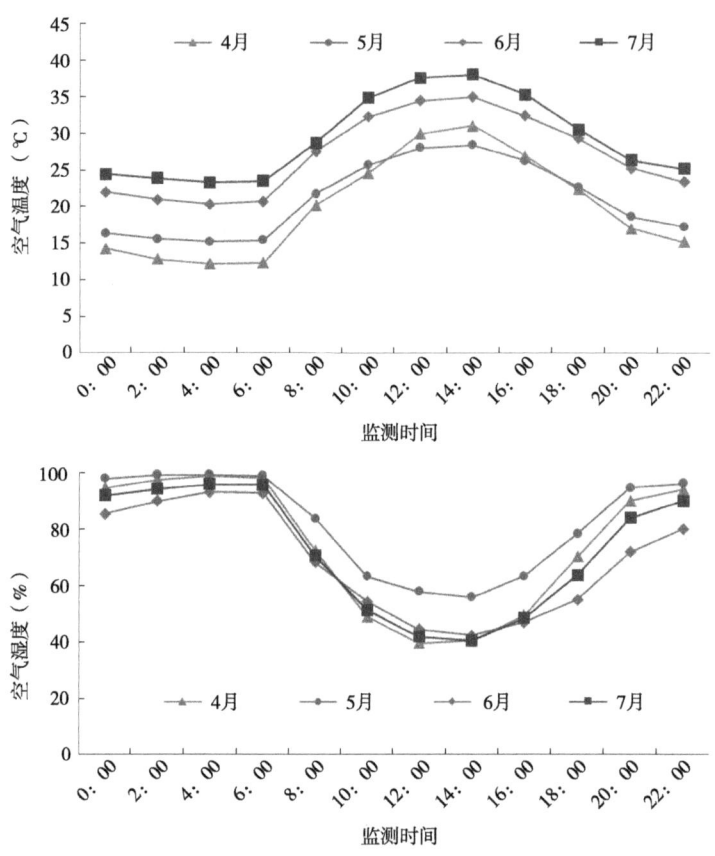

图8-1　番茄全生育期设施温室内空气温度、湿度日变化

8.3.1　根际非根际土壤温度变化特征

图8-2为番茄全生育期不同处理根际、非根际土壤温度动态变化。番茄根际土壤温度略高于非根际土壤。ReN1（再生养殖废水常规施氮处理）、ReN2（再生养殖废水减氮20%处理）、ReN3（再生养殖废水减氮30%处理）、ReN4（再生养殖废水减氮50%处理）和CK处理，番茄全生育期根际土壤温度均值分别为22.59℃、22.47℃、22.32℃、22.23℃、21.32℃；非根际土壤温度均值分别为22.46℃、22.18℃、22.20℃、

22.12℃、21.28℃；相同处理番茄全生育期根际土壤平均温度分别较非根际土壤温度高0.13℃、0.29℃、0.12℃、0.11℃、0.04℃。

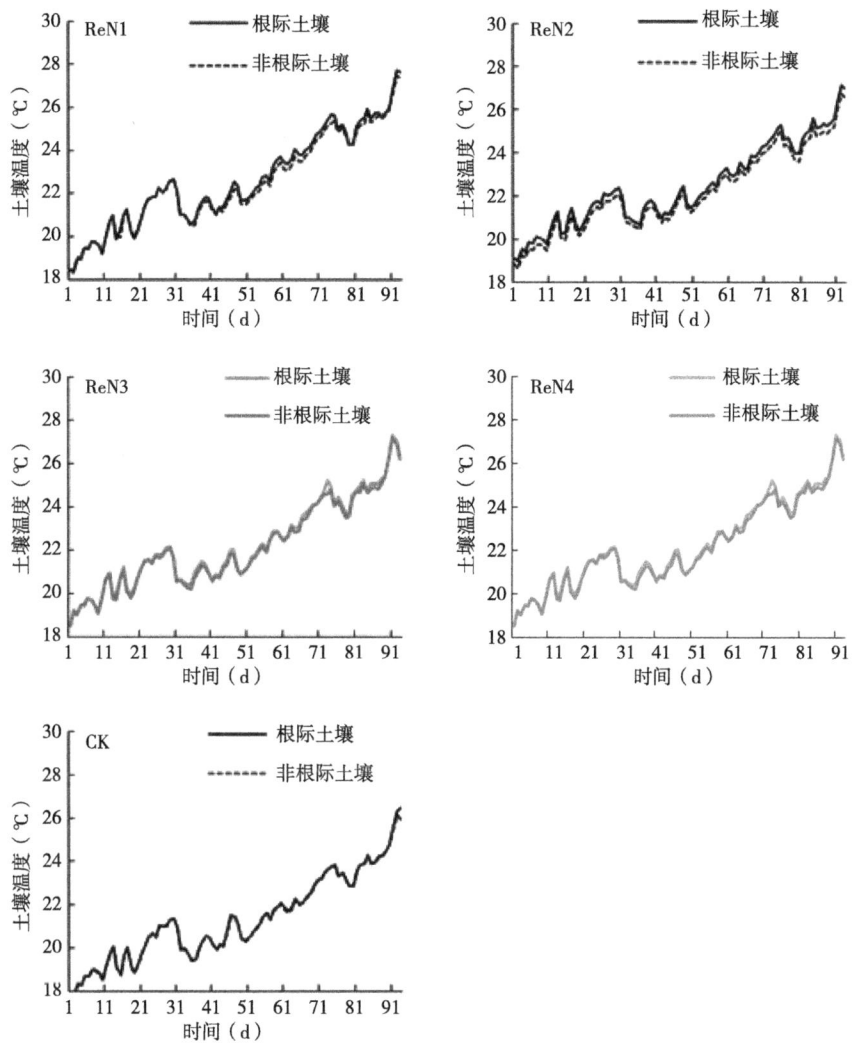

图8-2 不同处理根际、非根际土壤温度随时间动态变化

图8-3为不同处理根际、非根际土壤温度随时间变化对比。根际土壤温度变化结果表明，ReN1、ReN2、ReN3、ReN4处理，土壤温度高于CK处理，分别较对照处理提高了5.96%、5.37%、4.69%、4.27%；非根际土壤温度变化结果与根际土壤一致，即ReN1、ReN2、ReN3、ReN4处理较CK处理，分别提高了5.57%、4.24%、4.36%、3.96%，表明再生养殖废

水灌溉处理促进了土壤微生物活动，进而提高了根层土壤温度。

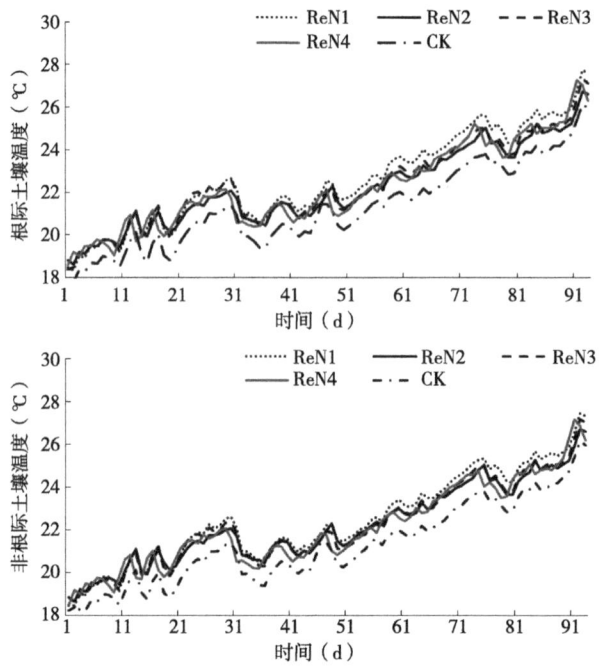

图8-3　不同处理根际、非根际土壤温度随时间动态变化

8.3.2　根际、非根际土壤温度日变化特征

图8-4至图8-8为不同处理不同月份根际、非根际土壤温度日变化特征。所有处理根际、非根际土壤温度日动态变化表明，土壤温度变化趋势呈"抛物线"分布，波峰出现在20：00—22：00，波谷出现在10：00—12：00。4月、5月、6月、7月，所有处理根际土壤平均温度分别介于18.92~20.11℃、20.45~21.61℃、22.33~24.02℃、24.59~26.21℃；4月、5月、6月、7月，所有处理非根际土壤平均温度分别介于19.90~19.84℃、20.40~21.52℃、22.29~23.66℃、24.50~25.83℃。4月、5月、6月、7月，所有处理番茄根际土壤平均温度分别为19.69℃、21.30℃、23.39℃、25.57℃，番茄根际土壤平均温度分别为19.60℃、21.13℃、23.15℃、25.35℃，根际土壤平均温度分别较非根际土壤高0.09℃、0.17℃、0.24℃、0.22℃。

图8-9为番茄全生育期内根际、非根际土壤平均温度随月份动态变化特征。图8-10为番茄全生育期内根际、非根际土壤温度回归分析。番茄

8 养殖废水灌溉设施土壤生境健康评价

全生育期内,根际和非根际土壤平均温度随月份(4—7月)逐渐增加,且根际和非根际土壤平均温度与月份线性拟合方程的决定系数(r^2)均超过0.994;番茄全生育期内,根际土壤温度与非根际土壤温度回归分析表明,根际土壤温度与非根际土壤温度具有显著正相关(r^2=0.999)。

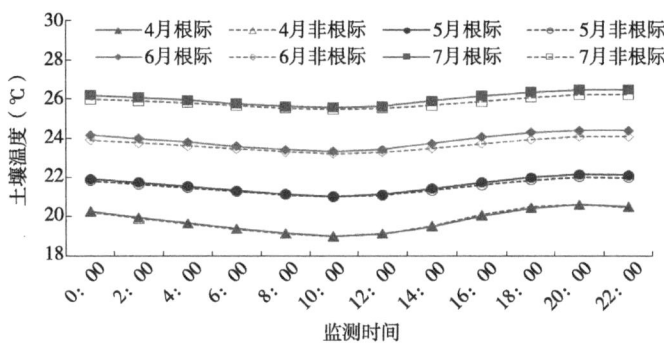

图8-4 ReN1处理根际、非根际土壤温度随时间动态变化(4—7月)

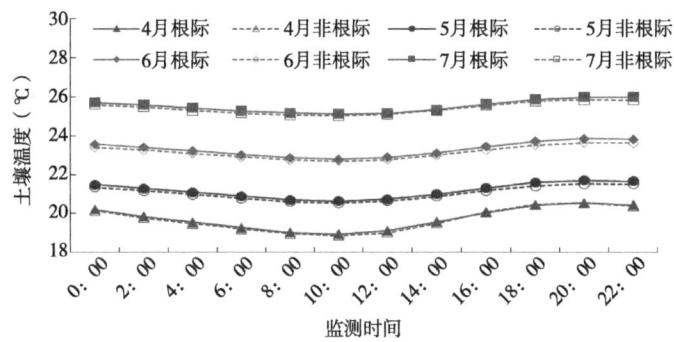

图8-5 ReN2处理根际、非根际土壤温度随时间动态变化(4—7月)

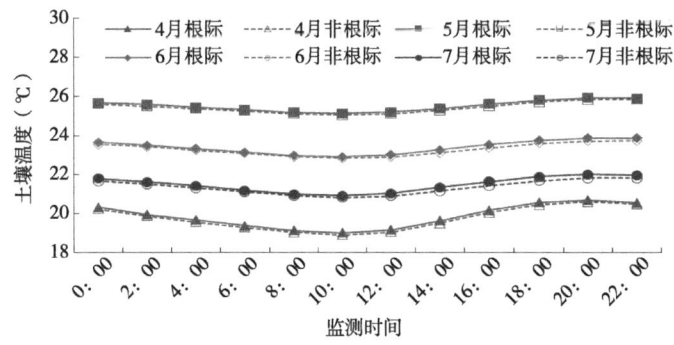

图8-6 ReN3处理根际、非根际土壤温度随时间动态变化(4—7月)

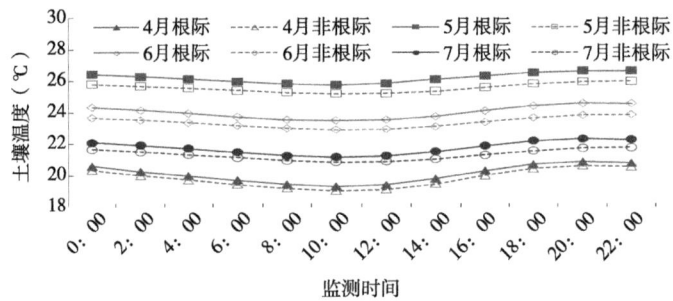

图8-7 ReN4处理根际、非根际土壤温度随时间动态变化（4—7月）

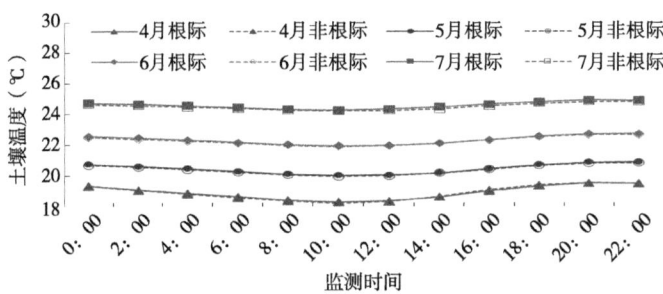

图8-8 CK处理根际、非根际土壤温度随时间动态变化（4—7月）

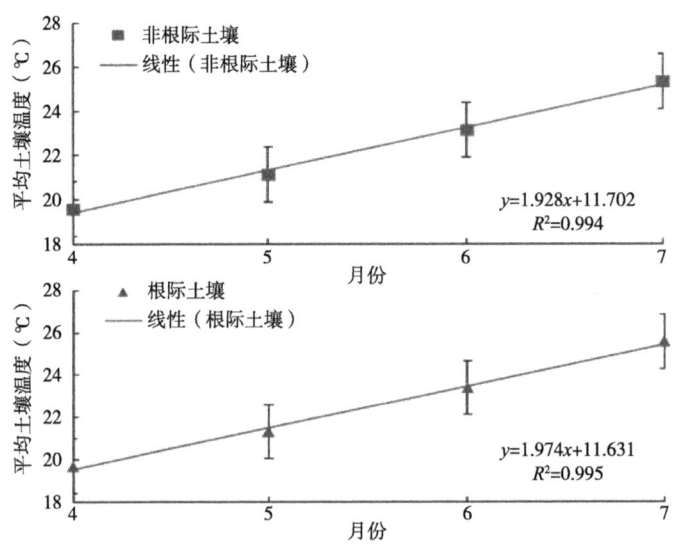

图8-9 根际、非根际土壤平均温度随月份回归分析

8 养殖废水灌溉设施土壤生境健康评价

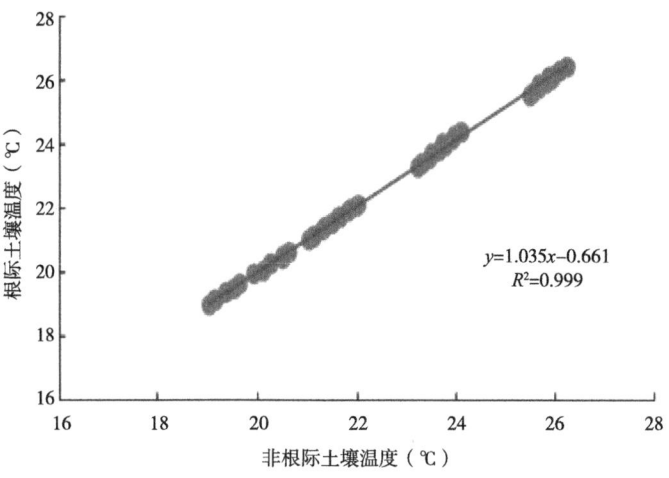

图8-10 根际、非根际土壤温度回归分析

8.4 土壤酸碱度周年变化特征分析

图8-11为不同土层土壤pH值随灌溉年限的变化。所有处理土壤pH值随土层深度增加有增加趋势，灌溉3年后，0~10cm、10~20cm、20~30cm、30~40cm、40~60cm土层土壤pH值分别达到8.289、8.560、8.776、8.901、8.907，0~10cm、10~20cm、20~30cm土层土壤pH值较背景值分别降低了0.017个、0.101个、0.051个单位，但30~40cm、40~60cm土层土壤pH值较背景值分别增加了0.027个、0.075个单位。各处理0~60cm土层土壤平均pH值背景值为8.70；灌溉3年后，ReN1、ReN2、ReN3、ReN4、CK处理，0~60cm土层土壤平均pH值分别为8.65、8.63、8.56、8.53和8.60，分别较背景值降低了0.65%、0.78%、1.61%、1.93%、1.11%。与CK处理相比，再生养殖废水灌溉对不同土层土壤pH值影响并不明显（$P<0.05$）。值得注意的是，土壤酸碱性不仅直接影响作物的生长，而且与土壤中元素的转化和释放，以及微量元素的有效性等都有密切关系，再生养殖废水灌溉引起土壤pH值轻微下降，即土壤轻微酸化可能降低肥效，甚至作物减产。

土壤pH值与灌溉年限、灌水水质耦合模型可近似表达见式（8-1）。

$$\text{pH值} = a + bW + cI + dWI + C'I^2 \quad (8\text{-}1)$$

式中，pH值为土壤酸碱度；I为灌溉年限（年）；W为灌水水质；a、b、c、d、C'为经验常数。

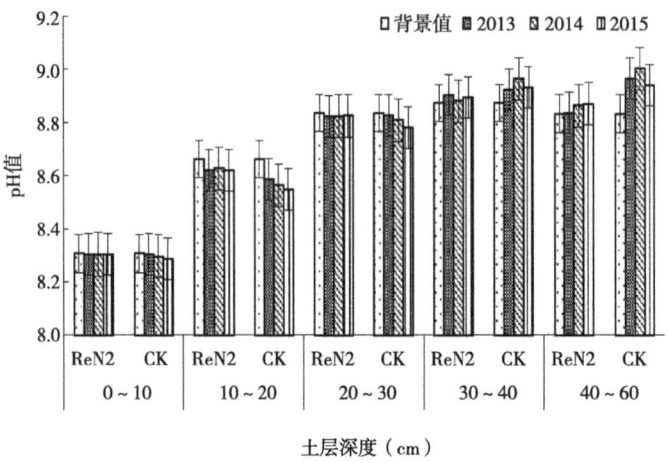

图8-11　不同灌水处理不同土层土壤pH值随灌溉年限变化

经验常数取值详见表8-1，不同土层土壤pH值与灌水水质、灌溉年限的模拟结果详见图8-12。模拟的结果表明，土壤pH值与灌溉年限、灌水水质的相关性系数均大于0.84，构建的数学模型均方根误差小于0.04。特别是常规氮肥追施清水灌溉，0～20cm土层土壤pH值与灌溉年限呈线性负相关，即随灌溉年限增加，0～20cm土层土壤pH值降幅明显；而常规氮肥追施再生养殖废水灌溉，0～60cm土层土壤pH值与灌溉年限呈曲线相关，这可能主要是因为再生养殖废水中溶解性有机质的输入提高了土壤缓冲性能。

表8-1　不同再生水灌溉年限土壤pH值耦合模型参数取值

参数	a	b	c	d	C'	R^2	RMSE
0～10	8.291	0.010	0.010	−0.007	−0.000 8	0.92	0.003
10～20	8.702	−0.048	0.019	−0.024	0.012	0.96	0.012
20～30	8.808	0.013	0.025	−0.016	−0.000 1	0.93	0.007
30～40	8.828	0.046	−0.01	0.018	−0.012	0.84	0.019
40～60	8.664	0.112	0.030	0.022	−0.024	0.84	0.041

8 养殖废水灌溉设施土壤生境健康评价

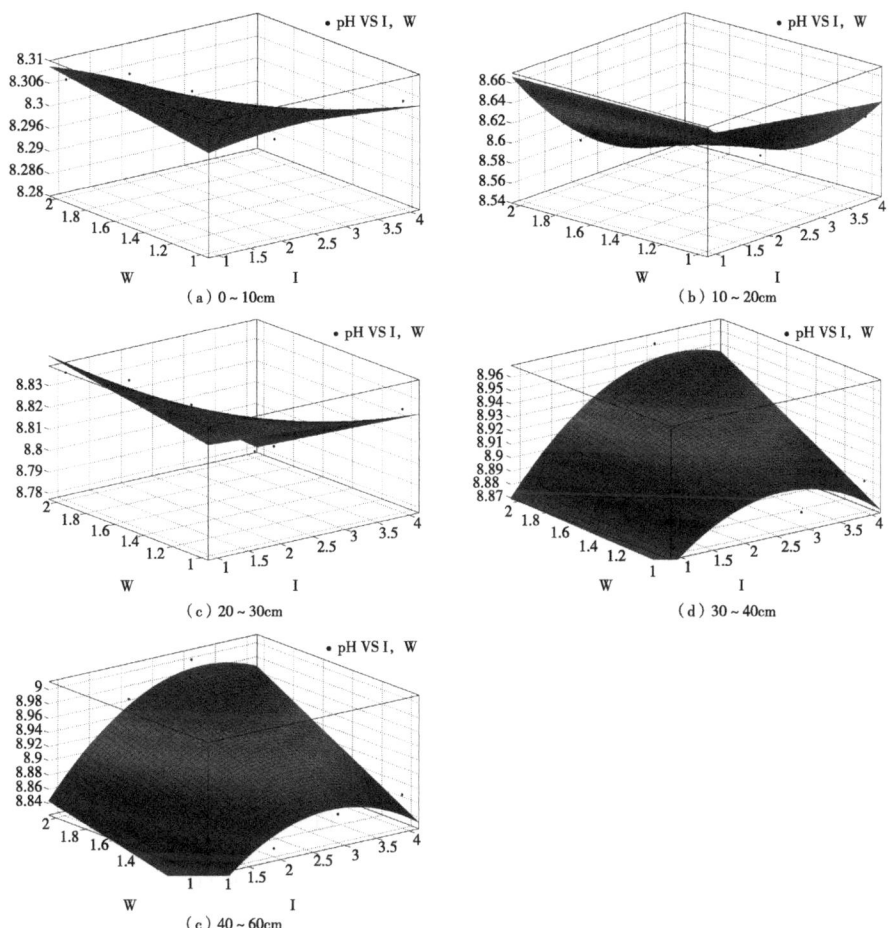

图8-12 不同土层土壤pH值随灌水水质和灌溉年限变化模拟

注：不同土层土壤pH值与灌水水质（W）和灌溉年限（I）模拟结果；X坐标、Y坐标、Z坐标分别代表W、I、土壤pH值。

8.5 土壤含盐量周年变化特征分析

图8-13为不同土层土壤EC值随灌溉年限的变化。灌溉3年后，0~10cm、10~20cm、20~30cm、30~40cm、40~60cm土层土壤EC值分别达到0.187%、0.096%、0.091%、0.085%、0.084%，0~10cm、10~20cm土层土壤EC值较背景值分别降低了0.040%、0.015%，但20~

30cm、30~40cm、40~60cm土层土壤EC值较背景值分别增加了0.006%、0.006%、0.007%。各处理0~60cm土层土壤EC背景值介于0.219%~0.077%。灌水3年后，番茄收获后0~10cm、10~20cm、20~30cm、30~40cm、40~60cm土层土壤含盐量，ReN1处理分别较2013年增加-11.12%、-12.90%、6.54%、10.13%、26.59%，ReN2处理分别较2013年增加-15.55%、-16.32%、4.44%、3.69%、3.26%，ReN3处理分别较2013年增加-11.16%、-7.39%、6.61%、2.47%、2.77%，ReN4处理分别较2013年增加-10.49%、-8.74%、27.22%、14.60%、20.31%，CK处理分别较2013年增加-23.72%、-25.61%、-8.78%、-15.52%、-5.90%。

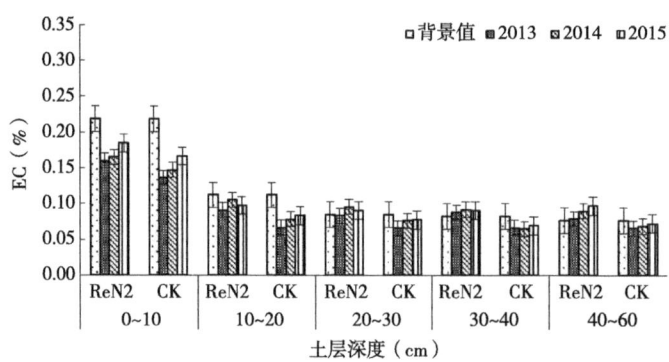

图8-13 不同灌水处理不同土层土壤EC值随灌溉年限变化

与CK处理土壤剖面相比，再生养殖废水灌溉处理导致盐分在0~60cm土层积累，ReN1、ReN2、ReN3、ReN4处理，0~60cm土层土壤EC均值分别较CK处理增加了21.49%、13.28%、17.55%、26.67%。由此可见，再生养殖废水灌溉导致0~60cm耕层土壤出现不同程度的盐分累积，主要是因为设施农田土壤在大气蒸发力作用下，下层土壤盐分被带到表层土壤，导致表层土壤盐分"积聚"，这可能引起设施土壤次生盐渍化和土壤退化。

土壤EC与灌溉年限、灌水水质耦合模型可近似表达见式（8-2）。

$$EC = e + fW + iI + jWI + i'I^2 \qquad (8-2)$$

式中：EC—土壤含盐量（%）；I—灌溉年限（年）；W—灌水水质；e、f、i、j、i'—经验参数。

经验常数取值详见表8-2。模拟的结果表明，20cm以上土层土壤EC与灌溉年限呈抛物线相关，而20cm以下土层土壤近似指数相关，详见图8-14。

表8-2 不同再生水灌溉年限土壤EC耦合模型参数取值

参数	e	f	i	j	i'	R^2	RMSE
0~10	0.322	−0.118	−0.002	−0.005	0.023	0.92	0.013
10~20	0.153	−0.038	−0.004	−0.005	0.008	0.73	0.013
20~30	0.094	−0.004	−0.002	−0.004	0.002	0.67	0.008
30~40	0.088	0.003	0.000 5	−0.007	0.002	0.90	0.005
40~60	0.074	0.004	0.006	−0.008	0.002	0.96	0.003

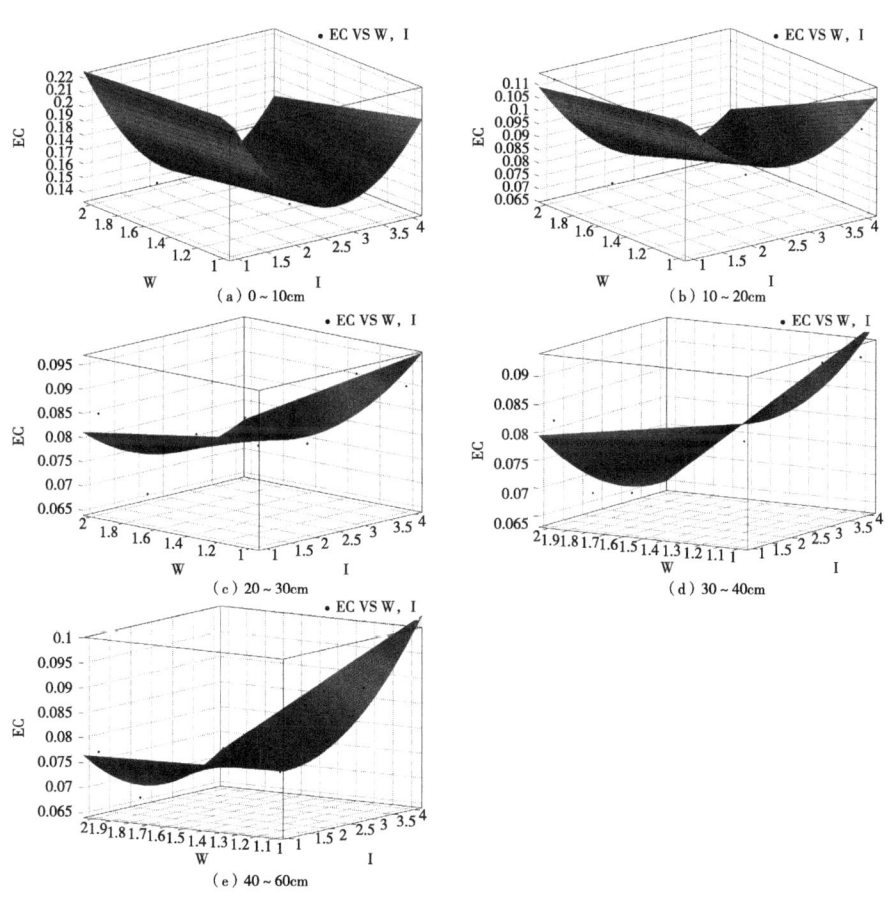

图8-14 不同土层土壤EC随灌水水质和灌溉年限变化

注：不同土层土壤EC与灌水水质（W）和灌溉年限（I）模拟结果；X坐标、Y坐标、Z坐标分别代表W、I、土壤EC。

8.6 土壤有机质周年变化特征分析

8.6.1 不同土层土壤有机质动态变化特征分析

图8-15为不同土层土壤有机质（OM）随灌溉年限的变化。不同土层土壤OM含量背景值介于0.16%~1.34%，土壤OM含量随土层深度的增加逐渐减小。与CK处理相比，灌溉3年后，再生养殖废水灌溉处理提高了0~60cm土层土壤OM含量。ReN1、ReN2、ReN3、ReN4、CK处理，0~60cm土层土壤平均OM含量与CK处理相比分别增加了0.62%、0.89%、0.61%、0.39%。特别是，与土壤OM含量背景值相比，10~40cm土层土壤OM有机质含量增幅介于0.83%~2.75%。

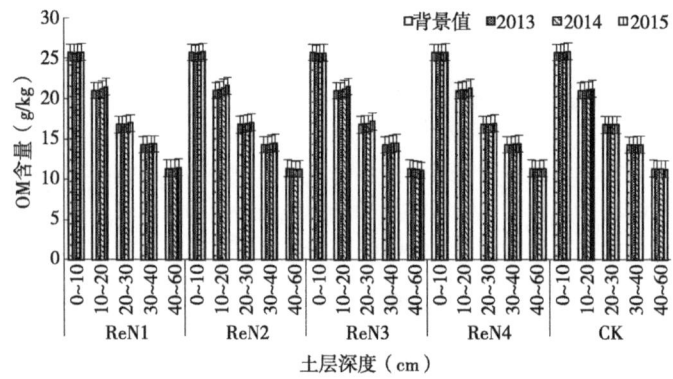

图8-15 不同灌水处理不同土层土壤OM值随灌溉年限变化

8.6.2 土壤有机质含量随灌溉周期变化特征分析

图8-16为0~60cm土层土壤OM均值随灌溉周期的变化。5个灌溉周期后，ReN1、ReN2、ReN3、ReN4、CK处理，0~60cm土层土壤OM均值分别较背景值增加了1.01%、1.28%、1.00%、0.78%、0.38%；同时，与CK处理相比，ReN1、ReN2、ReN3、ReN4处理0~60cm土层土壤OM均值分别提高了0.63%、0.89%、0.61%、0.39%。所有灌溉处理0~60cm土层土壤OM含量均值与灌溉周期均符合线性方程，拟合曲线见式（8-3）至式（8-7）。

ReN1处理：$OM_{mean}=0.4I_{season}+17.80$　$R^2=0.94$　　　　（8-3）

ReN2处理：$OM_{mean}=0.05I_{season}+17.80 \quad R^2=0.97$ （8-4）

ReN3处理：$OM_{mean}=0.4I_{season}+17.80 \quad R^2=0.94$ （8-5）

ReN4处理：$OM_{mean}=0.03I_{season}+17.81 \quad R^2=0.95$ （8-6）

CK处理：$OM_{mean}=0.02I_{season}+17.81 \quad R^2=0.93$ （8-7）

式中：OM_{mean}—0~60cm土层土壤OM均值；I_{season}—灌溉周期，每种作物完整全生育期为一灌溉周期。不同处理0~60cm土层土壤OM含量均值与灌溉周期回归分析表明，再生水灌溉处理可以提高土壤OM含量，尤其是ReN2处理土壤OM含量随灌溉周期的增加最为明显。

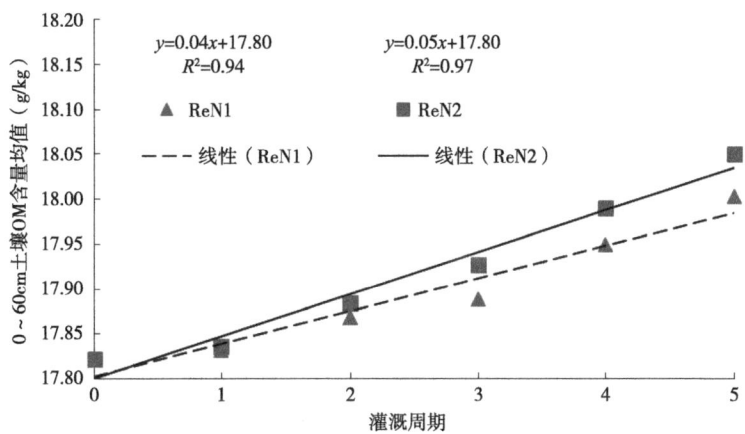

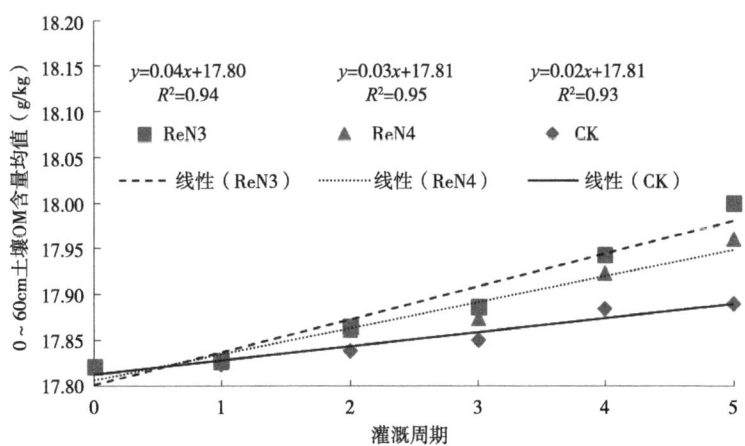

图8-16 不同灌水处理0~60cm土层土壤OM含量随灌溉周期的变化

8.7 设施土壤典型重金属镉、铬周年变化特征分析

图8-17为不同土层土壤镉含量随灌溉年限的变化。2013年，0~60cm土层土壤平均镉含量背景值为0.204 9mg/kg；灌溉3年后，ReN1、ReN2、ReN3、ReN4、CK处理，0~60cm土层土壤平均镉含量分别为0.190 0mg/kg、0.201 9mg/kg、0.208 2mg/kg、0.209 6mg/kg和0.207 0mg/kg，分别较背景值增加了-7.29%、-1.45%、1.60%、2.30%、1.03%。与CK处理相比，再生养殖废水灌溉对不同土层土壤镉含量影响并不明显（$P<0.05$）。

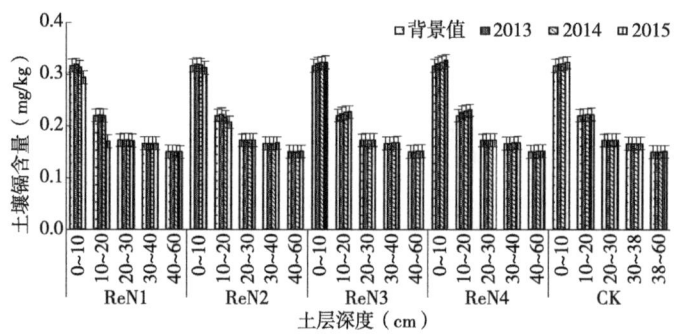

图8-17 不同灌水处理0~60cm土层土壤重金属镉含量随灌溉年限的变化

图8-18为不同土层土壤铬含量随灌溉年限的变化。2013年，0~60cm土层土壤平均铬含量背景值为50.20mg/kg；灌溉3年后，ReN1、ReN2、ReN3、ReN4、CK处理，0~60cm土层土壤平均铬含量分别为49.19mg/kg、49.66mg/kg、50.21mg/kg、50.23mg/kg和50.21mg/kg，分别较背景值增加了-2.01%、-1.07%、0.03%、0.06%、0.03%。与CK处理相比，再生养殖废水灌溉对不同土层土壤铬含量影响并不明显（$P<0.05$）。

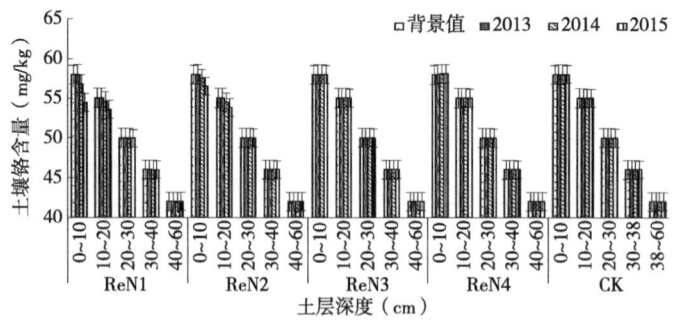

图8-18 不同灌水处理0~60cm土层土壤重金属铬含量随灌溉年限的变化

8 养殖废水灌溉设施土壤生境健康评价

2015年，ReN1、ReN2、ReN3、ReN4、CK处理，0~20cm土层土壤平均镉（Cd）含量分别较背景值增加了-13.60%、-3.17%、2.61%、3.91%、1.58%，而0~20cm土层土壤平均铬（Cr）含量分别较背景值增加了-4.41%、-2.37%、0.05%、0.13%、0.06%。ReN1和ReN2处理表层土壤镉、铬均表现为降低趋势，这可能主要因为土壤pH值降低，增加了土壤重金属活性，提高了作物对镉、铬的吸收，从而增加土壤重金属污染食品风险。

土壤重金属镉（Cd）与灌溉年限、灌水水质耦合模型可近似表达为式（8-8）。

$$Cd = a + bW + cI + dWI + c_1 I^2 \quad (8-8)$$

式中，Cd为土壤重金属镉含量（mg/kg）；I为灌溉年限（年）；W为灌水水质；a、b、c、d、c_1为经验常数。经验常数取值详见表8-3。不同土层重金属镉含量与灌溉年限、灌水水质模拟结果详见图8-19。模拟的结果表明，30cm以上土层土壤重金属镉含量有降低趋势，特别是再生水灌溉处理随灌溉年限增加降幅明显，30cm以下土层土壤重金属镉含量有小幅增加趋势，预测38年后，土壤重金属镉含量将达到0.30mg/kg（《GB 15618—1995 土壤环境质量标准限值》）。

土壤重金属铬（Cr）与灌溉年限、灌水水质耦合模型可近似表达为式（8-9）。

$$Cr = a' + b'W + c'I + d'WI + c_1' I^2 \quad (8-9)$$

式中，Cr为土壤重金属铬含量（mg/kg）；I为灌溉年限（年）；W为灌水水质；a'、b'、c'、d'、c_1'为经验常数。经验常数取值详见表8-4。不同土层重金属铬含量与灌溉年限、灌水水质模拟结果详见图8-20。模拟的结果表明，20cm以上土层土壤重金属铬含量有降低趋势，特别是再生水灌溉处理随灌溉年限增加降幅明显，与土壤重金属镉模拟结果一致；20~60cm土层土壤重金属铬含量基本稳定；40~60cm以下土层土壤重金属铬含量有小幅增加趋势，土壤环境质量标准二级限值200mg/kg，预测1 265年后，土壤重金属铬含量将达到该标准限值。

表8-3 不同再生水灌溉年限土壤重金属镉耦合模型参数取值

参数	a	b	c	d	c_1	R^2	RMSE
0~10	0.330	−0.003	−0.014	0.009	−0.003	0.89	0.005
10~20	0.240	0.001	−0.026	0.016	−0.006	0.81	0.012
20~30	0.172	−0.000 4	−0.000 5	0.000 4	0	0.87	0
30~40	0.167	−0.001	−0.000 5	0.000 3	0.000 1	0.80	0.000 2
40~60	0.152	−0.000 9	−0.001	0.000 6	0	0.70	0.000 4

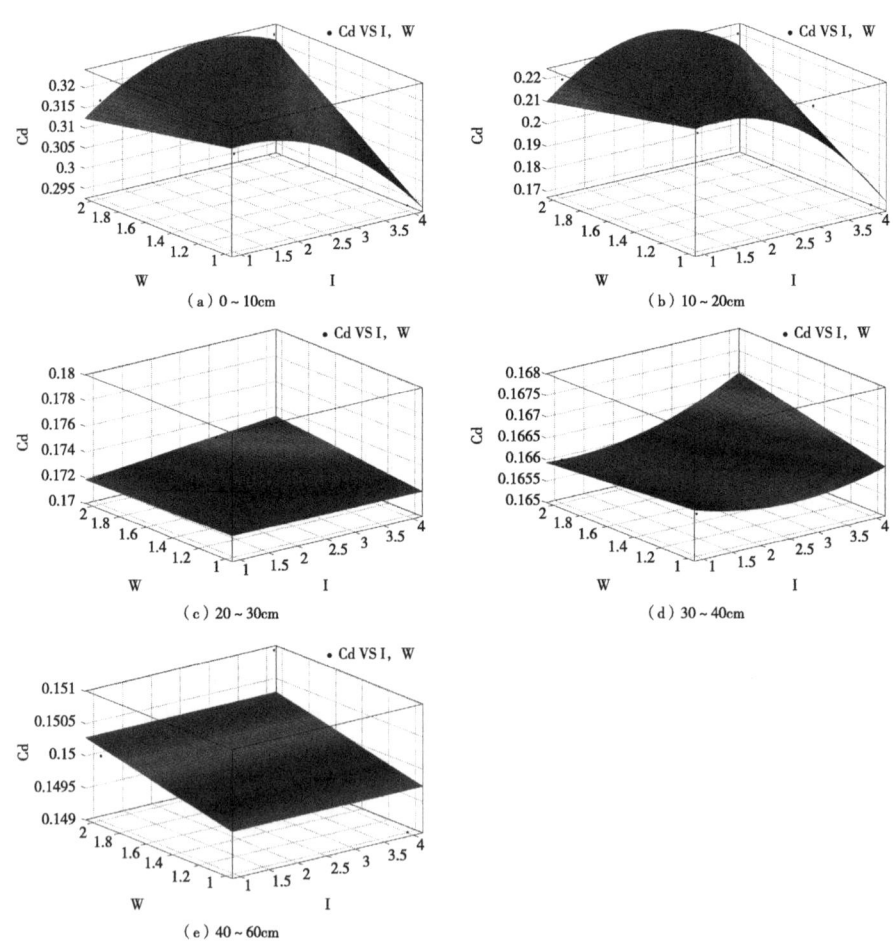

图8-19 不同土层土壤重金属镉随灌水水质和灌溉年限变化模拟

注：不同土层土壤镉含量（Cd）与灌水水质（W）和灌溉年限（I）模拟结果；
X坐标、Y坐标、Z坐标分别代表W、I、Cd。

8 养殖废水灌溉设施土壤生境健康评价

表8-4 不同再生水灌溉年限土壤重金属铬耦合模型参数取值

参数	a'	b'	c'	d'	c_1'	R^2	RMSE
0~10	60.11	−0.908	−1.82	1.217	−0.301	0.94	0.49
10~20	55.78	−0.295	−0.702	0.462	−0.125	0.92	0.21
20~30	50.03	−0.007	−0.030	0.019	−0.006	0.88	0.01
30~40	46.01	−0.004	−0.004	0.003	−0.000 2	0.93	0.001
40~60	42.00	−0.001	−0.000 5	0.000 3	0.000 1	0.80	0.000 2

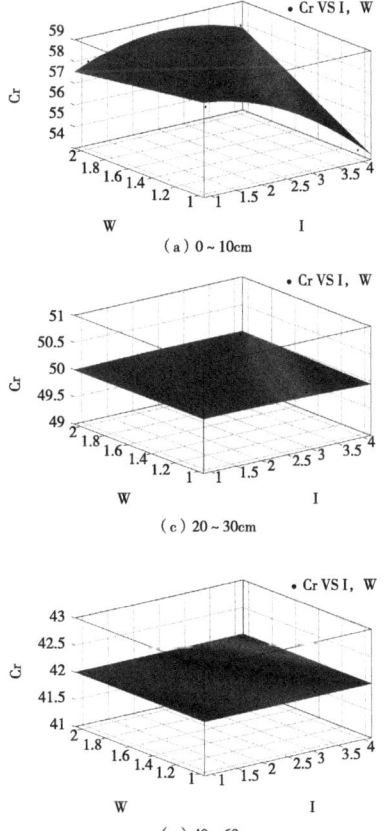
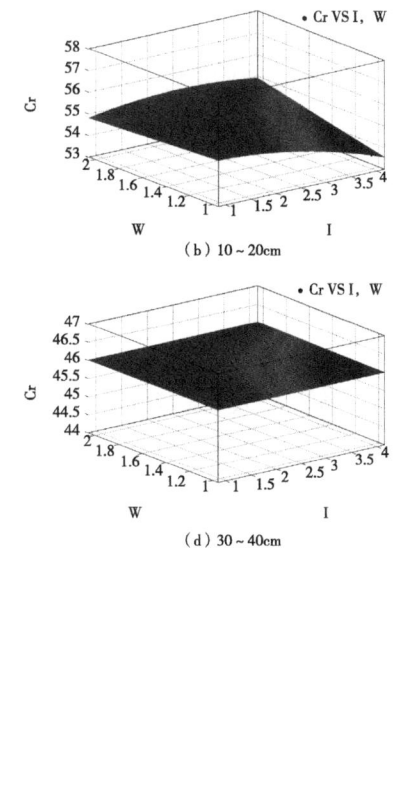

图8-20 不同土层土壤重金属铬随灌水水质和灌溉年限变化模拟

注：不同土层土壤铬（Cr）含量与灌水水质（W）和灌溉年限（I）模拟结果；
X坐标、Y坐标、Z坐标分别代表W、I、Cr。

8.8 养殖废水灌溉设施土壤生境健康风险评估

环境健康风险评价包括4个基本步骤：一是危害鉴定，即明确所评价的污染要素的健康终点；二是剂量—反应关系，即明确暴露和健康效应之间的关系；三是暴露评价，包括人体接触的环境介质中污染物的浓度，以及人体与其接触的行为方式和特征，即暴露参数；四是风险表征，即综合分析剂量—反应和暴露评价的结果，得出风险值。目前国内外的健康风险评价方法主要分为化学致癌物风险评价模型和化学非致癌物风险评价模型两大类。依据国际通用的暴露剂量估算模型（USEPA），将致癌风险暴露途径划分为口食、经皮肤和经土壤暴露3种途径。

8.8.1 暴露剂量估算模型

口食、经皮肤和经土壤等暴露途径下，暴露剂量估算模型详见式（8-10）、式（8-11）和式（8-12）。

经口食摄入暴露途径：

$$经口食摄入量（ADD_v）= \frac{CV \times CF \times IR \times FI \times EF \times ED}{BW \times AT} \quad (8-10)$$

经皮肤摄入暴露途径：

$$经皮肤摄入量（ADD_{sk}）= \frac{CS \times AF \times SA \times ABS \times EF \times ED \times CF}{BW \times AT} \quad (8-11)$$

经土壤摄入暴露途径：

$$经土壤摄入量（ADD_{sl}）= \frac{CS \times IR' \times CF \times FI \times EF \times ED}{BW \times AT} \quad (8-12)$$

式中，CV为蔬菜中污染物浓度（mg/kg）；CS为土壤中化学物质浓度（mg/kg）；IR为日摄入量（kg/d）；CF为转换因子（10^{-6} mg/kg）；FI为被摄入污染源的比例，范围为0～1，按照风险不确定性原则，研究选取FI为1；EF为暴露频率（d/年）；ED为暴露持续时间（年）；BW为人均体重（按成人和儿童分开计算）（kg）；AT为平均接触时间（d）；AF为皮肤黏附因子，成人和儿童分别计算（mg/cm²）；SA为皮肤接触面积（cm²/d）；ABS为皮肤对化学物质的吸收因子，取0.001；IR′为摄取率（kg/d）。

8.8.2 暴露剂量估算模型的风险表征

关于致癌风险的评判标准，欧美等国家风险阈值存在量级差异，本研究选取最严格的阈值标准1.0×10^{-6}作为判别标准，具体见式（8-13）。

$$R_{\text{cancer}} = \sum_k [1 - \exp(\text{ADI}_k \times \text{CSF}_k)] \approx \sum_k \text{ADI}_k \times \text{CSF}_k \quad (8-13)$$

式中，ADI_k为经由暴露途径k的每日平均暴露量［mg/（kg·d）］；CSF_k为暴露途径k的致癌斜率因子［（kg·d）/mg］。

对于非致癌效应表征采用参考剂量（reference dose，RfD），参考剂量是估计人类族群每天的暴露剂量，此暴露剂量在人类族群一生之中可能不会造成可察觉到有害健康的风险，其计算公式见式（8-14）。

$$\text{HI}_i = \text{HW}_v + \text{HQ}_{sk} + \text{HQ}_{sl} = \left(\frac{\text{ADD}_v}{\text{RfD}_v}\right)\left(\frac{\text{ADD}_{sk}}{\text{RfD}_{sk}}\right) + \left(\frac{\text{ADD}_{sl}}{\text{RfD}_{sl}}\right) \quad (8-14)$$

式中，HI_i为第i种污染物的非致癌污染指数；HQ_v为经口食摄入暴露途径的非致癌风险商数；HQ_{sk}为经皮肤接触摄入暴露途径的非致癌风险商数；HQ_{sl}为土壤摄入暴露途径的非致癌风险商数；ADD为某一非致癌物在某种暴露途径下的暴露剂量；RfD为某一非致癌物在某种暴露途径下的参考剂量。

当HI和HQ小于1时，认为风险较小或可以忽略，反之，当HI和HQ大于1时，则认为存在潜在风险。

8.8.3 参数选取

Cd、Cr、pH值和EC值4种典型污染物不同暴露途径的参考剂量值、致癌强度系数值及本研究暴露评估中选取的模型参数详见表8-5、表8-6。参考《土壤环境质量标准》（GB 15618—1995），Cd和Cr的二级标准值分别为0.60mg/kg、250mg/kg。为了评价环境重金属富集程度，采用地质累积指数法定量评估重金属污染程度，见式（8-15）。

$$I_{geo} = \log_2\left[\frac{c_i}{kB_i}\right] \quad (8-15)$$

式中，c_i为污染物的实测含量（mg/kg）；B_i为污染物的地球化学背景值（mg/kg）；k为修正成岩作用引起的背景值波动而设定的系数，一般取值1.5。地质累积指数与重金属污染程度分级详见表8-7。

表8-5 污染物的参考剂量和致癌强度参数 [mg/(kg·d)]

污染物	口食摄入剂量	皮肤摄入剂量	致癌强度系数	参考来源
Cd	1.0×10^{-3}	1.30×10^{-4}	6.1	中国人群暴露参数手册、美国环保部等文献
Cr	1.5×10^{-3}	1.95×10^{-4}	41	
pH值	1.0×10^{-2}	5.00×10^{-3}	100	
EC	1.5×10^{-2}	8.00×10^{-3}	100	

表8-6 暴露评估模型参数

参数	暴露参数	参考值	参考来源
CV（mg/kg）	食物中污染物浓度	$CV_{Cd}=0.046$ $CV_{Cr}=0.082$ $CV_{pH}=9.0$ $CV_{EC}=1.5$	实测
CS（mg/kg）	土壤中污染物浓度	$CS_{Cd}=0.522$ $CV_{Cr}=50.20$ $CV_{pH}=8.62$ $CV_{EC}=1.54$	
IR（kg/d）	食物摄入率	$IR_{adult}=0.276\ 2$ $IR_{child}=0.221\ 0$	
EF（d/年）	暴露频率	200	
ED（年）	暴露持续时间	$ED_{adult}=7.4$，$ED_{child}=6$	
BW（kg）	人均体重	$BW_{adult}=60.6$，$BW_{child}=18.0$	
AT（d）	平均接触时间	致癌计算：$AT_{adult}=74 \times 365$，$AT_{child}=6 \times 365$ 非致癌计算：$EF \times ED$	实测

8 养殖废水灌溉设施土壤生境健康评价

（续表）

参数	暴露参数	参考值	参考来源
SA（cm²/d）	皮肤接触面积	SA_{adult}=57，SA_{child}=2 800	
AF（mg/cm²）	皮肤黏附因子	AF_{adult}=0.07，AF_{child}=0.2	
CF	转换因子	10^{-6}	
ABS	皮肤对化学物质的吸收因子	0.001	
IR′（mg/d）	摄取率	IR'_{adult}=100，IR'_{child}=200	
FI	被摄入污染源的比例	1	取最大值

表8-7 地质累积指数与重金属污染程度分级

I_{geo}	≤0	0~1	1~2	2~3	3~4	4~5	≥5
级数	0	1	2	3	4	5	6
污染程度	清洁	轻度污染	偏中污染	中度污染	偏重污染	重度污染	严重污染

8.8.4 土壤生境健康风险评价

根据暴露输入途径（口食、皮肤和土壤摄入）计算公式，结合设施土壤重金属、pH值和EC等土壤中污染物浓度水平，Cd、Cr、pH值和EC 4种风险因子经不同输入途径可能导致目标群体的重金属摄入量，计算结果详见表8-8。

表8-8 不同途径的土壤限制性指标暴露剂量估算值 [mg/(kg·d)]

输入途径	对象	Cd	Cr	pH值	EC
经口食摄入	成人	2.098×10^{-11}	3.740×10^{-11}	2.281×10^{-9}	6.842×10^{-10}
	儿童	5.652×10^{-11}	1.008×10^{-10}	6.144×10^{-9}	1.843×10^{-9}
经皮肤摄入	成人	1.289×10^{-9}	1.481×10^{-7}	2.128×10^{-8}	3.802×10^{-9}
	儿童	4.938×10^{-10}	5.676×10^{-8}	8.154×10^{-9}	1.457×10^{-9}

（续表）

输入途径	对象	Cd	Cr	pH值	EC
经土壤摄入	成人	6.378×10^{-9}	7.331×10^{-7}	1.053×10^{-7}	1.882×10^{-8}
	儿童	4.295×10^{-8}	4.936×10^{-6}	7.092×10^{-7}	1.267×10^{-7}
地质累积指数法	成人和儿童	0.799	-1.170	-0.384	0.038

由表8-8可以看出，3种途径土壤限制性指标非致癌日均暴露剂量大小顺序均为经土壤摄入途径ADD_{sl}>经皮肤摄入途径ADD_{sk}>经口食摄入途径ADD_v；与成人相比，儿童是易遭受限制性指标剂量暴露的人群。

表8-9为国际原子能机构、国际辐射防护委员会、美国环保部、英国皇家协会等机构推荐的公众可接受风险水平阈值；就当前社会发展水平，将10^{-7}设定为可忽略风险的阈值。设施土壤典型污染物的非致癌风险商数和致癌风险值计算结果详见表8-10、表8-11。

表8-9 最大可接受和可忽略风险水平对应风险商数

机构名称	最大可接受风险（年）	可忽略风险（年）	备注
国际原子能机构	1.0×10^{-6}	1.0×10^{-7}	10^{-3}数量级对应风险特别高，不可接受；10^{-4}数量级对应风险中等，应采取必要措施；10^{-5}数量级对应风险公众关心；10^{-6}数量级对应风险可接受；10^{-7}数量级以下对应风险公众不关心
国际辐射防护委员会	5.0×10^{-5}	1.0×10^{-7}	
美国环保部	1.0×10^{-4}	1.0×10^{-7}	
英国皇家协会	1.0×10^{-6}	1.0×10^{-7}	
瑞典环保局	1.0×10^{-6}	1.0×10^{-7}	
荷兰环保部	1.0×10^{-6}	1.0×10^{-8}	

表8-10 设施生境土壤限制性指标的非致癌风险商数

项目	对象	经口食摄入	经皮肤摄入	经土壤摄入	HI
HQ_{Cd}	成人	2.098×10^{-8}	9.914×10^{-6}	6.378×10^{-6}	1.630×10^{-5}
	儿童	5.652×10^{-8}	3.798×10^{-6}	4.295×10^{-5}	4.680×10^{-5}

（续表）

项目	对象	经口食摄入	经皮肤摄入	经土壤摄入	HI
HQ_{Cr}	成人	2.494×10^{-8}	7.597×10^{-4}	4.888×10^{-4}	1.248×10^{-3}
	儿童	6.717×10^{-8}	2.911×10^{-4}	3.291×10^{-3}	3.582×10^{-3}
HQ_{pH}	成人	2.281×10^{-7}	4.257×10^{-6}	1.053×10^{-5}	1.502×10^{-5}
	儿童	6.144×10^{-7}	1.631×10^{-6}	7.092×10^{-5}	7.317×10^{-5}
HQ_{EC}	成人	4.561×10^{-8}	4.753×10^{-7}	2.352×10^{-6}	2.873×10^{-6}
	儿童	1.229×10^{-7}	1.821×10^{-7}	1.584×10^{-5}	1.614×10^{-5}

表8-11 设施生境土壤限制性指标的致癌风险值

项目	对象	HQ_v	HQ_{sk}	HQ_{sl}	$\sum R$
R_{Cd}	成人	3.440×10^{-12}	2.113×10^{-10}	1.046×10^{-9}	1.260×10^{-9}
	儿童	9.266×10^{-12}	8.095×10^{-11}	7.041×10^{-9}	7.131×10^{-9}
R_{Cr}	成人	9.123×10^{-13}	3.613×10^{-9}	1.788×10^{-8}	2.150×10^{-8}
	儿童	2.458×10^{-12}	1.384×10^{-9}	1.204×10^{-7}	1.218×10^{-7}
R_{pH}	成人	2.281×10^{-11}	2.128×10^{-10}	1.053×10^{-9}	1.289×10^{-9}
	儿童	6.144×10^{-11}	8.154×10^{-11}	7.092×10^{-9}	7.235×10^{-9}
R_{EC}	成人	6.842×10^{-12}	3.802×10^{-11}	1.882×10^{-10}	2.330×10^{-10}
	儿童	1.843×10^{-11}	1.457×10^{-11}	1.267×10^{-9}	1.300×10^{-9}

综上，典型设施生境土壤限制性指标致癌风险的途径主要为经土壤摄入途径和皮肤接触途径；成人限制性指标Cd、Cr、pH值和EC总非致癌风险商数1.630×10^{-5}、1.248×10^{-3}、1.502×10^{-5}、2.873×10^{-6}，儿童限制性指标Cd、Cr、pH值和EC总非致癌风险商数4.680×10^{-5}、3.582×10^{-3}、7.317×10^{-5}、1.614×10^{-5}，限制性指标总非致癌风险商数均小于1，依次为$HQ_{Cr}>HQ_{pH}>HQ_{Cd}>HQ_{EC}$，对人体基本不会造成非致癌健康危害，但儿童作为敏感群体，其非致癌风险商数接近1；成人限制性指标Cd、Cr、pH值和EC总致癌风险分别为1.260×10^{-9}、2.150×10^{-8}、1.289×10^{-9}、

2.330×10^{-10},儿童限制性指标Cd、Cr、pH值和EC总致癌风险分别为7.131×10^{-9}、1.218×10^{-7}、7.235×10^{-9}、1.300×10^{-9},对于成人和儿童群体接近国际认可的致癌风险限值1.0×10^{-6},分别达到2.150×10^{-8}和1.218×10^{-7}。

8.9 本章小结

(1)番茄全生育期内(4—7月),根际和非根际土壤平均温度随月份逐渐增加,根际土壤温度与非根际土壤温度具有显著正相关关系($R^2=0.999$);所有处理根际温度均高于非根际土壤温度,ReN1、ReN2、ReN3、ReN4和CK处理番茄全生育期根际土壤平均温度分别较非根际土壤温度高0.13℃、0.29℃、0.12℃、0.11℃、0.04℃;尤其是再生水灌溉处理番茄全生育期根际、非根际土壤平均温度分别较CK处理提高了5.07%、4.53%。土壤温度日变化表现出明显的滞后效应,土壤温度11:00最低,到21:00达到最高,之后又逐渐降低。

(2)土壤pH值是反映土壤缓冲性能的重要指标之一,土壤酸碱性不仅直接影响作物的生长,而且与土壤中元素的转化和释放,以及微量元素的有效性等都有密切关系。再生养殖废水灌溉3年后,0~30cm土层土壤pH值较背景值降低了0.057个单位,但30~60cm土层土壤pH值较背景值增加了0.051个单位;与CK处理相比,ReN1处理表层土壤pH值下降更为明显,其中2015年番茄收获后ReN1处理0~10cm、10~20cm土层土壤pH值降低单位为CK处理的2.17倍、1.45倍。运用多元回归分析方法,构建了土壤pH值与灌溉年限、灌水水质的耦合模型,不同土层土壤描述三者关系的耦合模型相关系数均大于0.84,模拟结果表明,随灌溉年限增加,0~60cm土层土壤pH值呈先增加后降低趋势,养殖废水灌溉可以提高土壤缓冲性能。

(3)与0~60cm土层土壤EC背景值相比,灌水3年后,0~10cm、10~20cm土层土壤EC值显著降低,但20~30cm、30~40cm、40~60cm土层土壤积盐明显($P<0.05$);与CK处理相比,ReN1、ReN2、ReN3、ReN4处理,0~60cm土层土壤EC均值分别较CK处理增加了21.49%、13.28%、17.55%、26.67%,0~60cm耕层土壤"积盐"可能会抑制

番茄植株生长，特别是在番茄苗期造成植株生理缺水凋萎。构建的不同土层土壤EC与灌溉年限、灌水水质耦合模型的相关系数均大于0.90（10~20cm、20~30cm土层除外），模拟结果表明，随灌溉年限增加，30cm以下土层土壤EC值增加明显。

（4）所有处理0~60cm土层土壤OM含量随土层深度增加逐渐减小；灌溉提高了0~60cm土层土壤OM含量，与CK处理相比，灌溉3年后，ReN1、ReN2、ReN3、ReN4处理0~60cm土层土壤平均OM含量分别增加了0.62%、0.89%、0.61%、0.39%；0~60cm土层土壤OM含量与灌溉周期回归分析表明，0~60cm土层土壤OM含量与灌溉周期呈显著正相关（$R^2>0.93$）。上述结果表明，养殖废水灌溉提高了根层土壤缓冲性能和土壤质量。

（5）灌水3年后，ReN1、ReN2、ReN3、ReN4、CK处理，0~60cm土层土壤镉含量分别较背景值增加了-7.29%、-1.45%、1.60%、2.30%、1.03%，而0~60cm土层土壤铬含量分别较背景值增加了-2.01%、-1.07%、0.03%、0.06%、0.03%。构建的不同土层土壤镉、铬与灌溉年限、灌水水质耦合模型的相关系数均大于0.80（40~60cm土层除外）。模拟结果表明，养殖废水灌溉处理，30cm以上土层土壤重金属镉含量随灌溉年限增加降幅明显，40cm以下土层土壤重金属镉含量有小幅增加趋势，预测土壤重金属镉、铬含量达到土壤环境质量标准二级限值（0.30mg/kg、200mg/kg）分别需要38年和1 256年，而清水灌溉则分别需要36年和1 253年。

（6）采用暴露剂量估算模型对再生养殖废水灌溉设施土壤生境健康进行评估，结果表明Cd、Cr、pH值和EC 4种设施生境土壤限制性指标致癌风险的途径主要为经土壤摄入途径和皮肤接触途径；4种限制性指标总非致癌风险商数均小于1，依次为$HQ_{Cr}>HQ_{pH}>HQ_{Cd}>HQ_{EC}$，但儿童作为敏感群体，其非致癌风险商数HI达到$3.718\times10^{-3}$，为成人的2.90倍；4种限制性指标总致癌风险对儿童和成人分别达到1.375×10^{-7}、2.428×10^{-8}，儿童作为敏感群体其总致癌风险为成人的5.66倍。

参考文献

白丽静，王风，张克强，等，2010. 猪场废水灌溉对土壤-夏玉米系统氮素分布的影响[J]. 干旱地区农业研究，28（1）：44-48.

鲍士旦，1999. 土壤农化分析[M]. 3版. 北京：中国农业出版社.

才吉卓玛，2013. 生物质炭对不同类型土壤中磷有效性的影响研究[D]. 北京：中国农业科学院.

蔡红光，米国华，陈范骏，等，2010. 东北春玉米连作体系中土壤氮矿化、残留特征及氮素平衡[J]. 植物营养与肥料学报，16（5）：1144-1152.

陈庆荣，王成己，陈曦，等，2016. 施用烟秆生物黑炭对红壤性稻田根际土壤微生物的影响[J]. 福建农业学报，31（2），184-188.

陈永山，章海波，骆永明，2010. 典型规模化养猪场废水中兽用抗生素污染特征与去除效率研究[J]. 环境科学学报，30（11）：2205-2212.

丛日环，李小坤，鲁剑巍，2007. 土壤钾素转化的影响因素及其研究进展[J]. 华中农业大学学报，26（6）：907-913.

崔丙健，高峰，胡超，等，2019. 不同再生水灌溉方式对土壤-辣椒系统中细菌群落多样性及病原菌丰度的影响[J]. 环境科学，40（11）：5151-5163.

崔丽娜，王克科，王岩，2010. 磁絮凝法处理规模化猪场废水的实验研究[J]. 工业安全与环保，36（5）：3-4.

崔远来，李远华，吕国安，等，2004. 不同水肥条件下水稻氮素运移与转化规律研究[J]. 水科学进展，15（3）：280-284.

戴婷，章明奎，2010. 长期畜禽养殖污水灌溉对土壤养分和重金属积累的影响[J]. 灌溉排水学报，29（1）：36-39.

杜会英，冯洁，张克强，等，2016. 牛场肥水灌溉对冬小麦产量与氮利用效率及土壤硝态氮的影响[J]. 植物营养与肥料学报，22（2）：536-541.

杜臻杰，陈效民，方堃，等，2009. 典型红壤旱地硝态氮水平运移规律的研究[J]. 土壤通报, 40 (6): 1349-1352.

杜臻杰, 樊向阳, 李中阳, 等, 2014. 猪场沼液灌溉对冬小麦生长和品质的影响[J]. 农业环境科学学报, 33 (3): 547-554.

杜臻杰, 齐学斌, 樊向阳, 等, 2013. 猪场废水灌溉对夏玉米生长及水分利用效率的影响[J]. 中国土壤与肥料 (1): 43-47.

段伟, 郑威, 闫文德, 等, 2011. 樟树和马尾松人工林土壤氮矿化季节动态特征[J]. 中南林业科技大学学报, 31 (11): 96-100.

冯丹妮, 伍钧, 杨刚, 等, 2014. 连续定位施用沼液对水旱轮作耕层土壤微生物区系及酶活性的影响[J]. 农业环境科学学报, 33 (8): 1644-1651.

冯伟, 管涛, 王晓宇, 等, 2011. 沼液与化肥配施对冬小麦根际土壤微生物数量和酶活性的影响[J]. 应用生态学报, 22 (4): 1007-1012.

付雪丽, 王晨阳, 郭天财, 等, 2008. 水氮互作对小麦籽粒蛋白质、淀粉含量及其组分的影响[J]. 应用生态学报, 19 (2): 317-322.

高兵, 任涛, 李俊良, 等, 2008. 灌溉策略及氮肥适用对设施番茄产量及氮素利用的影响[J]. 植物营养与肥料学报, 14 (6): 1104-1109.

高春雨, 王立刚, 李虎, 等, 2011. 区域尺度农田N_2O排放量估算研究进展[J]. 中国农业科学, 44 (2): 316-324.

高海英, 何绪生, 陈心想, 等, 2012. 生物质炭及炭基硝酸铵肥料对土壤化学性质及作物产量的影响[J]. 农业环境科学学报, 31 (10): 1948-1955.

高俊红, 王兆炜, 张涵瑜, 等, 2016. 兰州市污水处理厂中典型抗生素的污染特征研究[J]. 环境科学学报, 36 (10): 3765-3773.

高瑞丽, 朱俊, 汤帆, 等, 2016. 水稻秸秆生物质炭对镉、铅复合污染土壤中重金属形态转化的短期影响[J]. 环境科学学报, 36 (1): 251-256.

耿晨光, 段婧婧, 李汛, 等, 2012. 沼液的园林地消解处理利用及其对土壤微生物碳、氮与酶活性的影响[J]. 农业环境科学学报, 31 (10): 1965-1971.

龚雪, 王继华, 关健飞, 等, 2014. 再生水灌溉对土壤化学性质及可培养微生物的影响[J]. 环境科学, 35 (9): 3572-3579.

谷淑波, 樊广华, 于振文, 等, 2006. 连续流动分析法快速测定小麦籽粒中的亚硝酸盐[J]. 分析化学, 34 (6): 894-896.

关连珠, 赵亚平, 张广才, 等, 2012. 玉米秸秆生物质炭对外源金霉素的吸持与解吸[J]. 中国农业科学, 45（24）: 5057-5064.

管涛, 冯伟, 王化岑, 等, 2010. 追施沼液对冬小麦根际土壤生物活性的影响[J]. 麦类作物学报, 30（4）: 721-726.

郭德杰, 吴华山, 马艳, 等, 2014. 沼液贮存及田间施用后大肠菌群的消长动态[J]. 生态与农村环境学报, 30（6）: 806-810.

韩锐, 魏红, 康璐一, 等, 2016. 外源生物质炭对黑土土壤微生物功能多样性的影响[J]. 东北林业大学学报, 44（5）: 67-69.

韩璇, 2013. 生物质碳对底泥吸附镉和磺胺甲噁唑的影响[D]. 杭州: 浙江大学.

韩洋, 李平, 齐学斌, 等, 2018. 再生水不同灌水水平对土壤酶活性及耐热大肠菌群分布的影响[J]. 环境科学, 39（9）: 4366-4374.

韩洋, 李平, 齐学斌, 等, 2019. 再生水灌水水平对土壤重金属及致病菌分布的影响[J]. 中国环境科学, 39（2）: 723-731.

郝飞麟, 沈明卫, 2007. 甲鱼养殖废水作为温室番茄栽培灌溉用水的效果研究[J]. 农业环境科学学报, 26（1）: 160-163.

郝小雨, 高伟, 王玉军, 等, 2012. 有机无机肥料配合施用对日光温室土壤氨挥发的影响[J]. 中国农业科学, 45（21）: 4403-4414.

何良英, 2016. 典型畜禽养殖环境中抗生素耐药基因的污染特征与扩散机理研究[D]. 北京: 中国科学院.

何艺, 谢志成, 朱琳, 2008. 不同类型水浇灌对已污染土壤酶及微生物量碳的影响[J]. 农业环境科学学报, 27（6）: 2227-2232.

胡开明, 逄勇, 王华, 2012. 太湖湖体全氮平衡及水质可控目标[J]. 水科学进展, 23（4）: 555-562.

黄冠华, 查贵锋, 冯绍元, 等, 2004. 冬小麦再生水灌溉时水分与氮素利用效率的研究[J]. 农业工程学报, 20（1）: 65-68.

黄剑, 2012. 生物质炭对土壤微生物量及土壤酶的影响研究[D]. 北京: 中国农业科学院.

黄黎粤, 丁竹红, 胡忻, 等, 2019. 生物质炭施用对小麦和玉米幼苗根际和非根际土壤中Pb、As和Cd生物有效性的影响研究[J]. 农业环境科学学报, 38（2）: 348-355.

霍翠英，吴树彪，郭建斌，等，2011. 猪粪发酵沼液中植物激素及喹啉酮类成分分析[J]. 中国沼气，29（5）：7-10.

贾明云，2013. 生物质碳对水和土壤中重金属/抗生素的吸附固持作用[D]. 北京：中国科学院大学.

金发会，李世清，卢红玲，等，2008. 黄土高原不同土壤微生物量碳、氮与氮素矿化势的差异[J]. 生态学报，28（1）：227-236.

靳红梅，常志州，叶小梅，等，2010. 江苏省大型沼气工程沼液理化特性分析[J]. 农业工程学报，27（1）：291-296.

巨晓棠，刘学军，张福锁，2003. 冬小麦/夏玉米轮作体系中土壤氮素矿化及预测[J]. 应用生态学报，14（12）：2241-2245.

兰涛，姜东，谢祝捷，等，2004. 花后土壤干旱和渍水对不同专用小麦籽粒品质的影响[J]. 水土保持学报，18（1）：193-196.

李慧琳，韩勇，蔡祖聪，2008. 太湖地区水稻土有机氮厌氧矿化的温度效应[J]. 生态环境，17（3）：1210-1215.

李久生，2020. 再生水滴灌原理与应用[M]. 北京：科学出版社.

李平，胡超，樊向阳，等，2013. 减量追氮对再生水灌溉设施番茄根层土壤氮素利用的影响[J]. 植物营养与肥料学，19（4）：972-979.

李平，齐学斌，郭魏，等，2019. 再生水灌溉对设施生境的影响及效应评估[M]. 北京：中国水利水电出版社.

李平，2018. 再生水灌溉对设施土壤氮素转化及生境影响研究[M]. 西安：西安理工大学.

李世清，吕丽红，付会芳，等，2003. 土壤氮素矿化过程中非交换铵态氮的变化[J]. 中国农业科学，36（6）：663-670.

李松林，吕军，张峰，等，2011. 高浓度沼液淹灌土水系统中氮、磷和有机物的动态变化[J]. 水土保持学报，25（2）：125-129.

李欣怡，2020. 生物质炭配施沼液对土壤水平入渗特征及理化性质的影响研究[D]. 兰州：兰州理工大学.

李中阳，齐学斌，樊向阳，等，2016. 不同钝化材料对污灌农田镉污染土壤修复效果研究[J]. 灌溉排水学报，35（3）：42-44.

梁文婷，颜丽，郝长红，等，2009. 氧化镁改性沸石处理猪场废水的研究[J]. 中国给水排水，25（11）：73-75.

梁银丽，康绍忠，1998. 节水灌溉对冬小麦光合速率和产量的影响[J]. 西北农业大学学报，26（4）：16-19.

梁媛，李飞跃，杨帆，等，2013. 含磷材料及生物质炭对复合重金属污染土壤修复效果与修复机理[J]. 农业环境科学学报，32（12）：2377-2383.

林于廉，田伟，杨志敏，等，2013. 微波-Fenton对沼液中抗生素和激素的高级氧化[J]. 环境工程学报，7（1）：164-168.

刘博，2016. 游离态四环素类抗生素抗性基因在土壤中的吸附特性[D]. 北京：清华大学.

刘昌明，陈志恺，2001. 中国水资源现状评价和供需发展趋势分析[M]. 北京：中国水利水电出版社.

刘克锋，刘悦秋，雷增谱，等，2003. 不同微生物处理对猪粪堆肥质量的影响[J]. 农业环境科学学报，22（3）：311-314.

刘凌，陆桂华，2002. 含氮污水灌溉实验研究及污染风险分析[J]. 水科学进展，13（3）：313-320.

刘平，徐明岗，李菊梅，等，2008. 不同钾肥对土壤铅植物有效性的影响及其机制[J]. 环境科学，29（1）：202-206.

刘茜，2017. 生物膜电极与产电型湿地组合技术去除抗生素及控制抗性基因的研究[D]. 南京：东南大学.

刘锐，2017. 规模化猪场废水典型抗生素抗性基因的调查研究[J]. 家畜生态学报，38（11）：68-71.

刘学军，赵紫娟，巨晓棠，等，2002. 基施氮肥对冬小麦产量、氮肥利用率及氮平衡的影响[J]. 生态学报，22（7）：1122-1128.

刘逊，邓小华，周米良，等，2012. 湘西植烟土壤有机质含量分布及其影响因素[J]. 核农学报，26（7）：1037-1042.

刘源，崔二苹，李中阳，等，2018. 养殖废水灌溉下施用生物质炭和果胶对土壤养分和重金属迁移的影响[J]. 植物营养与肥料学报，24（2）：424-434.

柳敏，张璐，宇万太，等，2007. 有机物料中有机碳和有机氮的分解进程及分解残留率[J]. 应用生态学报，18（11）：2503-2506.

鲁如坤，2000. 土壤农业化学分析方法[M]. 北京：中国农业科技出版社.

罗永清，陈银萍，陶玲，等，2010. 兰州土壤—蔬菜系统铅污染特征及全钾速效钾与pH对其富集特性影响[J]. 农业环境科学学报，29（8）：1477-1482.

吕殿青，张树兰，杨学云，2007. 外加碳、氮对黄绵土有机质矿化与激发效应的影响[J]. 植物营养与肥料学报，13（3）：423-429.

马福生，刘洪禄，吴文勇，等，2008. 再生水灌溉对冬小麦根冠发育及产量的影响[J]. 农业工程学报，24（2）：57-63.

马献发，李伟彤，孟庆峰，等，2017. 生物质炭对土壤重金属形态特征及迁移转化影响研究进展[J]. 东北农业大学学报，48（6）：82-90.

马兴华，荣凡番，苑举民，等，2011. 典型植烟土壤氮素矿化研究[J]. 中国烟草科学（3）：105-109.

苗战霞，黄占斌，侯利伟，等，2008. 再生水灌溉对土壤盐分和重金属累积分布影响的研究[J]. 农业环境科学学报，27（1）：62-66.

倪国荣，2013. 不同土壤肥力及施肥制度下的双季稻田土壤微生物特征[D]. 南昌：江西农业大学.

欧阳超，尚晓，王欣泽，等，2010. 电化学氧化法去除养猪废水中氨氮的研究[J]. 水处理技术，36（6）：111-115.

欧阳媛，王圣瑞，金相灿，等，2009. 外加氮源对滇池沉淀物氮矿化影响的研究[J]. 中国环境科学，29（8）：879-884.

潘能，侯振安，陈卫平，等，2012. 绿地再生水灌溉土壤微生物量碳及酶活性效应研究[J]. 环境科学，33（12）：4081-4087.

潘瑞炽，2004. 植物生理学[M]. 5版. 北京：高等教育出版社：282-286.

彭致功，杨培岭，任树梅，等，2006. 再生水灌溉对草坪草生长速率、叶绿素及类胡萝卜素的影响特征[J]. 农业工程学报，22（10）：105-108.

齐学斌，樊向阳，乔冬梅，2019. 污灌农田土壤修复试验研究[M]. 北京：中国农业科学技术出版社.

齐学斌，钱炬炬，樊向阳，等，2006. 污水灌溉国内外研究现状与进展[J]. 中国农村水利水电（1）：13-15.

钱锋，曾萍，宋晨，等，2008. 养猪废水的吸附-过滤法初级处理试验研究[J]. 安全与环境学报，8（6）：60-64.

乔冬梅，齐学斌，樊向阳，等，2010. 养猪废水灌溉对冬小麦作物-土壤系统影响研究[J]. 灌溉排水学报, 29（1）：32-35.

秦耀东, 2003. 土壤物理学[M]. 北京：高等教育出版社.

邱光磊, 宋永会, 袁鹏, 等, 2009. 新型移动床生物膜反应器深度处理模拟养猪废水试验研究[J]. 北京师范大学学报（自然科学版）, 45（5）：631-635.

任文畅, 王沛芳, 钱进, 等, 2015. 干湿交替对土壤磷素迁移转化影响的研究综述[J]. 长江科学院院报, 32（5）：41-47.

邵云, 崔景明, 李晓波, 等, 2020. 离子交换纤维对麦田土壤铅污染的修复效果[J]. 麦类作物学报, 40（6）：762-768.

沈荣开, 王康, 张瑜芳, 等, 2001. 水肥耦合条件下作物产量、水分利用和根系吸氮的试验研究[J]. 农业工程学报, 17（5）：35-38.

沈玉芳, 李世清, 邵明安, 2007. 水肥空间组合对冬小麦生物学性状及生物量的影响[J]. 中国农业科学, 40（8）：1822-1829.

师荣光, 刘凤枝, 赵玉杰, 等, 2008. 中国城市再生水安全回用农业的对策研究[J]. 中国农业科学, 41（8）：2355-2361.

石亚楠, 刘鸣达, 张克强, 等, 2015. 猪场厌氧肥水灌溉对设施油麦菜产量及品质的影响[J]. 农业环境科学学报, 34（1）：190-195.

宋延静, 龚骏, 2010. 施用生物质炭对土壤生态系统功能的影响[J]. 鲁东大学学报（自然科学版）, 26（4）：361-365.

孙海军, 闵炬, 施卫明, 等, 2015. 稻麦轮作体系养殖肥水灌溉对产量、氨挥发和氧化亚氮排放的影响[J]. 土壤, 47（3）：503-508.

孙永明, 李国学, 张夫道, 等, 2005. 中国农业废弃物资源化现状与发展战略[J]. 农业工程学报, 21（8）：169-173.

孙赟, 何志龙, 林杉, 等, 2017. 不同生物质炭对酸化茶园土壤N_2O和CO_2排放的影响[J]. 农业环境科学学报, 36（12）：2544-2552.

唐微, 伍钧, 孙百晔, 等, 2010. 沼液不同施用量对水稻产量及稻米品质的影响[J]. 农业环境科学学报, 29（12）：2268-2273.

汪吉东, 曹云, 常志州, 等, 2013. 沼液配施化肥对太湖地区水蜜桃品质及土壤氮素累积的影响[J]. 植物营养与肥料学报, 19（2）：379-386.

王成己, 陈庆荣, 陈曦, 等, 2017. 烟秆生物质炭对烟草根际土壤养分及细菌群落的影响[J]. 中国烟草科学, 38（1）：42-47.

王丹丹, 王清明, 2017. 丁香假单胞菌的分子生物学研究进展[J]. 西北农业学报, 26（4）: 487-496.

王凤, 黄治平, 张克强, 等, 2009. 猪场废水灌溉对潮土酶活性的影响[J]. 农业环境科学学报, 28（8）: 1602-1606.

王根林, 姬景红, 李玉梅, 2009. 土壤有机氮矿化的研究进展[J]. 黑龙江农业科学（6）: 164-165.

王海艺, 韩烈保, 黄明勇, 2006. 干旱条件下水肥耦合作用机理和效应[J]. 中国农学通报, 122（6）: 124-128.

王凯军, 2004. 畜禽养殖污染防治技术与政策[M]. 北京: 化学工业出版社.

王立秋, 靳占忠, 曹敬山, 等, 1997. 水肥因子对小麦籽粒及面包烘烤品质的影响[J]. 中国农业科学, 30（3）: 67-73.

王丽丽, 2015. 不同生物质炭对铅锌矿尾矿重金属污染土壤修复效果的研究[D]. 杭州: 浙江大学.

王丽渊, 刘国顺, 王林虹, 等, 2014. 生物质炭对烤烟干物质积累量及根际土壤理化性质的影响[J]. 华北农学报, 29（1）: 140-144.

王帘里, 孙波, 2011. 温度和土壤类型对氮素矿化的影响[J]. 植物营养与肥料学报, 17（3）: 583-591.

王琳, 吴珊, 李春林, 2010. 粪便、沼液、沼渣中重金属检测及安全性分析[J]. 内蒙古农业科技（6）: 56-57.

王小燕, 于振文, 2006. 不同冬小麦品种氮素吸收运转特性及其与籽粒蛋白质含量的关系[J]. 植物营养与肥料学报, 12（3）: 301-306.

王艳杰, 邹国元, 付华, 等, 2005. 土壤氮素矿化研究进展[J]. 土壤肥料科学, 21（10）: 203-208.

王英惠, 杨旻, 胡林潮, 等, 2013. 不同温度制备的生物质炭对土壤有机碳矿化及腐殖质组成的影响[J]. 农业环境科学学报, 32（8）: 1585-1591.

王媛, 周建斌, 杨学云, 2010. 长期不同培肥处理对土壤有机氮组分及氮素矿化特性的影响[J]. 中国农业科学, 43（6）: 1173-1180.

王志勇, 白由路, 王磊, 等, 2011. 氮素营养水平对冬小麦产量及生物学性状的影响[J]. 中国土壤与肥料（4）: 22-25.

乌英嘎, 2014. 生物质炭施用对华北潮土土壤理化性质及微生物多样性的影响[D]. 呼和浩特: 内蒙古师范大学.

乌英嘎，张贵龙，赖欣，等，2014. 生物质炭施用对华北潮土土壤细菌多样性的影响[J]. 农业环境科学学报，33（5）：965-971.

吴得峰，姜继韶，高兵，2016. 添加DCD对雨养区春玉米产量、氧化亚氮排放及硝态氮残留的影响[J]. 植物营养与肥料学报，22（1）：30-39.

吴建强，2011. 不同坡度缓冲带滞缓径流及污染物去除定量化[J]. 水科学进展，22（1）：112-117.

肖亚涛，2019. 冬小麦苗期对镉胁迫的响应及阻控机制研究[D]. 北京：中国农业科学院.

邢英，李心清，王兵，等，2011. 生物质炭对黄壤中氮淋溶影响：室内土柱模拟[J]. 生态学杂志，30（11）：2483-2488.

徐冰洁，罗义，周启星，等，2010. 抗生素抗性基因在环境中的来源、传播扩散及生态风险[J]. 环境化学，29（2）：169-178.

徐大胜，彭素琼，2010. 小麦分蘖成穗对产量的影响研究[J]. 西南农业学报，23（4）：1055-1060.

徐仁扣，2006. 低分子量有机酸对可变电荷土壤和矿物表面化学性质的影响[J]. 土壤，38（3）：233-241.

许卫霞，于振文，2008. 水磷耦合对小麦耗水特性和籽粒产量的影响[J]. 植物营养与肥料学报，14（5）：821-828.

许振成，谌建宇，曾雁湘，等，2007. 集约化猪场废水强化生化处理工艺试验研究[J]. 农业工程学报，23（10）：204-209.

杨金燕，杨肖娥，何振立，2005. 土壤中铅的来源及生物有效性[J]. 土壤通报，36（5）：765-772.

杨军，张蕾，张克强，等，2009. 猪场废水灌溉对潮土硝态氮含量变化的影响[J]. 农业工程学报，25（5）：35-39.

杨守明，王民生，2006. 嗜水气单胞菌及其对人的致病性[J]. 疾病控制杂志，10（5）：511-514.

叶彩燕，汪开毓，刘韬，等，2018. 西伯利亚鲟致病性嗜水气单胞菌的分离鉴定[J]. 中国预防兽医学报，40（3）：195-199.

易良银，梁玉婷，赵慧慧，等，2015. 土壤中抗性基因的产生，扩散传播以及消减的研究进展[J]. 现代生物医学进展（9）：1752-1759.

尹光华，刘作新，李桂芳，等，2004. 水肥耦合对春小麦水分利用效率的影响[J]. 水土保持学报，18（6）：156-162.

尹长松，孙育平，2002. 藻类固定化技术在水产养殖废水中的应用前景[J]. 内陆水产（7）：40-41.

余东波，胡向军，宋洪川，等，2006. 沼液对甜玉米幼苗素质、产量和品质影响的试验研究[J]. 可再生能源（2）：42-45.

余泺，高明，慈恩，等，2010. 不同耕作方式下土壤氮素矿化和硝化特征研究[J]. 生态环境学报，19（3）：733-738.

袁金华，徐仁扣，2011. 生物质炭的性质及其对土壤环境功能影响的研究进展[J]. 生态环境学报，20（4）：779-785.

袁志辉，刘敏超，陈志良，等，2015. 磷基材料钝化土壤铅及其影响因素研究进展[J]. 土壤通报，46（6）：1514-1522.

查贵锋，黄冠华，冯绍元，等，2003. 夏玉米污水灌溉时水分与氮素利用效率的研究[J]. 农业工程学报，19（3）：63-67.

詹媛媛，薛梓瑜，周志宇，等，2009. 干旱荒漠区不同灌木根际与非根际土壤氮素的含量特征[J]. 生态学报，29（1）：59-66.

张凤翔，周明耀，徐华平，等，2005. 水肥耦合对冬小麦生长和产量的影响[J]. 水利与建筑工程学报，3（2）：22-24.

张洪生，张克强，韩烈保，等，2006. 再生水灌溉对绿地土壤环境的影响[J]. 北京林业大学学报（S1）：78-84.

张华，陈晓东，常文越，等，2007. 畜禽养殖污水生态处理及资源化利用方式的探讨[J]. 环境保护科学，33（3）：38-40.

张进，张妙仙，单胜道，等，2009. 沼液对水稻生长产量及其重金属含量的影响[J]. 农业环境科学学报，28（10）：2005-2009.

张克强，高怀友，2004. 畜禽养殖业污染物处理与处置[M]. 北京：化学工业出版社.

张明明，梁美丹，肖剑，等，2019. 即食米面制品中蜡样芽孢杆菌分离及毒力基因研究[J]. 食品工业科技，40（22）：144-150.

张树清，张夫道，刘秀梅，等，2005. 规模化养殖畜禽粪主要有害成分测定分析研究[J]. 植物营养与肥料学报，11（6）：822-829.

张田，卜美东，耿维，等，2012. 中国畜禽粪便污染现状及产沼气潜力[J]. 生态学杂志，31（5）：1241-1249.

张祥, 王典, 姜存仓, 等, 2013. 生物质炭对我国南方红壤和黄棕壤理化性质的影响[J]. 中国生态农业学报, 21（8）: 979-984.

张玉树, 张金波, 朱同彬, 等, 2015. 不同种植年限果园土壤有机氮组分变化特征[J]. 生态学杂志, 34（5）: 1229-1233.

张月, 2014. 臭氧曝气对猪场粪污厌氧消化液养分形态与油菜生长的影响[D]. 杨凌: 西北农林科技大学.

张子扬, 刘舒巍, 张璐, 2016. 人工湿地去除畜禽养殖废水中磺胺类抗生素抗性基因研究[J]. 环境科学与管理, 41（5）: 89-92.

章燕, 徐慧, 夏宗伟, 等, 2012. 硝化抑制剂DCD、DMPP对褐土氮总矿化速率和硝化速率的影响[J]. 应用生态学报, 23（1）: 166-172.

赵炳梓, 徐富安, 周刘宗, 等, 2003. 水肥（N）双因素下的小麦产量及水分利用率[J]. 土壤（2）: 122-125.

赵耕毛, 刘兆普, 陈铭达, 等, 2005. 半干旱地区海水养殖废水灌溉菊芋效应初探[J]. 干旱地区农业研究, 23（5）: 159-163.

赵耕毛, 刘兆普, 陈铭达, 等, 2006. 海水养殖废水灌溉条件下SPAC系统中水盐肥通量研究[J]. 土壤学报, 43（6）: 961-965.

赵兰凤, 2016生物有机肥对香蕉枯萎病及土壤微生物学特性的影响研究[D]. 广州: 华南农业大学.

赵娜娜, 刘钰, 蔡甲冰, 2010. 夏玉米作物系数计算与耗水量研究[J]. 水利学报, 41（8）: 953-959.

赵麒淋, 伍钧, 陈璧瑕, 等, 2012. 施用沼液对土壤和玉米重金属累积的影响[J]. 水土保持学报, 26（2）: 251-255.

赵长盛, 胡承孝, 黄巍, 2013. 华中地区两种典型菜地土壤中氮素的矿化特征研究[J]. 土壤, 45（1）: 41-45.

曾向辉, 刘世, 李云开, 等, 2007. 集约化畜禽养殖再生水灌溉的研究现状与趋势分析[J]. 灌溉排水学报, 26（6）: 1-5.

郑加玉, 刘琳, 高大文, 等, 2013. 四环素抗性基因在人工湿地中的去除及累积[J]. 环境科学, 34（8）: 3102-3107.

郑健, 李欣怡, 马静, 等, 2020. 秸秆生物质炭配施沼液对土壤有机质和全氮含量的影响[J]. 农业环境科学学报, 39（5）: 1111-1121.

庄榆佳，侯梅芳，耿春女，2016. 畜禽养殖废水中抗生素和抗性基因的去除技术进展[J]. 上海应用技术学院学报（自然科学版），16（2）：117-123.

庄榆佳，赵忆，苏建强，等，2017. 抗生素抗性基因在养殖废水中的分布与去除[J]. 环境化学，36（11）：2311-2318.

ABEYSINGHE D H, SHANABLEH A, RIGDEN B, 1996. Biofilters for water reuse in aquaculture[J]. Water Science and Technology, 34（11）：253-260.

ABID M, DANISH S, ZAFAR-UL-HYE M, et al., 2017. Biochar increased photosynthetic and accessory pigments in tomato (*Solanum lycopersicum* L.) plants by reducing cadmium concentration under various irrigation waters[J]. Environmental Science and Pollution Research, 24: 22111-22118.

ABUBAKER J, CEDERLUND H, ARTHURSON V, et al., 2013. Bacterial community structure and microbial activity in different soils amended with biogas residues and cattle slurry[J]. Applied Soil Ecology, 72（7）：171-180.

ALAGÖZ Z, YILMAZ E, 2009. Effects of different sources of organic matter on soil aggregate formation and stability: a laboratory study on a Lithic Rhodoxeralf from Turkey[J]. Soil and Tillage Research, 103（2）：419-424.

ALBURQUERQUE J A, SALAZAR P, BARRÓN V, et al., 2013. Enhanced wheat yield by biochar addition under different mineral fertilization levels[J]. Agronomy for Sustainable Development, 33（3）：475-484.

ALI I, MORIN S, BARRINGTON S, et al., 2006. Surface irrigation of dairy farm effluent, Part I: Nutrient and bacterial load[J]. Biosystems Engineering, 95（4）：547-556.

AL LAHHAM O, ASSI N E, FAYYAD M, 2003. Impact of treated wastewater irrigation on quality attributes and contamination of tomato fruit[J]. Agricultural Water Management, 61（1）：51-62.

ALLEN H K, DONATO J, WANG H H, et al., 2010. Call of the wild: antibiotic resistance genes in natural environments[J]. Nature Reviews Microbiology, 8(4): 251-259.

ALMAROAI Y A, USMAN A R A, AHMAD M, et al., 2014. Effects of biochar, cow bone, and eggshell on Pb availability to maize in contaminated soil irrigated with saline water[J]. Environmental Earth Sciences, 71: 1289-1296.

AN J Y, KWON J C, AHN D W, et al., 2007. Efficient nitrogen removal in a pilot system based on upflow multi-layer bioreactor for treatment of strong nitrogenous swine wastewater[J]. Process Biochemistry, 42(5): 764-772.

ANDERS E, WATZINGER A, REMPT F, et al., 2013. Biochar affects the structure rather than the total biomass of microbial communities in temperate soils[J]. Agricultural and Food Science, 22: 404-423.

ANDERSON C R, CONDRON L M, CLOUGH T J, et al., 2011. Biochar induced soil microbial community change: implications for biogeochemical cycling of carbon, nitrogen and phosphorus[J]. Pedobiol, 54: 309-320.

ANSARI M I, GROHMANN E, MALIK A, 2008. Conjugative plasmids in multi-resistant bacterial isolates from Indian soil[J]. Journal of Applied Microbiology, 104(6): 1774-1781.

ASHER B, 2006. Removal of nitrogen and phosphorus compounds in biological treatment of municipal wastewater in Israel[J]. Israel Journal of Chemistry, 46: 45-51.

BAME I B, HUGHES J C, TITSHALL A L W, et al., 2014. The effect of irrigation withanaerobic baffled reactor effluent on nutrient availability, soil propertiesand maize growth[J]. Agricultural Water Management, 134: 50-59.

BARBER W P, STUCKEY D C, 1999. The use of the anaerobic baffled reactor (ABR) for wastewater treatment: a review[J]. Water Research, 33(7): 1559-1578.

BASTIDA F, TORRES I F, ROMERO-TRIGUEROS C, et al., 2017. Combined effects of reduced irrigation and water quality on the soil microbial community of a citrus orchard under semi-arid conditions[J]. Soil Biology and Biochemistry, 104: 226-237.

BAUMGARTNER D, SAMPAIO S C, SILVA T R D, et al., 2007. Reuse of wastewater from swine and fish activities in the lettuce culture[J]. Engenharia Agricola, 27(1): 152-163.

BEN W, QIANG Z, PAN X, et al., 2009. Removal of veterinary antibiotics from sequencing batch reactor (SBR) pretreated swine wastewater by Fenton's reagent[J]. Water Research, 43(17): 4392-4402.

BENAMI M, GILLOR O, GROSS A, 2016. Potential microbial hazards from graywater reuse and associated matrices: a review[J]. Water Research, 106: 183-195.

BENAMI M, GROSS A, HERZBERG M, et al., 2013. Assessment of pathogenic bacteria in treated graywater and irrigated soils[J]. Science of the Total Environment, 458: 298-302.

BENCKISER G, SIMARMATA T, 1994. Environmental impact of fertilizing soils by using sewage and animal wastes[J]. Fertilizer Research, 37(1): 1-22.

BERG G, EBERL L, HARTMANN A, 2005. The rhizosphere as a reservoir for opportunistic human pathogenic bacteria[J]. Environmental Microbiology, 7(11): 1673-1685.

BIRK J J, STEINER C, TEIXIERA W C, et al., 2009. Microbial response to charcoal amendments and fertilization of a highly weathered tropical soil[M]//Amazonian Dark Earths: Wim Sombroek's Vision. Springer Netherlands: 309-324.

BITTMAN S, MIKKCLSEN R, 2009. Ammonia emissions from agricultural operations: livestock[J]. Belter Crops with Plant Food, 93(1): 28-31.

BURTON J, CHEN C R, XU Z H, et al., 2007. Gross nitrogen transformations in adjacent native and plantation forests of subtropical Australia[J]. Soil Biology and Biochemistry, 39: 426-433.

CABELLO M J, CASTELLANOS M T, ROMOJARO F, et al., 2009. Yield and quality of melon grown under different irrigation and nitrogen rates[J]. Agricultural Water Management, 96 (5): 866-874.

CAI G X, CHEN D L, DING H, et al., 2002. Nitrogen losses from fertilizers applied to maize, wheat and rice in the North China Plain[J]. Nutrient Cycling in Agroecosyslcms, 63 (2): 187-195.

CANTRELL K B, STONE K C, HUNT P G, et al., 2009. Bioenergy from coastal bermudagrass receiving subsurface drip irrigation with advance-treated swine wastewater[J]. Bioresource Technology, 100 (13): 3285-3292.

CASE S D C, WHITAKER J, NAMARA M, 2012. The effect of biochar addition on N_2O and CO_2 emissions from a sandy loam soil: the role of soil aeration[J]. Soil Biology and Biochemistry, 51: 1-10.

CASTRO R S, CELICINA M S, AZEVEDOB, 2006. Increasing cherry tomato yield using fish effluent as irrigation water in Northeast Brazil[J]. Scientia Horticulturae, 110 (1): 44-50.

CHAE K J, JANG A, YIM S K, 2008. The effects of digestion temperature and temperature shock on the biogas yield from the mesophilic anaerobic digestion of swinemanure[J]. Bioresource Technology, 99: 1-6.

CHARY N S, KAMALA C T, RAJ DSS, 2008. Assessing risk of heavy metals from consuming food grown 60 on sewage irrigated soils and food chain transfer[J]. Ecotoxicology and Environmental Safely, 69: 513-524.

CHEE-SANFORD J C, MACKIE R, KOIKE S, et al., 2009. Fate and transport of antibiotic residues and antibiotic resistance genes following land application of manure waste[J]. Journal of Environmental Quality, 38: 1086e1108.

CHEN B L, YUAN M X, 2011. Enhanced sorption of polycyclic aromatic hydrocarbons by soil amended with biochar[J]. Journal of Soils and Sediments, 11 (1): 62-71.

CHEN C Q, LI J, CHEN P P, et al., 2014. Occurrence of antibiotics and antibiotic resistances in soils from wastewater irrigation areas in Beijing and Tianjin, China[J]. Environmental Pollution, 193: 94-101.

CHEN H, ZHANG M M, 2013. Occurrence and removal of antibiotic resistance genes in municipal wastewater and rural domestic sewage treatment systems in eastern China[J]. Environment International, 55: 9-14.

CHEN J, JR. MICHEL F C, SREEVATSAN S, et al., 2010. Occurrence and persistence of erythromycin resistance genes (*erm*) and tetracycline resistance genes (*tet*) in waste treatment systems on swine farms[J]. Microbial Ecology, 60 (3): 479-486.

CHEN J, WEI X D, LIU Y S, et al., 2016a. Removal of antibiotics and antibiotic resistance genes from domestic sewage by constructed wetlands: optimization of wetland substrates and hydraulic loading[J]. Science of the Total Environment, 565: 240-248.

CHEN J, YING G G, WEI X D, et al., 2016b. Removal of antibiotics and antibiotic resistance genes from domestic sewage by constructed wetlands: effect of flow configuration and plant species[J]. Science of the Total Environment, 571: 974-982.

CHEN Q L, FAN X T, ZHU D, et al., 2018. Effect of biochar amendment on the alleviation of antibiotic resistance in soil and phyllosphere of *Brassica chinensis* L. [J]. Soil Biology and Biochemistry, 119: 74-82.

CHEN W P, LU S D, JIAO W T, et al., 2013b. Reclaimed water: a safe irrigation water source?[J]. Environmental Development, 8: 74-83.

CHEN W P, LU S D, PAN N, et al., 2015. Impact of reclaimed water irrigation on soil health in urban green areas[J]. Chemosphere, 119: 654-661.

CHEN W P, LU S D, PENG C, et al., 2013a. Accumulation of Cd in agricultural soil under long-term reclaimed water irrigation[J]. Environmental Pollution, 178: 294-299.

CHEN W, LU S, PAN N, et al., 2015. Impact of reclaimed water irrigation on soil health in urban green areas[J]. Chemosphere, 119: 654-661.

CHEN Y, SHINOGI Y, TAIRA M, 2010. Influence of biochar use on sugarcane growth, soil parameters, and groundwater quality[J]. Australian Journal of Soil Research, 48: 526-530.

CHENG W X, LI J N, WU Y, et al., 2016. Behavior of antibiotics and antibiotic resistance genes in eco-agricultural system: a case study[J]. Journal of Hazardous Materials, 304: 18-25.

CHIN K K, ONG S L, 1997. Water conservation and pollution control for intensive prawn farms[J]. Water science and technology, 35（8）: 77-81.

CHRISTGEN B, YANG Y, AHAMMAD S Z, et al., 2015. Metagenomics shows that low-energy anaerobic-aerobic treatment reactors reduce antibiotic resistance gene levels from domestic wastewater[J]. Environmental Science & Technology, 49（4）: 2577-2584.

CHRISTOFILOPOULOS S, KALIAKATSOS A, TRIANTAFYLLOU K, et al., 2019. Evaluation of a constructed wetland for wastewater treatment: addressing emerging organic contaminants and antibiotic resistant bacteria[J]. New Biotechnology, 52: 94-103.

CHRISTOPH M, RONALD J L, PETER C, et al., 2011. Effects of repeated fertilizer and cattle slurry applications over 38 years on N dynamics in a temperate grassland soil[J]. Soil Biology and Biochemistry, 43（6）: 1362-1371.

CHRISTOU A, AGUERA A, MARIA B J, et al., 2017. The potential implications of reclaimed wastewater reuse for irrigation on the agricultural environment: the knowns and unknowns of the fate of antibiotics and antibiotic resistant bacteria and resistance genes-a review[J]. Water Research, 123: 448-467.

CHUN Y, SHENG G Y, CARY T C, et al., 2004. Compositions and sorptive properties of crop residue-derived chars[J]. Environmental Science and Technology, 38: 4649-4655.

CIRELLI G L, CONSOLIA S, LICCIARDELLO F, et al., 2012. Treated municipal wastewater reuse in vegetable production[J]. Agricultural Water Management, 104: 163-170.

CRIPPS S J, 1994. Minimizing outputs: treatment[J]. Journal of Applied Ichthyology, 10 (4): 284-294.

CUI B J, KONG X, CHEN X, et al., 2015. Pathogenic determination from rural wastewater treated by MBR process and effect of wastewater on lettuce pot planting[J]. American Journal of Research Communication, 3 (6): 1-27.

CUI E P, FAN X Y, LI Z Y, et al., 2019. Variations in soil and plantmicrobiome composition with different quality irrigation waters and biochar supplementation[J]. Applied Soil Ecology, 142: 99-109.

CUI E P, GAO F, LIU Y, et al., 2018. Amendment soil with biochar to control antibiotic resistance genes under unconventional water resources irrigation: proceed with caution[J]. Environmental Pollution, 240: 475-484.

CUI E P, WU Y, ZUO Y R, et al., 2016. Effect of different biochars on antibiotic resistance genes and bacterial community during chicken manure composting[J]. Bioresource Technology, 203: 11-17.

DAVID P T, SATISH C G, JEFFREY S S, et al., 2005. Tillage and nutrient source effects on water quality and corn grain yield from a flat landscape[J]. Journal of Environmental Quality, 34: 102-111.

DEMPSTER D N, GLEESON D B, SOLAIMAN Z M, et al., 2011. Decreased soil microbialbiomass and nitrogen mineralisation with Eucalyptus biochar addition to a coarse textured soil[J]. Plant and Soil, 354 (1): 311-324.

DINH Q, MOREAU-GUIGON E, LABADIE P, et al., 2017. Fate of antibiotics from hospital and domestic sources in a sewage network[J]. Science of the Total Environment, 575: 758-766.

DOERR S H, SHAKESBY R A, WALSH R P D, 2000. Walsh soil water repellency: its causes, characteristics and hydro-geomorphological significance[J]. Earth-Science Reviews, 51 (1): 33-65.

DU Z, LI H, GU T, 2007. A state of the art review on microbial fuel cells: a promising technology for wastewater treatment and bioenergy[J].

Biotechnology Advances, 25 (5): 464-482.

DU Z J, CHEN X M, QI X B, et al., 2016. The effects of biochar and hoggery biogas slurry on fluvo-aquic soil physical and hydraulic properties: a field study of four consecutive wheat-maize rotations[J]. Journal of Soils and Sediments, 16 (8): 1-9.

DUAN M L, LI H C, GU J, et al., 2017. Effects of biochar on reducing the abundance of oxytetracycline, antibiotic resistance genes, and human pathogenic bacteria in soil and lettuce[J]. Environmental Pollution, 224: 787-795.

ELI F B, DARRELL J B, JAMES W P, 2004. Manure applications and nutrient standards[J]. American Journal of Agricultural Economics, 86 (1): 14-25.

ESTENDORFER J, STEMPFHUBER B, HAURY P, et al., 2017. The influence of land use intensity on the plantassociated microbiome of *Dactylis glomerata* L. [J]. Frontiers in Plant Science, 8: 930.

FAHRENFELD N, MA Y, O'BRIEN M, et al., 2013. Reclaimed water as a reservoir of antibiotic resistance genes: distribution system and irrigation implications[J]. Frontiers in Microbiology, 4: 130.

FAN K K, CARDONA C, LI Y T, et al., 2017. Rhizosphere-associated bacterial network structure and spatial distribution differ significantly from bulk soil in wheat crop fields[J]. Soil Biology and Biochemistry, 113: 275-284.

FANG F C, SANDLER N, LIBBY S J, 2005. Liver abscess caused by *magA$^+$ Klebsiella pneumoniae* in North America[J]. Journal of Clinical Microbiology, 43 (2): 991-992.

FANG H S, ZHANG Q, NIE X P, et al., 2017. Occurrence and elimination of antibiotic resistance genes in a long-term operation integrated surface flow constructed wetland[J]. Chemosphere, 173: 99-106.

FANG H, WANG H, CAI L, et al., 2015. Prevalence of antibiotic resistance genes and bacterial pathogens in long-term manured greenhouse soils as revealed by metagenomic survey[J]. Environmental Science &

Technology, 49（2）: 1095-1104.

FANGUEIRO D, SENBAYRAN M, TRINDADE H, et al., 2008. Cattle slurry treatment by screw press separation and chemically enhanced scttling: effect on greenhouse gas emissions after laud spreading and grass yield[J]. Bioresource Tcchnology, 99（15）: 7132-7142.

FERRARI B, WINSLEY T, JI M, et al., 2015. Insights into the distribution and abundance of the ubiquitous Candidatus Saccharibacteria phylum following tag pyrosequencing[J]. Scientific Reports, 4: 3957.

Ferreira S, Oleastro M, Domingues F, 2019. Current insights on *Arcobacter butzleri* in food chain[J]. Current Opinion in Food Science, 26: 9-17.

FIERER N, BRADFORD M A, JACKSON R B, 2007. Toward an ecological classification of soil bacteria[J]. Ecology, 88: 1354-1364.

FONSECA-GARCÍA C, COLEMAN-DERR D, GARRIDO E, et al., 2016. The cacti microbiome: interplay between habitat-filtering and host-specificity[J]. Frontiers in Microbiology, 7: 1-16.

GARCÍA-SALAMANCA A, MOLINA-HENARES M A, VAN DILLEWIJN P, et al., 2013. Bacterial diversity in the rhizosphere of maize and the surrounding carbonate-rich bulk soil[J]. Microbial Biotechnology, 6: 36-44.

GARG R N, PATHAK H, DAS D K, et al., 2005. Use of flyash and biogas slurry for improving wheat yield and physical properties of soil[J]. Environmental Monitoring and Assessment, 107（1）: 1-9.

GATICA J, CYTRYN E, 2013. Impact of treated wastewater irrigation on antibiotic resistance in the soil microbiome[J]. Environmental Science and Pollution Research International, 20: 3529-3538.

GHEYSARI M, MIRLATIFI S M, HOMAEE M, et al., 2009. Nitrate leaching in a silage maize field under different irrigation and nitrogen fertilizer rates[J]. Agricultural Water Management, 96（6）: 946-954.

GIANFREDA L, RAO M A, 2011. The influence of pesticides on soil enzymes[J]. Soil Enzymology, 22: 293-312.

GLASER B, LEHMANN J, ZECH W, 2002. Ameliorating physical and chemical properties of highly weathered soils in the tropics with charcoal-a review[J]. Biology and Fertility of Soils, 35: 219-230.

GOTTEL N R, CASTRO H F, KERLEY M, et al., 2011. Distinct microbial communities within the endosphere and rhizosphere of *Populus deltoides* roots across contrasting soil types[J]. Applied and Environmental Microbiology, 77: 5934-5944.

GROSSMAN J M, NEILL B E, TSAI S M, 2010. Amazonian anthrosols support similar microbial communities that differ distinctly from those extant in adjacent, unmodified soils of the same mineralogy[J]. Microbial Ecology, 60: 192-205.

GUO M T, ZHANG G S, 2017. Graphene oxide in the water environment could affect tetracycline-antibiotic resistance[J]. Chemosphere, 183: 197-203.

GUPTA R K, SHARMA V R, SHRMA K N, 2002. Increase the yield of paddy and wheat with the application of biogas slurry[J]. Progressive Farming, 39: 22-24.

HAMER U, MARSCHNER B, BRODOWSKI S, et al., 2004. Interactive priming of black carbon and glucose mineralization[J]. Organic Geochemistry, 35 (7): 823-830.

HAN X M, HU H W, SHI X Z, et al., 2016. Impacts of reclaimed water irrigation on soil antibiotic resistome in urban parks of Victoria, Australia[J]. Environmental Pollution, 211: 48-57.

HARTZ T K, GIANNINI C, 1998. Duration of composting of yard wastes affects both physical and chemical characteristics of compost and plant growth[J]. Hortscience, 33 (7): 1192-1196.

HAYWARD J L, HUANG Y N, YOST C K, et al., 2019. Lateral flow sand filters are effective for removal of antibiotic resistance genes from domestic wastewater[J]. Water Research, 162: 482-491.

HE L Y, LIU Y S, SU H C, et al., 2014. Dissemination of antibiotic resistance genes in representative broiler feedlots environments:

identification of indicator ARGs and correlations with environmental variables[J]. Environmental Science & Technology, 48 (22): 13120-13129.

HE L Y, YING G G, LIU Y S, et al., 2016. Discharge of swine wastes risks water quality and food safety: antibiotics and antibiotic resistance genes, from swine sources to the receiving environments[J]. Environment International, 92-93: 210-219.

HE X S, GENG Z C, SHE D, 2011. Implications of production and agricultural utilization of biochar and its international dynamics[J]. Transactions of the Chinese Society of Agricultural Engineering, 27 (2): 1-7.

HEUER H, FOCKS A, LAMSHOEFT M, et al, 2008. Fate of sulfadiazine administered to pigs and its quantitative effect on the dynamics of bacterial resistance genes in manure and manured soil[J]. Soil Biology and Biochemistry, 40: 1892-1900.

HONG P Y, YANNARELL A C, DAI Q H, et al., 2013. Monitoring the perturbation of soil and groundwater microbial communities due to pig production activities[J]. Applied and Environmental Microbiology, 79 (8): 2620-2629.

HUANG J S, WU C S, CHEN C M, 2005. Microbial activity in a combined UASB-activated sludge reactor system[J]. Chemosphere, 61 (7): 1032-1041.

HUANG L P, WANG Q, JIANG L J, et al., 2015. Adaptively evolving bacterial communities for complete and selective reduction of Cr (VI), Cu (II), and Cd (II) in biocathode bioelectrochemical systems[J]. Environmental Science & Technology, 49: 9914-9924.

HUANG X R, XIONG W, LIU W, et al., 2017a. Effect of reclaimed water effluent on bacterial community structure in the *Typha angustifolia* L. rhizosphere soil of urbanized riverside wetland, China[J]. Journal of Environmental Sciences, 55: 58-68.

HUANG X, ZHENG J L, LIU C X, et al., 2017b. Removal of antibiotics and resistance genes from swine wastewater using vertical flow constructed wetlands: effect of hydraulic flow direction and substrate type[J]. Chemical Engineering Journal, 308: 692-699.

HUDSON B D, 1994. Soil organic matter and available water capacity[J]. Journal of Soil and Water Conservation, 49 (2): 189-194.

HUERTA B, MARTI E, GROS M, et al., 2013. Exploring the links between antibiotic occurrence, antibiotic resistance, and bacterial communities in water supply reservoirs[J]. Science of the Total Environment, 456-457: 161-170.

IBEKWE A M, GONZALEZ-RUBIO A, SUAREZ D L, 2018. Impact of treated wastewater for irrigation on soil microbial communities[J]. Science of the Total Environment, 622-623: 1603-1610.

IYYEMPERUMAL K, SHI W, 2007. Soil microbial community composition and structure: residual effects of contrasting N fertilization of swine lagoon effluent versus ammonium nitrate[J]. Plant Soil, 292: 233-242.

JACYNTHE D R, ZEBARTH B J, GEORGALLAS A, et al., 2010. Temperature dependence of soil nitrogen mineralization rate: comparison of mathematical models, reference temperatures and origin of the soils[J]. Geoderma, 157: 97-108.

JEONG C Y, WANG J J, DODLA S K, et al., 2012. Effect of biochar amendment on tylosin adsorption-desorption and transport in two different soils[J]. Journal of Environmental Quality, 41: 1185-1192.

JI L, LIU F, XU Z, et al., 2010. Adsorption of pharmaceutical antibiotics on template-synthesized ordered micro-and mesoporous carbons[J]. Environmental Science and Technology, 44 (8): 3116-3122.

JI X L, SHEN Q H, LIU F, et al., 2012. Antibiotic resistance gene abundances associated with antibiotics and heavy metals in animal manures and agricultural soils adjacent to feedlots in Shanghai, China[J]. Journal of Hazardous Materials, 235-236: 178-185.

JIA M, WANG F, BIAN Y, et al., 2013. Effects of pH and metal ions on oxytetracycline sorption to maize-straw-derived biochar[J]. Bioresource Technology, 136: 87-93.

JIA S, SHI P, HU Q, et al., 2015. Bacterial community shift drives antibiotic resistance promotion during drinking water chlorination[J]. Environmental Science & Technology, 49(20): 12271-12279.

JIANG L, HU X L, XU T, et al., 2013. Prevalence of antibiotic resistance genes and their relationship with antibiotics in the Huangpu River and the drinking water sources, Shanghai, China[J]. Science of the Total Environment, 458-460: 267-272.

JIANG Y, 2015. China's water security: current status, emerging challenges and future prospects[J]. Environmental Science & Pollution, 54: 106-125.

JIAO Y N, CHEN H, GAO R X, et al., 2017. Organic compounds stimulate horizontal transfer of antibiotic resistance genes in mixed wastewater treatment systems[J]. Chemosphere, 184: 53-61.

JING X, WANG Y, LIU W, et al., 2014. Enhanced adsorption performance of tetracycline in aqueous solutions by methanol-modified biochar[J]. Chemical Engineering Journal, 248: 168-174.

JIUSHENG L, JIANJUN Z, LI R, 2002. Nitrogen distributions in soil under fertigation from a point source[J]. Transactions of the CSAE, 18(5): 61-66.

JOSÉ AA, PABLO S, VIDAL B, 2013. Enhanced wheat yield by biochar addition under different mineral fertilization levels[J]. Agronomy for Sustainable Development, 33(3): 475-484.

JOTHI G, PUGALENDHI S, POORNIMA K, 2003. Management of root-knot nematode in tomato with biogas slurry[J]. Bioresource Technology, 89: 169-170.

KALIS EJJ, WENG L, DOUSMA F, et al., 2006. Measuring free metal ion concentrations in situ in natural waters using the Donnan Membrane Technique[J]. Environmental Science and Technology, 40(3): 955-961.

KANDELER E, EDER G, SOBOTIK M, 1994. Microbial biomass, N

mineralization, and the activities of various enzymes in relation to nitrate leaching and root distribution in a slurry-amended grassland[J]. Biology and Fertility of Soils, 18（1）: 7-12.

KANG M S, KIM S M, PARK S W, et al., 2007. Assessment of reclaimed wastewater irrigation impacts on water quality, soil, and rice cultivation in paddy fields[J]. Journal of Environmental Science and Health, Part A-Toxic/Hazardous Substances and Environmental Engineering, 42（4）: 439-445.

KARHU K, MATTILA T, BERGSTR M I, 2011. Biochar addition to agricultural soil increased CH4 uptake and water holding capacity: results from a short-term pilot field study[J]. Agriculture, Ecosystems and Environment, 140: 309-313.

KIM S K, KONG I, LEE B H, et al., 2000. Removal of ammonium-N from a recirculation aquacultural system using an immobilized nitrifier[J]. Aquacultural Engineering, 21（3）: 139-150.

KIZILOGLU F M, TURAN M, SAHIN U, et al., 2008. Effects of untreated and treated wastewater irrigation on some chemical properties of cauliflower (*Brassica olerecea* L. var. *botrytis*) and red cabbage (*Brassica olerecea* L. var. *rubra*) grown on calcareous soil in Turkey[J]. Agricultural Water Management, 95: 716-724.

KLOSE S, AJWA H A, 2004. Enzyme activities in agricultural soils fumigated with methyl bromide alternatives[J]. Soil Biology and Biochemistry, 36（10）: 1625-1635.

KNAPP C W, DOLFING J, EHLERT P A I, et al., 2010. Evidence of increasing antibiotic resistance gene abundances in archived soils since 1940[J]. Environmental Science and Technology, 44: 580-587.

KORTESMÄKI E, ÖSTMAN J R, MEIERJOHANN A, et al., 2020. Occurrence of antibiotics in influent and effluent from 3 major wastewater-treatment plants in Finland[J]. Environmental Toxicology and Chemistry, 39: 1774-1789.

KUNHIKRISHNAN A, BOLAN N S, MUELLER K, et al., 2012. The

influence of wastewater irrigation on the transformation and bioavailability of heavy metal (loid) s in soil[J]. Advances in Agronomy, 115: 215-297.

KURT M, 2009. Influence of different manuring systems with and without biogas digestion on soil organic matter and nitrogen inputs, flows and budgets in organic cropping systems[J]. Nutrient Cycling in Agroecosystems, 84: 179-202.

LAIRD D A, 2010. The charcoal vision: A win-win-win scenario for simultaneously producing bioenergy, permanently sequestering carbon, while improving soil and water quality[J]. Agronomy Journal, 100 (1): 178-181.

LAIRD D A, FLEMING P, DAVIS D D, 2010. Impact of biochar amendments on the quality of a typical Midwestern agricultural soil[J]. Geoderma, 58: 443-449.

LAN L H, KONG X W, SUN H X, et al., 2019. High removal efficiency of antibiotic resistance genes in swine wastewater via nanofiltration and reverse osmosis processes[J]. Journal of Environmental Management, 231: 439-445.

LEE H, SHODA M, 2008. Removal of COD and color from livestock wastewater by the Fenton method[J]. Journal of Hazardous Materials, 153 (3): 1314-1319.

LEHMANN J, RILLIG M C, THIES J, et al., 2011. Biochar effects on soil biota-a review[J]. Soil Biology and Biochemistry, 43 (9): 1812-1836.

LI C H, LI S L, WANG Q, et al., 2005. A study on corn root growth and activities at different soil layers with special bulk density[J]. Scientia Agricultura Sinica, 38 (8): 1706-1711.

LI T, HAN X, LIANG C, et al., 2015. Sorption of sulphamethoxazole by the biochars derived from rice straw and alligator flag[J]. Environmental Technology, 36: 245-253.

LIANG YC, SI J, NIKOLIC M, et al., 2005. Organic manure stimulates biological activity and barley growth in soil subject to secondary salinization[J]. Soil Biology and Biochemistry, 37: 1185-1195.

LIBUTTI A, GATTA G, GAGLIARDI A, et al., 2018. Agro-industrial wastewater reuse for irrigation of a vegetable crop succession under Mediterranean conditions[J]. Agricultural Water Management, 196: 1-14.

LINDORFER H, WALTENBERGER R, KOLLNER K, 2008. New data on temperature optimum and temperature changes in energy crop digesters[J]. Bioresource Technology, 99: 7011-7019.

LIU L, LIU C X, ZHENG J Y, et al., 2013. Elimination of veterinary antibiotics and antibiotic resistance genes from swine wastewater in the vertical flow constructed wetlands[J]. Chemosphere, 91 (8): 1088-1093.

LIU L, LIU Y H, WANG Z, et al., 2014. Behavior of tetracycline and sulfamethazine with corresponding resistance genes from swine wastewater in pilot-scale constructed wetlands[J]. Journal of Hazardous Materials, 278: 304-310.

LIU P, LIU W, JIANG H, et al., 2012. Modification of bio-char derived from fast pyrolysis of biomass and its application in removal of tetracycline from aqueous solution[J]. Bioresource Technology, 121: 235-240.

LIU X H, GUO X C, LIU Y, et al., 2019b. A review on removing antibiotics and antibiotic resistance genes from wastewater by constructed wetlands: performance and microbial response[J]. Environmental Pollution, 254 (ptA): 112996.

LIU X R, LI J, YU L, et al., 2017a. Simultaneous measurement of bacterial abundance and composition in response to biochar in soybean field soil using 16S rRNA gene sequencing[J]. Land Degradation & Development, 29 (7): 1-11.

LIU X, STEEL, J C, MENG X Z, 2017b. Usage, residue, and human health risk of antibiotics in Chinese aquaculture: a review[J]. Environmental Pollution, 223: 161-169.

LIU X H, HAN F P, ZHANG X C, 2012. Effect of biochar on soil aggregates in the Loess Plateau: results from incubation experiments[J]. International Journal of Agriculture and Biology, 14(6): 975-979.

LIU Y, CUI E P, NEAL A L, et al., 2019a. Reducing water use by alternate-furrow irrigation with livestock wastewater reduces antibiotic resistance gene abundance in the rhizosphere but not in the nonrhizosphere[J]. Science of the Total Environment, 648: 12-24.

LIU Y, ZHANG J, ZOU D, et al., 2012. Security risk analysis on the nutrients and heavy metals of biogas slurry in agricultural security risk analysis on the nutrients and heavy metals of biogas slurry in agricultural application[J]. Agricultural Science and Technology, 13(5): 1067-1072.

LOPEZ A, POLLICE A, LONIGRO A, et al., 2006. Agricultural wastewater reuse in southern Italy[J]. Desalination, 187(1): 323-334.

LÓPEZ-VALDEZ F, FERNÁNDEZ-LUQUEÑO F, LUNA-GUIDO M L, et al., 2010. Microorganisms in sewage sludge added to an extreme alkaline saline soil affect carbon and nitrogen dynamics[J]. Applied Soil Ecology, 45(3): 225-231.

MA Z, WU H H, ZHANG K S, et al., 2018. Long-term low dissolved oxygen accelerates the removal of antibiotics and antibiotic resistance genes in swine wastewater treatment[J]. Chemical Engineering Journal, 334: 630-637.

MACAULEY J J, QIANG Z M, ADAMS C D, et al., 2006. Disinfection of swine wastewater using chlorine, ultraviolet light and ozone[J]. Water Research, 40(10): 2017-2026.

MALCOLM F, 2007. Black carbon sequestration as an alternative to bioenergy[J]. Biomass and Bioenergy, 31: 426-432.

MANZONI S, PORPORATO A, 2009. Soil carbon and nitrogen mineralization: theory and models across scales[J]. Soil Biology and Biochemistry, 41(7): 1355-1379.

MAPANDA F, MANGWAYANA EN, NYAMANGARA J, et al., 2005.

The effect of long-term irrigation using wastewater on heavy metal contents of soils under vegetables in Harare, Zimbabwe[J]. Agriculture, Ecosystems and Environment, 107（2）: 151-165.

MARRIS E, 2006. Putting the carbon back: black is the new green[J]. Nature, 442: 624-626.

MARSCHNER P, CROWLEY D, YANG C H, 2004. Development of specific rhizosphere bacterial communities in relation to plant species, nutrition and soil type[J]. Plant and Soil, 261（1）: 199-208.

MARTIN S M, KOOKANA R S, VAN ZWIETEN L, et al., 2012. Marked changes in herbicide sorption-desorption upon ageing of biochars in soil[J]. Journal of Hazardous Materials, 231-232: 70-78.

MARTÍNEZ-SULLER L, PROVOLO G, BRENNAN D, et al., 2010. A note on the estimation of nutrient value of cattle slurry using easily determined physical and chemical parameters[J]. Irish Journal of Agricultural and Food Research, 49（1）: 93-97.

MASUD M M, GUO D, LI J Y, et al., 2014. Hydroxyl release by maize (*Zea mays* L.) roots under acidic conditions due to nitrate absorption and its potential to ameliorate an acidic Ultisol[J]. Journal of Soils and Sediments, 14: 845-853.

MUHAMMAD N, DAI Z, XIAO K, et al., 2014. Changes in microbial community structure due to biochars generated from different feedstocks and their relationships with soil chemical properties[J]. Geoderma, 226: 270-278.

MUNIR J, MOHAMMAD R, SAMI H, et al., 2007. Long term effect of wastewater irrigation of forage crops on soil and plant quality parameters[J]. Desalination, 215（1）: 143-152.

NAKADAA N, SHINOHARA H, MURATA A, et al., 2007. Removal of selected pharmaceuticals and personal care products (PPCPs) and endocrine-disrupting chemicals (EDCs) during sand filtration and ozonation at a municipal sewage treatment plant[J]. Water Research, 41（19）: 4373-4382.

NANDA S K, DAS P K, BEHERA B, 1998. Effects of continuous manuring on microbial population, ammonification and CO_2 evolution in a rice soil[J]. Oryza Sativa, 25: 413-416.

NANNEN D U, HERRMANN A, LOGES R, et al., 2011. Recovery of mineral fertilizer N and slurry N in continuous silage maize using the ^{15}N and difference methods[J]. Nutrient Cycling in Agroecosystems, 89 (2): 269-280.

NDAYEGAMIYE A, CÔTÉ D, 1989. Effect of long-term pig slurry and solid cattle manure application on soil chemical and biological properties[J]. Canadian Journal of Soil Science, 69: 39-47.

NEGREANU Y, PASTERNAK Z, JURKEVITCH E, et al., 2012. Impact of treated wastewater irrigation on antibiotic resistance in agricultural soils[J]. Environmental Science & Technology, 46 (9): 4800-4808.

NOLVAK H, TRUU M, TIIRIK K, et al., 2013. Dynamics of antibiotic resistance genes and their relationships with system treatment efficiency in a horizontal subsurface flow constructed wetland[J]. Science of the Total Environment, 461: 636-644.

OGUNTUNDE P G, ABIODUN B J, AJAYI A E, et al., 2008. Effects of charcoal production on soil physical properties in Ghana[J]. Journal of Plant Nutrition and Soil Science, 171: 591-596.

ORGANIZATION W H, 2014. Antimicrobial resistance: global report on surveillance[R]. Switzerland: World Health Organization, 7: 695-704.

OUYANG W Y, HUANG F Y, ZHAO Y, et al., 2015. Increased levels of antibiotic resistance in urban stream of Jiulongjiang River, China[J]. Applied Microbiology and Biotechnology, 99: 5697-5707.

PAN J, ZHU Y, CAO W, 2007. Modeling plant carbon flow and grain starch accumulation in wheat[J]. Field Crops Research, 101 (3): 276-284.

PAPINI R, VALBOA G, FAVILLI F, 2011. Influence of land use on organic carbon pool and chemical properties of vertic cambisols in central and southern Italy[J]. Agriculture, Ecosystems and Environment, 40: 68-79.

PEAKE L R, REID B J, TANG X Y, 2014. Quantifying the influence of biochar on the physical and hydrological properties of dissimilar soils[J]. Geoderma, 235: 182-190.

PEICR S, 2004. Immobilisation, remineralisation and residual effects in subsequent crops of dairy caltle slurry nitrogen compared to mineral fertiliser nitrogen[J]. Plant and Soil, 267 (1): 285-296.

PICCOLO A, PIETRAMELLARA G, MBAGWU J S C, 1996. Effects of coalderived humic substances on water retention and structural stability of Mediterranean soils[J]. Soil Use Management, 12 (4): 209-213.

PIEDRAHITA R H, 2003. Reducing the potential environmental impact of tank aquaculture effluents through intensification and recirculation[J]. Aquaculture, 226 (1): 35-44.

POACH M E, HUNT P G, REDDY G B, et al., 2007. Effect of intermittent drainage on swine wastewater treatment by marsh-pond-marsh constructed wetlands[J]. Ecological Engineering, 30 (1): 43-50.

POLLICE A, LOPEZ A, LAERA G, et al., 2004. Tertiary filtered municipal wastewater as alternative water source in agriculture: a field investigation in Southern Italy[J]. Science of the Total Environment, 324 (1): 201-210.

PRESSLER Y, FOSTER E J, MOORE J C, et al., 2017. Coupled biochar amendment and limited irrigation strategies do not affect a degraded soil food web in a maize agroecosystem, compared to the native grassland[J]. GCB Bioenergy, 9: 1344-1355.

RAHUBE T O, MARTI R, SCOTT A, et al., 2014. Impact of fertilizing with raw or anaerobically digested sewage sludge on the abundance of antibiotic-resistant coliforms, antibiotic resistance genes, and pathogenic bacteria in soil and on vegetables at harvest[J]. Applied and Environmental Microbiology, 80: 6898-6907.

RAJAGOPAL R, ROUSSEAU P, BERNET N, et al., 2011. Combined anaerobic and activated sludge anoxic/oxic treatment for piggery wastewater[J]. Bioresource Technology, 102 (3): 2185-2192.

RAJAPAKSHA A U, VITHANAGE M, LIM J E, et al., 2014. Invasive plant-derived biochar inhibits sulfamethazine uptake by lettuce in soil[J]. Chemosphere, 111: 500-504.

RAJAPAKSHA AU, VITHANAGE M, AHMAD M, et al., 2015. Enhanced sulfamethazine removal by steam-activated invasive plant-derived biochar[J]. Journal of Hazardous Materials, 290: 43-50.

RAMOS I, PÉREZ R, REINOSO M, et al., 2014. Microaerobic digestion of sewage sludge on an industrial-pilot scale: the efficiency of biogas desulphurisation under different configurations and the impact of O_2 on the microbial communities[J]. Bioresource Technology, 164: 338-346.

REN L, WU Y, REN N, et al., 2010. Microbial community structure in an integrated A/O reactor treating diluted livestock wastewater during start-up period[J]. Journal of Environmental Sciences, 22 (5): 656-662.

RICHARDSON A E, BAREA J M, MCNEILL A M, et al., 2009. Acquisition of phosphorus and nitrogen in the rhizosphere and plant growth promotion by microorganisms[J]. Plant and Soil, 321 (1): 305-339.

ROBERTO A A, VAN GRAY J B, LEFF L G, 2018. Sediment bacteria in an urban stream: spatiotemporal patterns in community composition[J]. Water Research, 134, 353-369.

RUSAN M J M, HINNAWI S, ROUSAN L, 2007. Long term effect of wastewater irrigation of forage crops on soil and plant quality parameters[J]. Desalination, 215 (1): 143-152.

SACKS M, BERNSTEIN N, 2011. Utilization of reclaimed wastewater for irrigation of field-grown melons by surface and subsurface drip irrigation[J]. Israel Journal of Plant Sciences, 59 (2): 159-169.

SANCHEZ E, BORIJA R, TRAVIESO L, et al., 2005. Effect of influent substrate concentration and hydraulic retention time on the performance of down-flow anaerobic fixed bed reactors treating piggery wastewater in a tropical climate[J]. Process Biochemistry, 40 (2): 817-829.

SEGATA N, IZARD J, WALDRON L, et al., 2011. Metagenomic biomarker discovery and explanation[J]. Genome Biology, 12 (6):

R60.

SHAHNAZARI A, LIU F, ANDERSEN M N, et al., 2007. Effects of partial root-zone drying on yield, tuber size and water use efficiency in potato under field conditions[J]. Field Crops Research, 100: 117-124.

SHARMA I P, CHANDRA S, KUMAR N, 2017. PGPR: heart of soil and their role in soil fertility[M]//In: MEENA V, MISHRA P, BISHT J, et al., Agriculturally Important Microbes for Sustainable Agriculture. Springer, Singapore: 51-67.

SHENG Y Q, ZHU L Z, 2018. Biochar alters microbial community and carbon sequestration potential across different soil pH[J]. Science of the Total Environment, 622-623: 1391-1399.

SHIN J H, LEE S M, JUNG J Y, et al., 2005. Enhanced COD and nitrogen removals for the treatment of swine wastewater by combining submerged membrane bioreactor (MBR) and anaerobic upflow bed filter (AUBF) reactor[J]. Process Biochemistry, 40 (12): 3769-3776.

SHUAA A, IPEK G, AISHAH B A L, et al., 2019. Antibiotics in hospital effluent and domestic wastewater treatment plants in Doha, Qatar[J]. Journal of Water Process Engineering, 28: 60-68.

SINGH B, SINGH G, 2006. Effects of controlled irrigation on water potential, nitrogen uptake and biomass production in Dalbergia sissoo seedlings[J]. Environmental and experimental botany, 55 (1): 209-219.

SMELTZER M S, 2016. Staphylococcus aureus pathogenesis: the importance of reduced cytotoxicity[J]. Trends in Microbiology, 24 (9): 681-682.

SOHI SP, KRULL E, LOPEZ-CAPEL E, 2010. A review of biochar and its use and function in soil[J]. Advances in Agronomy, 105: 47-82.

SOLOMON E B, YARON S, MATTHEWS K R, 2002. Transmission of Escherichia coli O157: H7 from contaminated manure and irrigation water to lettuce plant tissue and its subsequent internalization[J]. Applied and Environmental Microbiology, 68 (1): 397-400.

SRINIVASAN P, SARMAH A K, 2015. Characterisation of agricultural waste-derived biochars and their sorption potential for sulfamethoxazole in pasture soil: a spectroscopic investigation[J]. Science of the Total Environment, 502: 471-480.

STARKE R, BASTIDA F, ABADÍA J, et al., 2017. Ecological and functional adaptations to water management in a semiarid agroecosystem: a soil metaproteomics approach[J]. Scientific Reports, 7: 10221.

STEINBEISS S, GLEIXNER G, ANTONIETTI M, 2009. Effect of biochar amendment onsoil carbon balance and soil microbial activity[J]. Soil Biology and Biochemistry, 41: 1301-1310.

STEINER C, DAS KC, GARCIA M, et al., 2008. Charcoal and smoke extract stimulatethe soil microbial community in a highly weathered xanthic Ferralsol[J]. Pedobiologia, 51: 359-366.

SU J Q, WEI B, OU-YANG W Y, et al., 2015. Antibiotic resistome and its association with bacterial communities during sewage sludge composting[J]. Environmental Science & Technology, 49(12): 7356-7363.

SUBHAN D, UZMA Y, SAIRA N, et al., 2015. Biochar consequences on cations and anions of sandy soil[J]. Journal of Biodiversity and Environmental Science, 6: 121-131.

SUDIPTA R, SRIVASTAVA R K, PADMA V, 2013. Effect of biochar application in combination with domestic wastewater on biomass yield of bioenergy plantations[J]. International Journal of Hydrogen Energy, 7: 355-363.

SUI Q W, JIANG C, ZHANG J Y, et al., 2018. Does the biological treatment or membrane separation reduce the antibiotic resistance genes from swine wastewater through a sequencing-batch membrane bioreactor treatment process[J]. Environment International, 118: 274-281.

SUI Q W, ZHANG J Y, CHEN M X, et al., 2016. Distribution of antibiotic resistance genes (ARGs) in anaerobic digestion and land application of swine wastewater[J]. Environmental Pollution, 213: 751-759.

SULEIMAN A K A, GONZATTO R, AITA C, et al., 2016. Temporal

variability of soil microbial communities after application of dicyandiamide-treated swine slurry and mineral fertilizers[J]. Soil Biology and Biochemistry, 97: 71-82.

SUN D Q, MENG J, XU E G, et al., 2016. Microbial community structure and predicted bacterial metabolic functions in biochar pellets aged in soil after 34 months[J]. Applied Soil Ecology, 100: 135-143.

SUN F F, LU S G, 2014. Biochars improve aggregate stability, water retention, and pore-space properties of clayey soil[J]. Journal of Plant Nutrition and Soil Science, 177 (1): 26-33.

SZCZEPANOWSKI R, LINKE B, KRAHN I, et al., 2009. Detection of 140 clinically relevant antibiotic-resistance genes in the plasmid metagenome of wastewater treatment plant bacteria showing reduced susceptibility to selected antibiotics[J]. Microbiology-SGM, 155: 2306-2319.

TAN X, CHANG S X, 2007. Soil compaction and forest litter amendment affect carbon and net nitrogen mineralization in a boreal forest soil[J]. Soil and Tillage Research, 93 (1): 77-86.

TANG H, GUO Y J, LI Z Y, 2011. Effects of slurry application on ryegrass growth and soil properties[J]. Acta Agrestia Sinica, 19 (6): 939-942.

TANG J L, CHENG X Q, ZHU B, et al., 2015. Rainfall and tillage impacts on soil erosion of sloping cropland with subtropical monsoon climate-a case study in hilly purple soil area, China[J]. Journal of Mountain Science, 12 (1): 134-144.

TANG J L, CHENG X Q, ZHU B, et al., 2015. Rainfall and tillage impacts on soil erosion of sloping cropland with subtropical monsoon climate-a case study in hilly purple soil area, China[J]. Journal of Mountain Science, 12 (1): 134-144.

TAO C W, HSU B M, JI W T, et al., 2014. Evaluation of five antibiotic resistance genes in wastewater treatment systems of swine farms by real-time PCR[J]. Science of the Total Environment, 496: 116-121.

TOR K S, KARI A, GEIR A, et al., 2004. Retention and removal of pat hogenic bacteria in wastewater percolating through porous media: a review[J]. Water Research, 38: 1355-1367.

TRUU M, TRUU J, HEINSOO K, 2009. Changes in soil microbial community under willow coppice: the effect of irrigation with secondary-treated municipal wastewater[J]. Ecological Engineering, 35(6): 1011-1020.

VAZQUEZMONTIEL O, HORAN N J, MARA D D, 1996. Management of domestic wastewater for reuse in irrigation[J]. Water Science and Technology, 33(10): 355-362.

VELHO V F, MOHEDANO R A, FILHO P B, et al., 2012. The viability of treated piggery wastewater for reuse in agricultural irrigation[J]. International Journal of Recycling of Organic Waste in Agriculture, 1: 10.

VITHANAGE M, RAJAPAKSHA A U, ZHANG M, et al., 2015. Acid-activated biochar increased sulfamethazine retention in soils[J]. Environmental Science and Pollution Research, 22: 2175-2186.

WADA Y, BEEK L P H, BIERKENS M F P, 2012. Nonsustainable groundwater sustaining irrigation: a global assessment[J]. Water Resources Research, 48(6): 335-344.

WALDRON S, FLOWERS H, ARLAUD C, et al., 2009. The significance of organic carbon and nutrient export from peatland-dominated landscapes subject to disturbance, a stoichiometric perspective[J]. Biogeosciences, 6: 363-374.

WANG F H, QIAO M, CHEN Z, et al., 2015. Antibiotic resistance genes in manure-amended soil and vegetables at harvest[J]. Journal of Hazardous Materials, 299: 215-221.

WANG F H, QIAO M, LV Z E, et al., 2014a. Impact of reclaimed water irrigation on antibiotic resistance in public parks, Beijing, China[J]. Environmental Pollution, 184: 247-253.

WANG F H, QIAO M, SU J Q, et al., 2014b. High throughput profiling of antibiotic resistance genes in urban park soils with reclaimed water irrigation[J]. Environmental Science & Technology, 48(16):

9079-9085.

WANG J Y, PAN X J, LIU Y L, 2012. Effects of biochar amendment in two soils on greenhouse gas emissions and crop production[J]. Plant and Soil, 360（1）: 287-298.

WANG M E, PENG C, CHEN W P, et al., 2013. Ecological risks of polycyclic musk in soils irrigated with reclaimed municipal wastewater[J]. Ecotoxicology and Environmental Safety, 97: 242-247.

WANG Q F, JIANG X, GUAN D W, et al., 2018. Long-term fertilization changes bacterial diversity and bacterial communities in the maize rhizosphere of Chinese Mollisols[J]. Applied Soil Ecology, 125: 88-96.

WANG Y, LU J, WU J, et al., 2015a. Adsorptive removal of fluoroquinolone antibiotics using bamboo biochar[J]. Sustainability, 7: 12947-12957.

WATKINSON A J, MURBY E J, KOLPIN D W, et al., 2009. The occurrence of antibiotics in an urban watershed: from wastewater to drinking water[J]. Science of the Total Environment, 407（8）: 2711-2723.

WEBER S, KHAN S, HOLLENDER J, 2006. Human risk assessment of organic contaminants in reclaimed wastewater used for irrigation[J]. Desalination, 187（1-3）: 53-64.

WEI X M, LIN C, DUAN N, et al., 2010. Application of aerobic biological filter for treating swine farms wastewater[J]. Procedia Environmental Sciences, 2: 1569-1584.

WEINBERG Z G, ASHBELL G, CHEN Y, et al., 2004. The effect of sewage irrigation on safety and hygiene of forage crops and silage[J]. Animal Feed Science and Technology, 116（3）: 271-280.

WILSON B, PYATT F B, 2007. Heavy metal bioaccumulation by the important food plant, *Olea europaea* L., in an ancient metalliferous polluted area of Cyprus[J]. Bulletin of Environmental Contamination and Toxicology, 78（5）: 390-394.

WORLD HEALTH ORGANIZATION (WHO), 2014. Antimicrobial resistance: global report on surveillance 2014[R]. Geneva, Switzerland.

WU N, QIAO M, ZHANG B, et al., 2010. Abundance and diversity of tetracycline resistance genes in soils adjacent to representative swine feedlots in China[J]. Environmental Science & Technology, 44 (18): 6933-6939.

XAGORARAKI I, HARRINGTON G W, ASSAVASILAVASUKUL P, et al., 2004. Removal of emerging waterborne pathogens and pathogen indicators by pilot-scale conventional treatment[J]. Journal American Water Works Association, 96 (5): 102-113.

XIAO E Z, KRUMINS V, XIAO T F, et al., 2017. Depth-resolved microbial community analyses in two contrasting soil cores contaminated by antimony and arsenic[J]. Environmental Pollution, 221: 244-255.

XIAO H, YANG P, PENG H, et al., 2010. Nitrogen removal from livestock and poultry breeding wastewaters using a novel sequencing batch biofilm reactor[J]. Water Science and Technology, 62 (11): 2599-2606.

XIE W Y, YANG X P, LI Q, et al., 2016. Changes in antibiotic concentrations and antibiotic resistome during commercial composting of animal manures[J]. Environmental Pollution, 219: 182-190.

XU L K, OUYANG W Y, QIAN Y Y, et al., 2016. High-throughput profiling of antibiotic resistance genes in drinking water treatment plants and distribution systems[J]. Environmental Pollution, 213: 119-126.

XU N, TAN G C, WANG H Y, et al., 2016. Effect of biochar additions to soil on nitrogen leaching, microbial biomass and bacterial community structure[J]. European Journal of Soil Biology, 74: 1-8.

XUE J M, SANDS R, CLINTON P W, et al., 2003. Carbon and net nitrogen mineralisation in two forest soils amended with different concentrations of biuret[J]. Soil Biology and Biochemistry, 35 (6): 855-866.

YANG B, KONG X, CUI B J, et al., 2015. Impact of rural domestic wastewater irrigation on the physicochemical and microbiological properties of pakchoi and soil[J]. Water, 7 (5): 1825-1839.

YANG Y J, LI C X, LI J, et al., 2013. Growth dynamics of Chinese wingnut (*Pterocarya stenoptera*) seedlings and its effects on soil chemical properties under simulated water change in the Three Gorges Reservoir Region of Yangtze River[J]. Environmental Science and Pollution Research, 20, 7112-7123.

YANG Y, WANG N, GUO X Y, et al., 2017. Comparative analysis of bacterial community structure in the rhizosphere of maize by high-throughput pyrosequencing[J]. PLoS One, 12: e0178425.

YE M, SUN M M, FENG Y F, et al., 2016. Effect of biochar amendment on the control of soil sulfonamides, antibiotic-resistant bacteria, and gene enrichment in lettuce tissues[J]. Journal of Hazardous Materials, 309: 219-227.

YEASMIN S, 2012. Nitrogen fractionation and its mineralization in paddy soils: a review[J]. Journal of Agricultural Technology, 8 (3): 775-793.

YETILMEZSOY K, SAKAR S, 2008. Improvement of COD and color removal from UASB treated poultry manure wastewater using Fenton's oxidation[J]. Journal of Hazardous materials, 151 (2): 547-558.

YIN H B, NOU X, GU G, et al., 2018. Microbiological quality of spinach irrigated with reclaimed wastewater and roof-harvest water[J]. Journal of Applied Microbiology, 125 (1): 133-141.

YOUNES H A, MAHMOUD H M, ABDELRAHMAN M M, et al., 2019. Seasonal occurrence, removal efficiency and associated ecological risk assessment of three antibiotics in a municipal wastewater treatment plant in Egypt[J]. Environmental Nanotechnology, Monitoring and Management, 12: 100239.

ZHANG A F, BIAN R, PAN G X, 2012. Effects of biochar amendment on soil quality, crop yield and greenhouse gas emission in a Chinese rice paddy: a field study of 2 consecutive rice growing cycles[J]. Field Crops Research, 127: 153-160.

ZHANG Q Q, YING G G, PAN C G, et al., 2015. Comprehensive evaluation of antibiotics emission and fate in the river basins of China: source analysis, multimedia modeling, and linkage to bacterial resistance[J]. Environmental Science & Technology, 49(11): 6772-6782.

ZHANG Y, CAI X Y, LANG X M, et al., 2012. Insights into aquatic toxicities of the antibiotics oxytetracycline and ciprofloxacin in the presence of metal: complexation versus mixture[J]. Environmental Pollution, 166: 48-56.

ZHAO G M, LIU Z P, CHEN M D, et al., 2006. Effect of saline aquaculture effluent on salt-tolerant Jerusalem artichoke (*Helianthus tuberosus* L.) in a semi-arid coastal area of China[J]. Pedosphere, 16(6): 762-769.

ZHAO H Y, WEI L, LI H, et al., 2021. Appropriateness of antibiotic prescriptions in ambulatory care in China: a nationwide descriptive database study[J]. The Lancet Infections Diseases, 6(21): 847-857.

ZHENG J, CHEN T, CHEN H, 2017c. Antibiotic resistome promotion in drinking water during biological activated carbon treatment: is it influenced by quorum sensing?[J]. Science of the Total Environment, 612: 1-8.

ZHENG J, GAO R X, WEI Y Y, et al., 2017a. High-throughput profiling and analysis of antibiotic resistance genes in East Tiaoxi River, China[J]. Environmental Pollution, 230: 648-654.

ZHENG J, SU C, ZHOU J W, et al., 2017b. Effects and mechanisms of ultraviolet, chlorination, and ozone disinfection on antibiotic resistance genes in secondary effluents of municipal wastewater treatment plants[J]. Chemical Engineering Journal, 317: 309-316.

ZHENG J, ZHOU Z C, WEI Y Y, et al., 2018. High-throughput profiling of seasonal variations of antibiotic resistance gene transport in a peri-urban river[J]. Environment International, 114: 87-94.

ZHU B K, CHEN Q L, CHEN S C, et al., 2017. Does organically produced lettuce harbor higher abundance of antibiotic resistance genes than conventionally produced?[J]. Environment International, 98:

152-159.

ZHU D L, SUN C, ZHANG H H, et al., 2012. Roles of vegetation, flow type and filled depth on livestock wastewater treatment through multi-level mineralized refuse-based constructed wetlands[J]. Ecological Engineering, 39: 7-15.

ZHU X G, LONG S P, ORT D R, 2010. Improving photosynthetic efficiency for greater yield[J]. Plant Biology, 61: 235-261.

ZHU Y G, JOHNSON T A, SU J Q, et al., 2013. Diverse and abundant antibiotic resistance genes in Chinese swine farms[J]. Proceedings of the National Academy of Sciences of the United States of America, 110 (9): 3435-3440.